面向新工科普通高等教育系列教材

软件工程理论与实践

第 2 版

吕云翔　等编著

机 械 工 业 出 版 社

本书按照典型的软件开发过程来组织内容，旨在培养读者具备软件工程思想及实际软件开发的能力。本书共13章，内容涉及软件工程概述、软件过程、敏捷软件开发、可行性研究与项目开发计划、结构化分析、结构化设计、面向对象方法与UML、面向对象分析、软件体系结构与设计模式、面向对象设计、软件实现、软件测试、软件维护与软件工程管理。本书理论与实践相结合，内容翔实，可操作性强。

　　本书适合作为高等院校计算机科学、软件工程及相关专业"软件工程"课程的教材。

　　本书配有授课电子课件，需要的教师可登录www.cmpedu.com免费注册，审核通过后下载，或联系编辑索取（微信：15910938545，电话：010-88379739）。

图书在版编目（CIP）数据

软件工程理论与实践/吕云翔等编著．—2版．—北京：机械工业出版社，2022.10（2024.8重印）
面向新工科普通高等教育系列教材
ISBN 978-7-111-71650-1

Ⅰ．①软… Ⅱ．①吕… Ⅲ．①软件工程-高等学校-教材
Ⅳ．①TP311.5

中国版本图书馆CIP数据核字（2022）第173123号

机械工业出版社（北京市百万庄大街22号　邮政编码100037）
策划编辑：郝建伟　　责任编辑：郝建伟　侯　颖
责任校对：张艳霞　　责任印制：郜　敏
三河市宏达印刷有限公司印刷

2024年8月第2版·第5次印刷
184mm×260mm·21.25印张·526千字
标准书号：ISBN 978-7-111-71650-1
定价：89.00元

电话服务　　　　　　　　　　网络服务
客服电话：010-88361066　　机 工 官 网：www.cmpbook.com
　　　　　010-88379833　　机 工 官 博：weibo.com/cmp1952
　　　　　010-68326294　　金 书 网：www.golden-book.com
封底无防伪标均为盗版　机工教育服务网：www.cmpedu.com

《软件工程理论与实践》自 2017 年出版以来，深受学校师生的欢迎，经过了多次印刷，许多高校将其作为"软件工程"课程的教材，获得了良好的社会效益。但从另外一个角度来看，作者有责任和义务维护好这本书的质量，及时更新内容，做到与时俱进。

本次改版对第 1 版进行了全面的修订、再组织和更新。具体改动内容如下。

1）将本书重新划分为六个部分——软件工程概述、可行性研究与项目开发计划、结构化分析与设计、面向对象分析与设计、软件实现与测试、软件维护与软件工程管理，并且将各章节重新进行了整合。

2）在第 1 章软件工程概述中，增加了"开源软件开发方法""群体化软件开发方法"和"软件工程人员的职业道德"方面的内容。

3）将"敏捷软件开发"单独构成为第 3 章。

4）在第 5 章结构化分析中，增加了"原型设计"方面的内容。

5）在第 6 章结构化设计中，增加了"UX 设计与 UI 设计的区别"和"软件设计评审"方面的内容。

6）在第 7 章面向对象方法与 UML 中，增加了实例。

7）在第 9 章软件体系结构与设计模式中，增加了实例。

8）在第 11 章软件实现中，增加了"代码重用"和"分析和评价代码的质量"方面的内容，并使用 WebStorm 和 PyCharm 工具来实现"'墨韵'读书会图书共享平台"的"用户登录"模块（结合了 Vue 与 Django 框架）。

9）在第 12 章软件测试中，增加了"自动化测试"方面的内容，并使用 PyCharm 对"'墨韵'读书会图书共享平台"的"用户登录"模块进行了单元测试。

10）在第 13 章软件维护与软件工程管理中，增加了"软件部署与软件交付"和"自动化运维"方面的内容。

11）针对一些重要的概念和内容，录制了微课视频。

12）对全书仔细地进行了梳理，去掉了重复和不重要的内容，重新修订了各章节的实例。

本书共 13 章，内容涉及软件工程概述、软件过程、敏捷软件开发、可行性研究与项目开发计划、结构化分析、结构化设计、面向对象方法与 UML、面向对象分析、软件体系结构与设计模式、面向对象设计、软件实现、软件测试，以及软件维护与软件工程管理。

本书理论知识的教学安排建议见表 1。

表 1　理论知识的教学安排

章　节		内　容	学　时　数
第一部分：软件工程概述	第 1 章	软件工程概述	1~2
	第 2 章	软件过程	2
	第 3 章	敏捷软件开发	2~4

（续）

	章 节	内 容	学 时 数
第二部分：可行性研究与项目开发计划	第4章	可行性研究与项目开发计划	2
第三部分：结构化分析与设计	第5章	结构化分析	2~4
	第6章	结构化设计	2~4
第四部分：面向对象分析与设计	第7章	面向对象方法与UML	4~6
	第8章	面向对象分析	4~6
	第9章	软件体系结构与设计模式	1~2
	第10章	面向对象设计	4~6
第五部分：软件实现与测试	第11章	软件实现	2
	第12章	软件测试	4~6
第六部分：软件维护与软件工程管理	第13章	软件维护与软件工程管理	2

建议先修课程：计算机导论、面向对象程序设计、数据结构和数据库原理。

建议理论教学时数：32~48学时。

建议实验（实践）教学时数：16~32学时。

教师可以按照自己对软件工程的理解适当删除一些章节，也可以根据教学目标，灵活地调整章节的顺序，增减各章的学时数。

本书的作者为吕云翔、曾洪立。感谢胡湘鹏团队、石远翔团队、蒋博文团队、周涛团队等对本书提供的大力支持。感谢所有为本书做出贡献的同仁们。

本书配套的视频二维码位置见表2。

表2 视频二维码位置

序 号	视频内容标题	视频二维码位置	所在页码
1	模块设计启发规则	6.1.2 软件设计的原则	82
2	模块分割方法	6.1.2 软件设计的原则	84
3	结构化软件设计的任务	6.4 结构化软件设计概述	91
4	用C++理解类与对象	7.1.1 面向对象的基本概念	114
5	用C++理解继承与组合	7.1.1 面向对象的基本概念	115
6	用C++理解虚函数与多态	7.1.1 面向对象的基本概念	115
7	在统一软件开发过程中使用UML	7.2.2 UML的应用范围	118
8	用例的特征	7.3.1 用例图	120
9	绘制机票预订系统的用例图	7.3.1 用例图	121
10	绘制机票预订系统的类图	7.3.2 类图与对象图	122
11	绘制机票预订系统的顺序图	7.4.1 顺序图	127
12	绘制机票预订系统的协作图	7.4.2 协作图	129

（续）

序　号	视频内容标题	视频二维码位置	所在页码
13	绘制机票预订系统的状态图	7.4.3　状态图	129
14	绘制机票预订系统的活动图	7.4.4　活动图	130
15	绘制机票预订系统的构件图	7.5.1　构件图	132
16	绘制机票预订系统的部署图	7.5.2　部署图	132
17	面向对象的实现——提高可重用性	11.5　分析和评价代码的质量	233
18	面向对象的实现——提高可扩充性	11.5　分析和评价代码的质量	234
19	面向对象的实现——提高健壮性	11.5　分析和评价代码的质量	234
20	手工测试与自动化测试	12.2　软件测试的分类	257
21	黑盒测试的优缺点	12.5　黑盒测试	259
22	白盒测试的优缺点	12.6　白盒测试	267
23	导致维护困难的一些因素	13.1　软件维护	298
24	维护工作流程	13.1.2　软件维护的过程	299
25	维护的代价及其主要因素	13.1.4　软件的可维护性	301
26	Project 使用		
27	Visio 的使用		
28	GitHub 的使用		
29	Enterprise Architect 的安装与使用		
30	Rational Rose 的安装与使用		
31	StarUML 的安装与使用		
32	Visual Studio Code 的安装与使用		
33	WebStorm 的安装与使用	通过网盘提供的 "软件工程常用工具及其应用"	
34	PyCharm 的安装与使用		
35	Vue 的安装与使用		
36	Django 的安装与使用		
37	SpringBoot 的安装与使用		
38	Junit 的安装与使用		
39	unittest 的安装与使用		
40	pytest 的安装与使用		
41	Selenium 的安装与使用		

　　本书通过网盘（获取方式见封底）提供：程序设计指导、"软件学院'墨韵'读书会图书共享平台"案例（含文档和代码）、软件工程常用工具及其应用、综合案例（含文档和代码）、基于"软件学院'墨韵'读书会图书共享平台"的实验。读者可扫描封底的二维码，下载后阅读相关文档。

　　由于软件工程还在发展之中，软件工程的教学方法本身还在探索之中，加之作者的水平和能力有限，本书难免有疏漏之处。恳请各位同仁和广大读者给予批评指正，也希望各位能将实践过程中的经验和心得与我们交流（yunxianglu@ hotmail. com）。

编　者

第1版前言

软件工程是研究软件开发和管理的一门工程科学,是计算机学科及相关专业的主干课程,也是软件从业人员必不可少的专业知识。目前,软件工程的理论在我国各企业和部门的软件开发中得到了广泛应用,软件工程课程也受到了各大专院校相关专业的重视。

软件工程是一门理论与实践并重的课程。本书在讲述软件工程的基本概念、原理和方法的基础上,详细而全面地介绍了可以实际用于软件开发实践的各种技能。旨在使学生通过有限课时的学习后,不仅能对软件工程的原理有所认识,而且能具备实际开发软件的各种技能,比如熟练使用各种软件工程工具,按照标准和规范编写文档等。

本书共分为14章,内容涉及软件工程的基本原理和概念、软件开发生命周期的各个阶段、软件工程管理的相关内容、如何使用各种自动化工具来辅助软件开发的过程,以及课程设计。

本书与其他书的不同之处在于,除了讲述必要的软件工程理论之外,还通过实验讲述流行的软件开发工具(如软件绘图工具Microsoft Visio、面向对象建模工具Rational Rose、软件实现工具Visual Studio、软件测试工具UnitTest和软件项目管理工具Microsot Project等),以及它们是如何应用于"'墨韵'读书会图书共享平台"的开发的。附录对课程设计进行了指导,如怎样进行项目选题、组建团队、团队工作方式和项目进度安排等。附录B中所提供的"'墨韵'读书会图书共享平台"(包括文档和代码)是学生在做课程设计中可供模仿的一个完整项目。所有这些使得软件工程的三要素——过程、方法和工具,在本书中得到了充分体现。

本书的理论知识的教学安排建议如下。

章　节	内　容	学 时 数
第1章	软件工程概述	2
第2章	软件过程	2
第3章	可行性研究及需求分析	2
第4章	结构化分析	2~4
第5章	面向对象方法与UML	4~6
第6章	面向对象分析	4~6
第7章	软件设计	1~2
第8章	软件体系结构与设计模式	1~2
第9章	结构化设计	2~4
第10章	面向对象设计	4~6
第11章	软件编程	1
第12章	软件测试概述	1
第13章	软件测试方法与过程	4~6
第14章	软件维护与软件工程管理	2~4

建议先修课程：计算机导论、面向对象程序设计、数据结构和数据库原理等。

建议理论教学时数：32~48 学时。

建议实验（实践）教学时数：16~32 学时。

教师可以按照自己对软件工程的理解适当省略一些章节，也可以根据教学目标，灵活地调整章节的顺序，增减各章的学时数。

另外，与本书配套的各章节的部分习题的参考答案，以及教学 PPT 可在机械工业出版社教育服务网（www. cmpedu. com）的本书页面中免费注册下载。

本书在编写的过程中，得到了杨婧团队、傅博团队、张昊文团队、王子烈团队以及翁学平、刘宇翔、杨承昊的大力支持，在此表示感谢。感谢所有为本书做出贡献的同仁们。

由于软件工程是一门新兴学科，软件工程的教学方法本身还在探索之中，加之编者的水平和能力有限，书中难免有疏漏之处。恳请各位同仁和广大读者给予批评指正，也希望各位能将实践过程中的经验和心得与我们进行交流（yunxianglu@ hotmail. com）。

编　者

2017 年 6 月

目录

第 1 章
软件工程概述

本章首先介绍软件的概念及特点以及软件的分类；然后，引出软件危机，包括软件危机的表现与原因以及软件危机的启示；接着，对软件工程的出现、软件工程的概念和研究的内容以及软件工程的目标和原则、知识体系和发展做介绍；最后，对软件开发方法、软件工程工具和软件工程人员的职业道德进行阐述。

本章目标

☐ 了解软件的概念、特点及主要分类。
☐ 了解软件危机的产生原因及其表现。
☐ 掌握软件工程的概念，以及软件工程的基本原则。
☐ 了解软件开发方法。
☐ 了解与软件开发项目相关的常用工具。
☐ 了解软件工程人员应遵守的职业道德。

1.1 软件

本节讲述软件的概念、特点，以及软件的分类。

1.1.1 软件的概念及特点

人们通常把各种不同功能的程序，包括系统程序、应用程序、用户自己编写的程序等统称为软件。然而，当计算机的应用日益普及，软件日益复杂，软件规模日益增大，人们意识到软件并不仅仅等同于程序。程序是人们为了完成特定的功能而编制的一组指令集，它由计算机语言描述，并且能在计算机系统上执行。而软件不仅包括程序，还包括程序的处理对象——数据，以及与程序开发、维护和使用有关的图文资料（文档）。例如，用户购买的 Windows 10 操作系统这个软件，它不仅包含可执行的程序，还包含一些支持的数据（都放在光盘中），并且还包含纸质的用户手册等文档。Roger S. Pressman 对软件给出了这样的定义：计算机软件是由专业人员开发并长期维护的软件产品。完整的软件产品包括了在各种不同容量和体系结构计算机上的可执行的程序、运行过程中产生的各种结果，以及以硬拷贝和电子表格等多种方式存在的软件文档。

软件具有以下几个特点。

1）软件是一种逻辑实体，而不是具体的物理实体，因而具有抽象性。

2）软件的生产与硬件不同，它没有明显的制造过程。要提高软件的质量，必须在软件开发方面下功夫。

3）在软件的运行和使用期间，不会出现硬件中所出现的机械磨损、老化等问题。然而它却存在退化问题，必须要对其进行多次修改与维护，直至其"退役"。如早期的 DOS 操作系统，就是进行了多次修改与维护，实在难以与 Windows 操作系统匹敌而"退役"了。图 1-1 和图 1-2 分别展示了硬件的失效率和时间的关系以及软件的失效率和时间的关系。

图 1-1　硬件失效曲线图　　　　　　　　图 1-2　软件失效曲线图

4）计算机的开发与运行常常会受到计算机系统的制约，它对计算机系统有着不同程度的依赖性。例如，有专门针对安装 Windows 操作系统的计算机的游戏，也有针对安装 macOS 操作系统的计算机的游戏。为了解除这种依赖性，在软件开发中提出了软件移植。

5）软件的开发至今尚未完全摆脱人工的开发方式。

6）软件本身是复杂的。软件的复杂性可能来自它所反映的实际问题的复杂性，也可能来自程序逻辑结构的复杂性。

7）软件成本相当昂贵。软件的研制工作需要投入大量的、复杂的、高强度的脑力劳动，它的成本是比较高的。

8）相当多的软件工作涉及社会因素。许多软件的开发和运行涉及机构、体制及管理方式等问题，它们直接决定软件项目的成败。

1.1.2　软件的分类

随着计算机软件复杂性的增加，在某种程度上人们很难对软件给出一个通用的分类，但是人们可以按照不同的角度对软件进行分类。基于功能的不同，软件可以分为系统软件、支撑软件和应用软件三类。系统软件是计算机系统中最靠近硬件的，为其他程序提供最底层的系统服务，它与具体的应用领域无关，如编译程序和操作系统等。支撑软件以系统软件为基础，以提高系统性能为主要目标，支撑应用软件的开发与运行，主要包括环境数据库、各种接口软件和工具组。应用软件是提供特定应用服务的软件，如字处理程序等。系统软件、支撑软件和应用软件之间既有分工又有合作，是不可以分开的。

基于规模的不同，软件可以划分为微型、小型、中型、大型和超大型软件。一般情况下，微型软件只需要一名开发人员，在 4 周以内完成开发，并且代码量不超过 500 行，这类软件一般仅供个人专用，没有严格的分析、设计和测试资料，例如，某个学生为完成软件工程课程的一个作业而编制的程序，就属于微型软件，小型软件的开发周期可以持续到半年，代码量一般控制在 5000 行以内，这类软件通常没有预留与其他软件的接口，但是需要遵循一定的标准，附有正规的文档资料，例如，某个学生团队为完成软件工程课程的大作业（学期项目）而编制的程序，就属于小型软件；中型软件的开发人员控制在 10 人以内，要求在两年以内开发 5000 ~ 50000 行代码，这种软件的开发不仅需要完整的计划、文档及审查，还需要开发人员之间、开发人员和用户之间有交流与合作，例如，某个软件公司为某个客户开发的办公自动化系统（OA）而编制的程序，就属于中型软件；大型软件是 10 ~ 100 名开发人员在 1~3 年的时间内开发的，具有 50000 ~ 100000 行（甚至上百万行）代码的软件产品，在这种规模的软件开发中，统一的标准、严格的审查制度及有效的项目管理都是必需的，例如，某个软件公司开发的某款多人在线网络游戏，就属于大型软件；超大型软件往往涉及上百名甚至上千名成员以上的开发团队，开发周期可以持续到 3 年以上，甚至 5 年，这种大规模的软件项目通常被划分为若干个小的子项目，由不同的团队开发，如微软公司开发的 Windows 10 操作系统，就属于超大型软件。

根据软件服务对象的不同，软件还可以分为通用软件和定制软件。通用软件是由特定的软件开发机构开发，面向市场公开销售的独立运行的软件系统，如操作系统、文档处理系统和图片处理系统等；定制软件通常是面向特定的用户需求，由软件开发机构在合同的约束下开发的软件，如为企业定制的办公系统、交通管理系统和飞机导航系统等。

根据工作方式的不同，计算机软件还可以划分为实时软件、分时软件、交互式软件和批处理软件。

根据源代码是否公开，软件还可以分为开源软件和闭源软件。

软件的分类示意图如图 1-3 所示。

图 1-3　软件的分类

1.2　软件危机

本节讲述软件危机的表现与原因，以及软件危机的启示。

1.2.1　软件危机的表现与原因

软件危机是指人们在开发软件和维护软件过程中所遇到的一系列的问题。在 20 世纪 60 年代中期，随着软件规模的扩大、复杂性的增加、功能的增强，高质量的软件开发变得越来越困难。在软件开发的过程中，会经常出现一些不能按时完成任务、产品质量得不到保证、工作效率低下和开发经费严重超支等现象。这些情况逐渐使人们意识到软件危机的存在及其影响。计算机软件的开发、维护和应用过程中普遍出现的一些严重的问题，主要表现如下。

- 开发出来的软件产品不能满足用户的需求，即产品的功能或特性与需求不符。这主要是由于开发人员与用户之间不能充分有效地进行交流造成的，使得开发人员对用户需求的理解存在着差异。
- 相比越来越廉价的硬件，软件成本过高。
- 软件质量难以得到保证，且难以发挥硬件潜能。开发团队缺少完善的软件质量评审体系以及科学的软件测试规程，使得最终的软件产品存在着诸多缺陷。
- 难以准确估计软件开发、维护的费用以及开发周期。软件产品往往不能在预算范围之内按照计划完成开发。很多情况下，软件产品的开发周期或经费会大大超出预算。
- 难以控制开发风险，开发速度赶不上市场变化。
- 软件产品修改与维护困难，集成遗留系统更困难。
- 软件文档不完备，并且存在文档内容与软件产品不符的情况。软件文档是计算机软件的重要组成部分，它为软件开发人员之间以及开发人员与用户之间的信息共享提供了重要的平台。软件文档不完整和不一致的问题会给软件的开发和维护等工作带来很多麻烦。

这些问题严重影响了软件产业的发展，制约着计算机的应用。为了形象地描述软件危机，OS/360 操作系统的开发经常被作为一个典型的案例。20 世纪 60 年代初期，IBM 公司组织了 OS/360 操作系统的开发，这是一个超大型的软件项目，参与的程序员有 1000 人左右。在经历了数十年的开发之后，极度复杂的软件项目甚至产生了一套不包括在原始设计方案之中的工作系统。Fred Brooks 是这个项目的管理者，他在自己的著作《人月神话》中曾经承认，自己犯了一个价值数百万美元的错误。

软件危机的出现和日益严重的趋势充分暴露了软件产业在早期的发展过程中存在的各种各样的问题。可以说，人们对软件产品认识的不足以及对软件开发内在规律的理解偏差是软件危机出现的本质原因。具体来说，软件危机出现的原因可以概括为以下几点。

- 忽视软件开发前期的需求分析。
- 开发过程缺乏统一的、规范化的方法论的指导。软件开发是一项复杂的工程，人们需要用科学的、工程化的思想来组织和指导软件开发的各个阶段。而这种工程学的视角正是很多软件开发人员所没有的，他们往往简单地认为软件开发就是程序设计。
- 文档资料不齐全或不准确。软件文档的重要性没有得到软件开发人员和用户的足够重视。软件文档是软件开发团队成员之间交流和沟通的重要平台，还是软件开发项目管理的重要工具。如果人们不能充分重视软件文档的价值，势必会给软件开发带来很多不便。
- 忽视与用户之间、开发组成员之间的交流。
- 忽视测试的重要性。
- 不重视维护或由于上述原因造成维护工作的困难。由于软件的抽象性和复杂性，软件在运行之前，对开发过程的进展情况很难估计。再加上软件错误的隐蔽性和改正的复杂性，这些都使得软件的开发和维护在客观上比较困难。
- 从事软件开发的专业人员对这个产业认识不充分，缺乏经验。软件产业相对于其他工业产业而言，是一个比较年轻、发展不成熟的产业，人们在对它的认识上缺乏深刻性。

- 没有完善的质量保证体系。完善的质量保证体系的建立需要有严格的评审制度，同时还需要有科学的软件测试技术及质量维护技术。软件的质量得不到保证，使得开发出来的软件产品往往不能满足人们的需求，同时人们还可能需要花费大量的时间、资金和精力去修复软件的缺陷，从而导致了软件质量的下降和开发预算超支等后果。

1.2.2　软件危机的启示

软件危机给人们的最大启示，是使人们更加深刻地认识到软件的特性以及软件产品开发的内在规律。

- 软件产品是复杂的人造系统，具有复杂性、不可见性和易变性，难以处理。
- 个人或小组在开发小型软件时使用到的非常有效的编程技术和过程，在开发大型、复杂系统时难以发挥同样的作用。
- 从本质上讲，软件开发的创造性成分很大，发挥的余地也很大，很接近于艺术。它介于艺术与工程之间的某一点，并逐步向工程一段漂移，但很难发展成完全的工程。
- 计算机和软件技术的快速发展，提高了用户对软件的期望，促进了软件产品的演化，为软件产品提出了新的、更多的需求，难以在可接受的开发进度内保证软件的质量。
- 几乎所有的软件项目都是新的，而且是不断变化的。项目需求在开发过程中会发生变化，而且很多原来预想不到的问题也会出现，对设计和实现手段进行适当的调整是不可避免的。
- "人月神化"现象——生产力与人数并不成正比。

为了解决软件危机，人们开始尝试用工程化的思想去指导软件开发，于是软件工程应运而生。

1.3　软件工程

本节讲述软件工程的概念、研究内容、目标和原则、知识体系，以及软件工程的发展。

1.3.1　软件工程的概念

1968 年，在北大西洋公约组织举行的一次学术会议上，人们首次提出了软件工程这个概念。当时，该组织的科学委员们在开会讨论软件的可靠性与软件危机的问题时，提出了"软件工程"的概念，并将其定义为"为了经济地获得可靠的和能在实际机器上高效运行的软件，而建立和使用的健全的工程规则"。这个定义肯定了工程化的思想在软件工程中的重要性，但是并没有提到软件产品的特殊性。

经过几十年的发展，软件工程已经成为一门独立的学科，人们对软件工程也逐渐有了更全面、更科学的认识。

IEEE（电气与电子工程师学会）对软件工程的定义为：①将系统化、严格约束的、可量化的方法应用于软件的开发、运行和维护，即将工程化应用于软件。②对①中所述方法的研究。

具体说来，软件工程是借鉴传统工程的原则和方法，以提高质量、降低成本为目的，指导计算机软件开发和维护的工程学科。它是一种层次化的技术，如图 1-4 所示。

软件工程的根基就在于对质量的关注；软件工程的基础是过程层，它定义了一组关键过程区域的框架，使得软件能够被合理和及时地开发；软件工程的方法提供了建造软件在技术上需要"做什么"，它覆盖了一系列的任务，包括需求分析、设计、编程、测试和支持等；软件工程的工具对过程和方法提供了自动的或半自动的支持。而软件工程本身是一个交叉学科，涉及多种学科领域的相关知识，包括工程学、数学、计算机科学、经济学、管理学、心理学等。

图1-4 软件工程层次图

软件工程以关注质量为目标，其中过程、方法和工具是软件工程的三要素。

1.3.2 软件工程研究的内容

软件工程研究的内容主要包括以下两个部分。

- 软件开发技术。主要研究软件开发方法、软件开发过程、软件开发工具和环境。
- 软件开发过程管理。主要研究软件工程经济学和软件管理学。

必须要强调的是，随着人们对软件系统研究的逐渐深入，软件工程所研究的内容也在不断更新和发展。

1.3.3 软件工程目标和原则

软件工程要达到的基本目标如下：

- 达到要求的软件功能。
- 取得较好的软件性能。
- 开发出高质量的软件。
- 付出较低的开发成本。
- 需要较低的维护费用。
- 能按时完成开发工作，及时交付使用。

为了达到上述目标，软件工程设计、工程支持以及工程管理在软件开发过程中必须遵循一些基本原则。著名软件工程专家 B. Boehm 综合了有关专家和学者的意见，并总结了多年来开发软件的经验，提出了软件工程的 7 条基本原则。

1. 用分阶段的生命周期计划实行严格的项目管理

将软件的生命周期划分为多个阶段，对各个阶段实行严格的项目管理。软件开发是一个漫长的过程，人们可以根据软件的特点或目标，把整个软件的开发周期划分为多个阶段，并为每个阶段制订分阶段的计划及验收标准，这样有益于对整个软件开发过程进行管理。在传统的软件工程中，软件开发的生命周期可以划分为可行性研究、需求分析、软件设计、软件实现、软件测试、产品验收和交付等阶段。

2. 坚持进行阶段评审

严格地贯彻与实施阶段评审制度可以帮助软件开发人员及时发现错误并将其改正。在软件开发的过程中，错误发现得越晚，修复错误所要付出的代价就会越大。实施阶段评审，只有在本阶段的工作通过评审后，才能进入下一阶段的工作。

3. 实施严格的产品控制

在软件开发的过程中，用户需求很可能在不断地发生着变化。有些时候，即使用户需求没有改变，软件开发人员受到经验的限制以及与客户交流不充分的影响，也很难做到一次性获取到全部的、正确的需求。可见，需求分析的工作应该贯穿整个软件开发的生命周期。在软件开发的整个过程中，需求的改变是不可避免的。当需求更新时，为了保证软件各个配置项的一致性，实施严格的版本控制是非常必要的。

4. 采用现代程序设计技术

现代的程序设计技术，如面向对象的软件开发技术，可以使开发出来的软件产品更易维护和修改，同时还能缩短开发的时间，并且更符合人们的思维逻辑。

5. 软件产品应能清楚地审查

虽然软件产品的可见性比较差，但是它的功能和质量应该能够被准确地审查和度量，这样才有利于有效的项目管理。一般软件产品包括可以执行的源代码、一系列相应的文档和资源数据等。

6. 开发小组的人员应该少而精

开发小组成员的人数少有利于组内成员充分交流，这是高效团队管理的重要因素。而高素质的开发小组成员是影响软件产品质量和开发效率的重要因素。

7. 持续不断地总结经验、学习新的软件技术

随着计算机科学技术的发展，软件从业人员应该不断地总结经验，并且主动学习新的软件技术，只有这样才能不落后于时代。

B. Boehm 指出，遵循前 6 条基本原则，能够实现软件的工程化生产；按照第 7 条原则，不仅要积极主动地学习新的软件技术，而且要注意不断总结经验。

1.3.4　软件工程知识体系

IEEE 在 2014 年发布的《软件工程知识体系指南》中将软件工程知识体系划分为以下15 个知识领域。

1）软件需求（Software Requirement）。软件需求涉及软件需求的获取、分析、规格说明和确认。

2）软件设计（Software Design）。软件设计定义了一个系统或组件的体系结构、组件、接口和其他特征的过程，以及这个过程的结果。

3）软件构建（Software Construction）。软件构建是指通过编码、验证、单元测试、集成测试和调试的组合，详细地创建可工作的和有意义的软件。

4）软件测试（Software Testing）。软件测试是为评价和改进产品的质量、标识产品的缺陷和问题而进行的活动。

5）软件维护（Software Maintenance）。软件维护是指由于一个问题或改进的需要而修改代码和相关文档，进而修正现有的软件产品并保留其完整性的过程。

6）软件配置管理（Software Configuration Management）。软件配置管理是一个支持性的软件生命周期过程，它是为了系统地控制配置变更，在软件系统的整个生命周期中维持配置的完整性和可追踪性，而标识系统在不同时间点上的配置的学科。

7）软件工程管理（Software Engineering Management）。软件工程的管理活动建立在组织和内部基础结构管理、项目管理，以及度量程序的计划制订和控制3个层次上。

8）软件工程过程（Software Engineering Process）。软件工程过程涉及软件生命周期过程本身的定义、实现、评估、管理、变更和改进。

9）软件工程模型和方法（Software Engineering Model and Method）。软件工程模型特指在软件的生产与使用、退役等各个过程中参考模型的总称，如需求开发模型、架构设计模型等都属于软件工程模型的范畴；软件开发方法主要讨论软件开发各种方法及其工作模型。

10）软件质量（Software Quality）。软件质量特征涉及多个方面，保证软件产品的质量是软件工程的重要目标。

11）软件工程职业实践（Software Engineering Professional Practice）。软件工程职业实践涉及软件工程师应履行其实践承诺，使软件的需求分析、规格说明、设计、开发、测试和维护成为一项有益和受人尊敬的职业，还包括团队精神和沟通技巧等内容。

12）软件工程经济学（Software Engineering Economics）。软件工程经济学是研究为实现特定功能需求的软件工程项目而提出的在技术方案、生产（开发）过程、产品或服务等方面所做的经济服务与论证、计算与比较的一门系统方法论学科。

13）计算基础（Computing Foundations）。计算基础涉及解决问题的技巧、抽象、编程基础、编程语言的基础知识、调试工具和技术、数据结构和表示、算法和复杂度、系统的基本概念、计算机的组织结构、编译基础知识、操作系统基础知识、数据库基础知识和数据管理、网络通信基础知识、并行和分布式计算、基本的用户人为因素、基本的开发人员人为因素，以及安全的软件开发和维护等方面的内容。

14）数学基础（Mathematical Foundations）。数学基础涉及集合、关系和函数，基本的逻辑、证明技巧、计算的基础知识、图和树、离散概率、有限状态机，数值精度、准确性和错误，以及数论和代数结构等方面的内容。

15）工程基础（Engineering Foundations）。工程基础涉及实验方法和实验技术、统计分析、度量、工程设计、建模与模拟和建立原型，以及标准和影响因素分析等方面的内容。

软件工程知识体系的提出，使软件工程的内容更加清晰，也使得其作为一个学科的定义和界限更加分明。

1.3.5 软件工程的发展

随着软件项目规模和难度的逐渐增大，以个人能力为基础的软件开发的弊端也体现了出来，随之出现了"软件危机"。NATO（北约）科学委员会在这种情况之下，在1968年和1969年召开了两次里程碑式的"软件工程会议"，许多顶尖的研究员和工程师参加了会议，真正意义上的"软件工程"就此诞生。

20世纪70年代，人们开始采用与60年代的"编码和组装"相反的过程，先做系统需求分析，再设计，最后编码，并把50年代硬件工程技术最好的方面和改进的软件方向的技术加以总结，提出了"瀑布模型"。需要指出的是，瀑布模型本身在被提出时，是一个支持迭代和反复的模型。然后，为了更方便地对软件进行约束，瀑布模型总是被解释为一种纯顺序化的模型，另外，对瀑布模型的固定过程标准的解释也加深了这种误解。

另一方面，Bohm-Jacoponi提出了"goto语句是有害的"论点，并提出所有程序都可以通过3种逻辑，即顺序、分支、循环来实现，奠定了结构化编程的基础。随后，很多种结构化软件开发方法被提出，极大地改善了软件质量，提高了软件开发效率。数据结构和算法理论迅速发展，取得了很多重要成就；形式方法和程序证明技术也成为人们关注的发展焦点。

然而，随着形式化模型和连续化的瀑布模型所带来的问题大幅度增加，对于一个缺乏经验的团体来说，用形式化的方法，软件在可靠性和有用性上要达到要求十分困难。瀑布模型在文档编写时消耗很大，而且速度慢，使用起来代价大。

伴随 20 世纪 70 年代开发的一些"最佳实践"，80 年代开始了一系列工作以处理 70 年代的遗留问题，并且开始改进软件工程的生产效率和可测量性。COCOMO 模型、CMM 模型等被提出，软件体系结构相关研究和技术日益成熟，关系数据库被提出。

在软件工具方面，除了 20 世纪 70 年代已经出现的软件需求和设计工具，其他领域一些重要的工具也得到了改进，如测试工具和配置管理工具。工具集和集成开发支持环境先后出现，最终人们将范围扩展到了计算机辅助软件工程（CASE），软件开发的效率进一步得到提高。

在其他方面，也出现了一些潜在的提高软件生产率的方法，如专家系统、高级程序语言、面向对象、强大的工作站以及可视化编程等。Brooks 在 1986 年 IFIP 发表的著名论文《没有银弹》中对所有的这些方法发表了看法。他提出软件开发面临 4 个方面的核心挑战：高等级的软件复杂度、一致性、可变性和不可视性。关于如何解决这些挑战，他严重质疑了将技术说成是软件解决方案的"银弹"观点。Brooks 解决这些核心挑战的候选方案包括：良好的设计者、快速原型、演化开发和通过复用降低工作量。

20 世纪 90 年代，面向对象方法的强劲势头得以持续。这些方法通过设计模式、软件体系结构和体系结构描述语言以及 UML 技术的发展得到了加强。同时，Internet 的继续扩展和 WWW 的出现也增加了面向对象的方法以及市场竞争环境下软件的危险性。

软件在市场竞争中的作用不断增强以及缩减软件推向市场时间的需要，引发了从顺序的瀑布模型向其他模型的转变潮流，这类模型应该强调并行的工程性的需求、设计和编码，产品和过程以及软件和系统。软件复用成为软件开发中重要的内容，开源文化初露头角，可用性以及人机交互也成为软件开发中的重要指标。

20 世纪 90 年代末，出现了许多的敏捷方法，如自适应软件开发、水晶项目开发、动态系统开发、极限编程、特征驱动开发和 Scrum 等。这些主要的敏捷方法的创始人在 2001 年聚集一堂并发表了敏捷开发宣言。

进入 21 世纪，对快速应用开发追求的趋势仍在继续，在信息技术、组织、竞争对策以及环境等方面的变革步伐也正在加快。云计算、大数据、物联网、人工智能和机器学习、移动互联网、增材制造、可穿戴式技术、虚拟现实、增强现实、社交媒体、无人驾驶汽车和飞机等技术不断涌现。这种快速的变革步伐引发了软件开发领域越来越多的困难和问题，更多的软件开发过程、方法和工具也相继出现，软件工程在持续的机遇与挑战中不断发展。"大规模计算""自治和生化计算机""模型驱动体系结构""构件化软件开发"等新领域都可能成为接下来软件工程发展的主要方向。

1.4　软件开发方法

软件开发方法是一种使用定义好的技术集及符号表示组织软件开发的过程，它的目标是在规定的时间和成本内，开发出符合用户需求的高质量的软件。因此，针对不同的软件开发项目和对应的软件过程，应该选择合适的软件开发方法。

1.4.1 基本的软件开发方法

1. 结构化方法

1978 年，E. Yourdon 和 L. L. Constantine 提出了结构化方法，也可称为面向功能的软件开发方法或面向数据流的软件开发方法。1979 年，Tom DeMarco 对此方法做了进一步的完善。

结构化方法采用自顶向下、逐步求精的指导思想，应用广泛，技术成熟。它首先用结构化分析对软件进行需求分析，然后用结构化设计方法进行总体设计，最后是结构化编程。这一方法不仅开发步骤明确，而且还给出了两类典型的软件结构（变换型和事务型），便于参照，使软件开发的成功率大大提高，因而深受软件开发人员的青睐。

2. 面向数据结构方法

1975 年，M. A. Jackson 提出了一类软件开发方法。这一方法从目标系统的输入、输出数据结构入手，导出程序框架结构，再补充其他细节，就可得到完整的程序结构图。这一方法对输入、输出数据结构明确的中小型系统特别有效，如商业应用中的文件表格处理。该方法也可与其他方法结合，用于模块的详细设计。Jackson 方法有时也称为面向数据结构的软件设计方法。

1974 年，J. D. Warnier 提出的软件开发方法与 Jackson 提出的方法类似。它们之间的区别有 3 点：一是使用的图形工具不同，分别使用 Warnier 图和 Jackson 图；二是使用的伪码不同；第三点，也是最主要的区别，在构造程序框架时，Warnier 方法仅考虑输入数据结构，而 Jackson 方法不仅考虑输入数据结构，而且还考虑输出数据结构。

3. 面向对象方法

面向对象方法是软件技术的一次革命，在软件开发史上具有里程碑的意义。随着面向对象编程向面向对象设计和面向对象分析的发展，最终形成面向对象的软件开发方法。

这是一种自底向上和自顶向下相结合的方法，而且它以对象建模为基础，从而不仅考虑了输入、输出数据结构，实际上也包含了所有对象的数据结构。面向对象方法在需求分析、可维护性和可靠性这 3 个软件开发的关键环节和质量指标上有了实质性的突破，很大程度上解决了在这些方面存在的严重问题。

面向对象方法有 Booch 方法、Goad 方法和 OMT（Object Modeling Technology）方法等。为了统一各种面向对象方法的术语、概念和模型，1997 年推出了统一建模语言（UML），通过统一的语义和符号表示，将各种方法的建模过程和表示统一起来。

4. 形式化方法

形式化方法最早可追溯到 20 世纪 50 年代后期对程序设计语言编译技术的研究，研究高潮始于 20 世纪 60 年代后期。针对当时的"软件危机"，人们提出种种解决方法，归纳起来有两类：一类是采用工程方法来组织、管理软件的开发过程；另一类是深入探讨程序和程序开发过程的规律，建立严密的理论，以用来指导软件开发实践。前者导致"软件工程"的出现和发展，后者则推动了形式化方法的深入研究。

经过多年的研究和应用，如今人们在形式化方法这一领域取得了大量重要的成果，从早期最简单的一阶谓词演算方法到现在的应用于不同领域、不同阶段的基于逻辑、状态机、网络、进程代数和代数等众多形式化方法，形式化方法的发展趋势逐渐融入软件开发过程的各个阶段。

1.4.2　开源软件开发方法

开源软件开发活动以互联网软件社区为平台，其开发过程和制品数据对外开放（共享），允许不同的开发者参与其中（协同），能够有效汇聚来自互联网的创意和贡献。

开源软件开发指的是由开源软件项目组开发开源软件或类似原件的过程，其中，开源软件的源代码是公开可用的。这些软件产品及其源代码在开源许可下可用，它们常常被用于研究、更改和改进其设计。一些流行的开源软件产品的例子有 Mozilla Firefox、Google Chromium、Android、LibreOffice 和 VLC 媒体播放器等。

开源项目可以被分为以下四类。

1）有各种各样的软件程序和库，它们由独立的代码段组成，有些甚至可能依赖于其他开源项目。这些项目服务于特定目的并满足特定需求。此类项目的示例包括 Linux 内核、Firefox Web 浏览器和 LibreOffice 办公工具套件等。

2）发行版是另一种类型的开源项目。发行版是从同一来源发布的具有共同目的的软件集合。发行版最突出的例子是操作系统。有许多 Linux 发行版（如 Debian、Fedora Core、Mandriva、Slackware、Ubuntu 等）提供 Linux 内核和许多用户级组件。还有其他发行版，如 ActivePerl，用于各种操作系统的 Perl 编程语言，以及用于 Microsoft Windows 开源程序的 Cygwin 发行版等。

3）其他开源项目，如 BSD 衍生品，在一个版本控制系统中维护整个操作系统、内核及其所有核心组件的源代码，作为一个团队一起开发整个系统。这些操作系统开发项目与其他基于分布式的系统相比，更紧密地集成了它们的工具。

4）还有图书或独立文档项目。这些项目通常不作为开源软件包的一部分提供。例如，Linux 文档项目承办了许多此类项目，这些项目记录了 GNU/Linux 操作系统的各个方面。

开源项目的工作可以通过以下多种方式进行。

1）意识到项目需求的个人宣布了公开开发项目的意图。

2）开发人员在有限但有效的代码仓库上工作，将其作为开源程序的第一个版本发布给公众。

3）到期项目的源代码向公众发布。

4）一个完善的开源项目可以由感兴趣的外部用户派生。

1.4.3　群体化软件开发方法

通常，软件开发都是基于自己组织的开发团队，或者企业、组织机构的内部人员组织的开发团队。以这种方式组织的开发团队，针对一般的要实现的软件功能还是能应付的。但是，对某些比较大型、复杂的软件系统，软件系统的交付质量和交付时间要求得比较高，此时使用传统的软件开发方法在并发效率或是软件质量等方面就无法胜任了。

随着互联网技术的发展，软件开发技术和开发模式都有了很多新的概念。其中，以开源和众包为代表的群体化软件开发方法极大地优化了软件开发。开源软件开发方法在第 1.4.2 小节中已经讨论过了，这里不再赘述。众包软件开发指的是公开发布软件开发任务，由参与竞争的个人或团队给出解决方案的软件开发方法。软件开发的任何阶段都可以是众包的，如需求（功能、用户界面、性能）、设计（架构、算法）、编码（模块和组件）、测试（包括安全测试、用户界面测试）、维护、用户体验或这些阶段的任意组合。

群体化软件开发方法最大的特点是面向公众。开源软件开发方式可以被看作是一种以合作为主的群体化软件开发方法，而众包软件开发方法则更类似于竞争性的群体化软件开发方法。它们的目的都是集合互联网中众多开发人员的智慧和力量，以更低的成本实现更完善的软件项目。

互联网能够将全世界各地的开发人员连接起来，他们彼此之间可以进行交流、分工合作。软件开发可借助开放群体的智慧和力量。开源软件就是常用的方法。借助开源软件的托管社区，互联网上的众多软件开发人员可通过自组织方式进行分工合作，开发出很多优秀的开源项目，展示出了他们的创造力、开发效率和软件质量。

群体化软件开发方法融合工业化软件生产和开源软件的开发方式，连接互联网开发人员群体与企业/组织机构的开发团队，通过群体化协同、开放式共享和持续性评估等实现高效的软件开发。

群体化软件开发方法遵循的核心原则：开放、平等、共享、全局行动。

与群体化软件开发方法相关的模型有：代码与证据紧密耦合的可信软件演化模型；创作与生产紧密耦合的软件开发过程模型；协同、共享、监控与分析紧密耦合的服务支撑模型。

群体化软件开发方法将软件开发过程全面开放并快速迭代，不断发布系统原型，吸引互联网大众体验，借助互联网平台开展各种形式的交流、协同和共享，实现群体需求及创意的汇聚。软件开发团队对大众需求创意进行识别审查，借助工业化生产的强组织模式来组织软件开发过程，实现高质量软件产品的输出。群体化软件方法将大众群体的软件创作过程有机地融入开发团队的软件生产流程中，能够充分发挥大众群体和开发团队在软件开发过程中各自的优势，有效地支持网络环境下的软件开发。

除了上述几种软件开发方法，软件开发方法还包括问题分析法、可视化开发方法等。本书接下来的章节中将会对结构化方法和面向对象方法进行更加详细和更深入的介绍。

1.5　软件工程工具

软件工程工具对软件工程中的过程和方法提供自动的或半自动的支持，可以帮助软件开发人员方便、简捷、高效地进行软件的分析、设计、开发、测试、维护和管理等工作。有效地利用工具软件可以提高软件开发的质量，减少成本，缩短工期，方便软件项目的管理。

软件工程工具通常有 3 种分类标准。

- 按照功能划分：功能是对软件进行分类的最常用的标准。按照功能划分，软件工程工具可分为可视化建模工具、程序开发工具、自动化测试工具、文档编辑工具、配置管理工具、项目管理工具等。
- 按照支持的过程划分：软件工程工具可分为设计工具、编程工具、维护工具等。
- 按照支持的范围划分：软件工程工具可以分为窄支持、较宽支持和一般支持工具。窄支持工具支持软件工程过程中的特定任务，一般将其称之为工具；较宽支持工具支持特定的过程阶段，一般由多个工具集合而成，称之为工作台；一般支持工具支持覆盖软件过程的全部或大部分阶段，包含多个不同的工作台，称之为环境。

在需求分析与系统设计阶段，常用的 CASE（计算机辅助软件工程）工具有面向通用软件设计的 Microsoft Visio，用于面向对象软件设计的 Rational Rose，以及用于数据库设计的 Power Designer。除此之外，近年还出现了更加集成化的工具 Enterprise Architect、Rational Software Architect 和 StarUML 等。这些工具通过简化 UML 图的绘制工作，以及强大的模型转换功能（如正向工程、逆向工程、数据库模型转化等），大大简化了设计及从设计向编码转化的工作。

在编码阶段，集成开发环境（IDE）通过提供代码高亮、补全，内置调试工具等功能，大大提高了效率。IDE 主流的实例见表 1-1。

在测试阶段，通常会使用自动化测试工具进行测试。除单元测试工具外，较为流行的自动化测试工具包括 C/S 功能测试工具 WinRunner，性能测试工具 LoadRunner、Jmeter，测试管理工具 TestDirector、Jira，Web 服务测试工具 QTester（简称 QT）、SoapUI 等。单元测试工具通常与语言及开发框架关联密切，部分实例见表 1-2。

表 1-1　IDE 主流的实例

名　　称	编程语言
Turbo Pascal	Pascal
Dev C++	C/C++
Codeblocks	C/C++
CLion	C/C++/C#
Visual Studio	C++/VB/C#/ JavaScript 等
Visual Studio Code	C++/VB/C#/ JavaScript 等
GoLand	Go
Rubymine	Ruby
WebStorm	JavaScript
PHPstorm	PHP
PyCharm	Python
Eclipse	Java
IntelliJ Idea	Java
XCode	Objective-C/Swift

表 1-2　单元测试工具部分实例

名　　称	编程语言
CUnit	C
CppUnit	C++
JUnit	Java
NUit	. NET
Perl Testing	Perl
Mocha/Should. js	Node. js
内置 unittest 模块/pytest	Python
PHPUnit	PHP
内置 Test∷Unit 模块	Ruby

除了这几个阶段，软件开发过程还包括诸多其他活动，而其中最重要的便是配置管理与项目管理。配置管理通常分为不同模式，每一种模式均有对应工具，较为著名的有 Microsoft VSS、CVS、SVN 等，近年来较常用的是 Git。而项目管理领域最普遍使用的为微软公司开发的 Microsoft Project，该软件提供了强大的项目管理功能，基本能够满足企业级项目管理的全部需要。此外，随着敏捷开发的兴起，如基于 Scrum 的 PingCode，以及基于看板（Kanban）的 Teambition 等轻量级开发平台也拥有了广大的用户群体。

除此之外，在软件过程的其他活动中同样存在众多 CASE 工具。在原型设计方面有快速原型构建软件 Dreamweaver，在协作文档管理方面有在线协作办公软件 Microsoft Office Online，还有在线协作软件设计平台 ProcessOn 等。由于篇幅有限，这里不再赘述。

实际上，这些分类不是很严格。很多软件工具可用在软件开发的不同过程中，这就需要软件开发人员根据软件开发活动的具体要求来确定。

1.6　软件工程人员的职业道德

作为一名专业的软件开发人员，必须认识到在有限的工作中包括更多的额外责任，而不仅仅是应用技术。必须保持一贯标准，不要利用技术和能力来制造一些损害软件工程行业声誉的事情。

软件开发人员应该注意的道德和标准如下。

1）保密原则：软件开发人员必须遵守客户的保密原则，也必须遵守同事的保密原则。

2）客观评估自己的能力：软件开发人员不应虚报自己的能力水平，必须明白自己能做什么，不能做什么。

3）了解知识产权：和其他职业一样，软件开发人员必须了解知识产权，如专利和版权。

4）不窥探隐私：软件开发人员不应该运用技术来滥用他人和设备的隐私。

1. ACM/IEEE 道德准则

一些组织，如 IEEE（电气和电子工程师协会）、ACM 和英国计算机协会发布了软件工程人员的道德和标准。这些组织的所有成员在注册会员时必须遵守这些准则。该行为准则一般涉及基本的道德行为。

软件工程职业道德准则的重点是提供高质量的软件。这些职业道德准则致力于分析、描述、设计、开发、测试和维护对公司或客户有利和有效的软件。

因此，ACM 和 IEEE 合作制定了一个联合的道德规范和职业规范。ACM/IEEE 道德准则包含以下 8 项。

1）公众：软件开发人员的行为应与公众的利益一致。

2）客户和雇主：软件开发人员的行为应符合客户和雇主的最大利益，并与公共利益一致。

3）产品：软件开发人员应确保产品和相关的改进应尽可能达到最高的专业标准。

4）判断力：软件开发人员应保持其专业判断力的诚实性和独立性。

5）管理：软件工程经理和领导应认同并推广软件开发和维护管理的道德方法。

6）职业：软件开发人员应在符合公众利益的情况下，提高职业的诚信和声誉。

7）同事：软件开发人员应公平对待并支持其他同事。

8）自我：软件开发人员应参与有关其职业规范的终身学习，并应推广职业规范的道德方法。

2. 职业伦理

当想到软件开发时，伦理并不是人们首先想到的（见图1-5）。毕竟，在开发软件时，作为开发人员，应该处理诸如功能和项目规范之类的技术问题。但是人们通常没有意识到的是，软件和技术在个人层面上影响着人们的生活，并且有能力使它们变得更好或更糟。

现在人们做的每件事都涉及某种软件。例如，开车、买食物、交流、通勤、看电视、在线购物……这些活动涉及的技术在驱动着人们的生活，与人类生活密不可分。

技术甚至改变了企业的运作方式。为了成为第一个将产品推向市场、发展是最好的、产品和服务是最创新的企

图1-5　软件工程中的伦理问题

业，许多企业忽视了他们的冒险带来的副作用和可能给人们的生活带来的问题。

其实，有些公司为了追求利润确实忽视了普遍的商业道德标准。软件开发人员参与了不道德的行为，他们为有欺骗行为的公司工作，这些公司把自己的利益置于人们的生命之上，并且不顾后果。

科技逐渐成为人们日常生活的重要组成部分，已无法将科技与影响日常生活的伦理分开，而且科技还决定了人们的消费方式和创造方式。

尽管如此，软件开发人员有责任为用户提供一个安全的透明的、可信任的程序。

乍一看，很容易认为开发的技术部分与人们的生活没有直接关系。毕竟，真正影响用户的是商业规范。然而，软件开发人员才是那些知道他们的产品能做什么的人。

3. 应该注意的一些道德问题

以下是软件开发人员在开发产品和选择为公司工作时应该注意的一些道德问题。

（1）用户数据

许多网站的服务在很大程度上是为了收集用户的信息。

以某搜索引擎公司为例。它拥有大量关于用户的信息：用户去过哪里，搜索历史，用过的应用程序，和谁一起使用等。

在数字世界，个人数据安全是最令人担忧的问题之一，因为用户会将他们的敏感信息托付给软件开发人员。许多组织都对个人信息感兴趣。那些没有制定应对此类情况的政策的公司，没有告知用户他们的数据将如何被处理，从而将用户置于危险之中。如果用户的数据确实用在了不当之处，用户可通过法律途径进行维权等。

（2）知识产权

在这个快速发展且声势浩大的创新行业，软件开发人员和经营者应该谨慎行事，以确保他们的发明在创新体系内得到适当的保护。

软件开发处理的是由版权、专利、商标和竞争优势法混合组成的相互关联的问题。为了确保客户免受不道德的商业行为的侵害，软件开发企业的人员应该熟悉所有这些要素以及如何有效地实施它们。

（3）版权拥有权

从理论上讲，软件开发人员拥有软件创作的版权，未经允许，任何人都不能复制、分发、展示或进行更改。当它由第三方开发人员或开发机构进行开发时，版权协议应始终伴随协作过程，以定义和保护代码开发者和最初拥有该想法的客户的权利。注册版权可以防止软件开发人员在所有权问题上遇到麻烦。

通常情况下，在产品商业发布后，源代码会被保密，以防止非法复制和传播。使用版权保护源代码对公司是有益的，因为它提供了一种保护知识产权的简便方法。

（4）许可协议

如果客户要求源代码，双方应澄清客户是需要索取源代码，还是只是稍后修改或更新产品。

如果当事方同意产品许可协议，要求透露源代码以重做或更新产品，则开发人员可以采用一项合约，在此合约下，客户承诺对源代码保密。

（5）道德问题解决方案

关于道德问题的棘手部分是，它们要解决一个人自己的道德准则，这是经过多年的教育、家庭和社会影响而形成的。再加上生活并不总是一成不变的，因此就有了一个令人难解的问题。

尽管面对这些道德困境，作为软件开发人员似乎很棘手，但我们仍然可以采取一些解决方案和步骤来做得更好。例如，通过社会舆论来进行呼吁等。

（6）道德教育

公司的运作方式是由管理层决定的，而不是由软件开发人员决定的。即使软件开发人员不同意，也可以被迫遵循所选择的行动方针。对软件开发人员进行有关商业和软件开发道德通用标准的教育，可以增进他们对社会责任以及如何采取行动的了解。它还可以帮助软件开发人员决定为哪些公司工作，或者在软件开发人员自己的企业中如何遵守道德规范。

1.7　软件学院"'墨韵'读书会图书共享平台"案例介绍

作为本科生导师计划中重要的一个环节，"墨韵"读书会给某大学软件学院的学子们提供了一个良好的读书交流平台。在实际的交流中，受到时间和地域的限制，导师和学生往往不能有很多的交流方式，同时学生的读书笔记也难以及时传递到导师手中。在学生和导师互相推荐感兴趣的图书方面，用传统的面对面的交流方式，也存在很大的局限性。因此，需要一个基于网络的平台来更好地使读书会发挥出更大的价值。

"墨韵"读书会图书共享平台就是为了解决这个问题而生的。"墨韵"读书会图书共享平台的宗旨是方便师生之间的交流，让读书会更好地为软件学院学生服务。平台包含的个人主页、圈子和书库等，很好地涵盖了读书会生活的主要部分，能为读书会提供便利的活动条件。

本案例可供软件工程课程设计（大作业）参考。

本案例开发和测试使用的工具为当前比较流行的工具，如以 WebStorm 和 PyCharm 作为集成开发环境，并结合 Vue 和 Django 框架来实现。

关于这个案例的完整文档和代码，读者可通过扫描封底的二维码获取。

习题

1. 判断题

（1）软件就是程序，编写软件就是编写程序。　　　　　　　　　　　　（　　）

（2）软件危机的主要表现是软件需求增加，软件价格上升。　　　　　（　　）

（3）软件工程学科出现的主要原因是软件危机的出现。　　　　　　　（　　）

（4）软件工具的作用是为了延长软件产品的寿命。　　　　　　　　　（　　）

2. 选择题

（1）下列说法中正确的是（　　）。

A. 20 世纪 50 年代提出了软件工程的概念

B. 20 世纪 60 年代提出了软件工程的概念

C. 20 世纪 70 年代出现了客户机/服务器技术

D. 在 20 世纪 80 年代软件工程学科达到成熟

（2）软件危机的主要原因是（　　）。

A. 软件工具落后　　　　　　　　　　　B. 软件生产能力不足

C. 实行严格的产品控制　　　　　　　　D. 软件本身的特点及开发方法不满足

（3）软件工程的三要素是（ ）。

A. 技术、方法和工具   B. 方法、对象和类

C. 方法、工具和过程   D. 过程、模型和方法

（4）在下列选项中，（ ）不属于软件工程学科所要研究的基本内容。

A. 软件工程材料   B. 软件工程方法

C. 软件工程原理   D. 软件工程过程

3. 简答题

（1）与计算机硬件相比，计算机软件有哪些特点？

（2）为什么说软件工程的发展可以在一定程度上解决软件危机的各种弊端？

（3）请简述软件工程的基本原则。

（4）请简述软件工程研究的内容。

（5）软件工程的三要素是什么。

（6）请简述软件工程的目标。

（7）通常有哪几种软件开发方法？

（8）请列举你所知道的软件工程工具。

（9）什么是开源软件开发方法？

（10）什么是群体化软件开发方法？

（11）ACM/IEEE 道德准则包括哪几项？

第2章 软件过程

本章首先介绍软件过程的基本概念；然后引出软件生命周期，包括软件生命周期的概念和传统软件生命周期的各个阶段；接着对软件过程模型，包括瀑布模型、快速原型模型、增量模型、螺旋模型、喷泉模型、基于组件的开发模型，以及统一软件开发过程模型进行介绍。

本章目标

☐ 掌握软件过程的定义和基本活动。

☐ 熟悉软件生命周期及各阶段任务。

☐ 熟悉常用的几种软件过程模型。

2.1 软件过程概述

软件的诞生和生命周期是一个过程，总体上称这个过程为软件过程。软件过程是为了开发出软件产品，或者是为了完成软件工程项目而需要完成的有关软件工程的活动，每一项活动又可以分为一系列的工程任务。任何一个软件开发组织，都可以规定自己的软件过程。为获得高质量的软件产品，软件过程必须科学、有效。由于软件项目千差万别，不可能找到一个适用于所有软件项目的任务集合，因此科学、有效的软件过程应该定义一组适合所承担项目特点的任务集合。事实上，软件工程过程是一个软件开发组织针对某一类软件产品为自己规定的工作步骤，它应当是科学的、合理的，否则必将影响软件产品的质量。

过程定义了运用方法的顺序、应该交付的文档资料、为保证软件质量和协调变化所需要采取的管理措施，以及标志软件开发各个阶段任务完成的里程碑。通常，使用生命周期模型来简洁地描述软件过程。生命周期模型规定了把生命周期划分为哪些阶段及各个阶段的执行顺序，因此也称为过程模型。

2.2 软件生命周期

本节讲述软件生命周期的概念，以及传统软件生命周期的各个阶段。

2.2.1 软件生命周期的概念

任何事物都有一个从产生到消亡的过程，事物从其孕育开始，经过诞生、成长、成熟、衰退，到最终灭亡，就经历了一个完整的生命周期。生命周期是世界上任何事物都具备的普遍特征，软件产品也不例外。作为一种工业化的产品，软件产品的生命周期是指从设计该产品的构想开始，到软件需求的确定、软件设计、软件实现、产品测试与验收、投入使用以及产品版本的不断更新，到最终该产品被市场淘汰的全过程。

软件生命周期概念的提出有利于人们更科学、更有效地组织和管理软件开发。软件生命周期这个概念从时间的角度将软件的开发和维护的复杂过程分解为了若干个阶段，每个阶段都完成特定的相对独立的任务。由于每个阶段的任务相对于总任务难度会大幅度降低，在资源分配、时间把握和项目管理上都会比较容易控制。合理地划分软件生命周期的各个阶段，使各个阶段之间既相互区别又相互联系，为每个阶段赋予特定的任务，这些都是软件开发项目成功的重要因素。

2.2.2 传统软件生命周期的各个阶段

对软件生命周期的划分必须依据特定的软件开发项目所采用的软件开发模型。软件开发模型相当于软件生命周期中所有工作和任务的总体框架，它不仅反映了软件开发的组织方式，还映射了不同阶段之间的过渡和衔接关系。采用不同模型开发的软件产品，其生命周期也有所不同。但是，在传统的软件工程中，软件产品的生命周期一般可以划分为 6个阶段，如图 2-1 所示。

图 2-1　传统的软件生命周期

1. 可行性研究

可行性研究阶段为后续的软件开发做必要的准备工作。它首先要确定待开发的软件产品所要解决的问题。软件分析人员与用户之间需要充分地交流与合作，才能对待开发软件产品的目标达成一致。同时，在可行性研究阶段，开发人员还应该确定总体的开发策略与开发方式，并对开发所需要的资金、时间和各种资源做出合理的估计。精确的预估需要建立在开发人员对用户需求的充分了解以及自身丰富经验的基础上。此外，在可行性研究阶段，还需要对待开发软件产品进行可行性分析，并制订初步的开发计划。可行性分析是为了在技术、经济、操作或社会等多个方面寻求可行的解决方案，并对各个方案进行比较，完成可行性分析报告。

2. 需求分析

需求是指为了解决用户提出的问题，目标系统需要做什么。需求分析是一个很复杂的过程。需求分析是否准确和成功，直接关系到后续软件开发的成败。在需求分析阶段，开发人员首先要通过各种途径对需求进行获取。要得到正确和详尽的需求，开发人员与用户之间的交流与沟通是非常重要的。确定需求后，开发人员需要对原始的需求进行抽象与概括，从功能、性能、界面和接口等诸多方面对需求进行详细的描述，并最终反映到软件需求规格说明书中。

3. 软件设计

软件设计就是指在需求分析的基础上，软件开发人员通过制定设计方案，把需求文档中描述的功能可操作化。软件设计分为概要设计和详细设计两个阶段。概要设计旨在建立系统的总体结构，从总体上对软件的结构、接口和全局数据结构等给出数据说明。详细设计关注每个模块的内部实现细节，为后续的编码工作提供最直接的依据。

4. 编码

在编码阶段，开发人员根据软件设计阶段制定的设计方案，编写程序代码。简单地说，编码的过程就是把详细设计文档中对每个模块实现过程的算法描述转换为能用某种程序设计语言来实现的程序。在规范的软件开发过程中，编码必须遵守一定的标准，这样有助于团队开发，同时能够提高代码的质量。

5. 软件测试

软件测试是保证软件质量的关键步骤。软件测试的目的是发现软件产品中存在的软件缺陷，进而保证软件产品的质量。在软件开发的实践中，软件缺陷的产生是必然的。软件缺陷发现得越晚，修复缺陷所需的成本就越高，损失也就越大。为了尽早发现软件缺陷，有效地进行软件测试是必要的。按照测试点的不同，软件测试可以分为单元测试、集成测试、系统测试和验收测试。

6. 软件维护

在软件产品被交付后，其生命周期还在继续。在使用的过程中，用户还会不断地发现软件产品中所隐藏的各种各样的错误。同时，随着用户需求的增长或改变，以及市场环境的变化，软件产品的功能需要不断更新，版本需要不断升级。所以，在使用软件产品的过程中，软件开发人员需要对产品进行维护，以保证软件产品的正常运行。一般来讲，软件产品的质量越高，进行维护的工作量就会越小。

2.3 软件过程模型

在现实生活中，人们处理问题时经常采用建模的方法。在软件工程中，人们通过建立抽象的软件过程模型（也称软件开发模型或软件生命周期模型），把软件生命周期中的各个活动或步骤安排到一个框架中，将软件开发的全过程清晰且直观地表达出来。可以说，软件开发模型是软件工程思想的具体化，它反映了软件在其生命周期中各阶段之间的衔接和过渡关系，以及软件开发的组织方式，是人们在软件开发实践中总结出来的软件开发方法和步骤。

软件过程模型的内在特征有以下 4 点。

1）描述了主要的开发阶段。

2）定义了每个阶段要完成的主要任务和活动。

3）规范了每个阶段的输入和输出。

4）提供了一个框架，把必要的活动映射到这个框架中。

几十年来，软件工程领域中出现了许多不同的软件开发模型（过程模型），它们具有不同的特征，适应于不同特点的软件开发项目。这里主要介绍瀑布模型、快速原型模型、增量模型、螺旋模型、喷泉模型、基于组件的开发模型，以及统一软件开发过程模型。敏捷模型将在第 3 章详细介绍。

2.3.1 瀑布模型

瀑布模型是 20 世纪 80 年代之前最受推崇的软件开发模型。它是一种线性的开发模型，具有不可回溯性。开发人员必须等前一阶段的任务完成后，才能开始进行后一阶段的工作，并且前一阶段的输出往往就是后一阶段的输入。由于它的不可回溯性，如果在软件生命周期的后期发现并要改正前期的错误，那么需要付出很高的代价。传统的瀑布模型是文档驱动的，如图 2-2 所示。

瀑布模型的优点是过程模型简单，执行容易；缺点是无法适应变更。瀑布模型适应于具有以下特征的软件开发项目。

图 2-2　瀑布模型

1）在软件开发的过程中，需求不发生或发生很少变化，并且开发人员可以一次性获取到全部需求。否则，由于瀑布模型较差的可回溯性，在后续阶段中需求经常性的变更需要付出高昂的代价。

2）软件开发人员具有丰富的经验，对软件应用领域很熟悉。

3）软件项目的风险较低。瀑布模型不具有完善的风险控制机制。

2.3.2　快速原型模型

快速原型模型的本意是，在初步的需求分析之后，马上向客户展示一个软件产品原型（样品），对客户进行培训，让客户试用。在试用中收集客户意见，根据客户意见立刻修改原型，再让客户试用，反复循环几次，直到客户认可为止。

软件产品一旦交付给用户使用之后，维护便开始了。根据用户使用过程中的反馈，可能需要返回到收集需求阶段，如图 2-3 中虚线箭头所示（图中实线箭头表示开发过程，虚线箭头表示维护过程）。

图 2-3　快速原型模型

快速原型模型的优点是开发速度快，客户意见反馈及时，有利于软件开发商在短时间内推广并实施。正因为快速原型模型具有这些优点，所以它一直是软件企业界的主流开发模型。凡是有软件产品积累的软件公司，他们在投标、开发、实施项目的过程中，都非常喜欢用快速原型模型。

快速原型模型的缺点是，因为事先有一个可展示性的产品原型，所以在一定程度上，不利于开发人员创新。

快速原型模型适用于具有以下特征的软件开发项目。

1）已有产品或产品的原型（样品），只需客户化的工程项目。

2）简单而熟悉的行业或领域。

3）有快速原型开发工具。

4）进行产品移植或升级。

2.3.3　增量模型

增量模型是把待开发的软件系统模块化，将每个模块作为一个增量组件，从而分批次地分析、设计、编码和测试这些增量组件。运用增量模型的软件开发过程是递增式的过程。相对于瀑布模型而言，采用增量模型进行开发，开发人员不需要一次性地把整个软件产品交付给用户，而是可以分批次交付。

一般情况下，开发人员会首先实现提供基本核心功能的增量组件，创建一个具备基本功能的子系统，然后对其进行完善。增量模型的示意图如图 2-4 所示。

图 2-4 增量模型

增量模型的最大特点就是将待开发的软件系统模块化和组件化。基于这个特点，增量模型具有以下优点。

1）将待开发的软件系统模块化，可以分批次地交付软件产品，使用户可以及时了解软件项目的进展。

2）以组件为单位进行开发降低了软件开发的风险。一个开发周期内的错误不会影响到整个软件系统。

3）开发顺序灵活。开发人员可以对构件的实现顺序进行优先级排序，先完成需求稳定的核心组件。当组件的优先级发生变化时，还能及时地对实现顺序进行调整。

增量模型的缺点是要求待开发的软件系统可以被模块化。如果待开发的软件系统很难被模块化，那么将会给增量开发带来很多麻烦。

增量模型适用于具有以下特征的软件开发项目。

1）软件产品可以分批次地进行交付。

2）待开发的软件系统能够被模块化。

3）软件开发人员对应用领域不熟悉，难以一次性地进行系统开发。

4）项目管理人员把握全局的水平较高。

2.3.4 螺旋模型

螺旋模型是一种用于风险较大的大型软件项目开发的过程模型。该模型将瀑布模型与快速原型模型结合起来，并且加入了这两种模型忽略了的风险分析。它把开发过程分为制订计划、风险分析、实施工程和客户评估 4 种活动。制订计划就是要确定软件系统的目标，了解各种资源限制，并选定合适的开发方案。风险分析旨在对所选方案进行评价，识别潜在的风险，并制定消除风险的机制。实施工程的活动中渗透了瀑布模型的各个阶段，开发人员对下一版本的软件产品进行开发和验证。客户评估是获取客户意见的重要活动。螺旋模型的示意图如图 2-5 所示。

螺旋模型适应于风险较大的大型软件项目的开发。它的优点是将风险分析扩展到各个阶段中，大幅度降低了软件开发的风险。但是这种模型的控制和管理较为复杂，可操作性不强，对项目管理人员的要求较高。

2.3.5 喷泉模型

喷泉模型是一种过程模型，同时也支持面向对象开发。喷泉模型的示意图如图 2-6 所示。在面向对象分析阶段，定义类和对象之间的关系，建立对象-关系和对象-行为模型。在面向对象设计阶段，从实现的角度对面向对象分析阶段所建立的模型进行修改或扩展。在编码阶段，使用面向对象的编程语言和方法实现设计模型。在面向对象的方法中，分析模型和设计模型采用相同的符号标示体系，各阶段之间没有明显的界限，而且常常重复、迭代地进行。

图 2-5　螺旋模型

"喷泉"一词体现了面向对象方法的迭代和无间隙性。迭代是指各阶段需要多次重复，例如，面向对象分析和设计阶段常常需要多次、重复进行，以更好地实现需求。无间隙性是指各个阶段之间没有明显的界限，并常常在时间上互相交叉，并行进行。

喷泉模型主要用于面向对象的软件项目，软件的某个部分通常被重复多次，相关对象在每次迭代中随之加入渐进的软件成分。

2.3.6　基于组件的开发模型

基于组件的开发模型使用现有的组件以及系统框架进行产品开发。由于现有组件大多已经历实际应用的反复检验，因此其可靠性相对新研发的组件高出很多。

实际上，从最简单的应用程序到极度复杂的操作系统，现在的新产品开发很少有完全从零开发，都或多或少地使用了现有的组件或系统开发框架，如大型游戏的开发常常使用现有的图形引擎、声音

图 2-6　喷泉模型

引擎以及场景管理模块等。使用现有的组件开发新产品不仅极大地提高了产品开发效率，同时由于组件常常是经历了时间考验的，因此产品的质量也得到了提高。

基于组件的开发模型的示意图如图 2-7 所示，在确定需求之后，开发人员开始从现有的组件库中筛选合适的组件，并对组件功能进行分析。组件库可能是组织内部开发的，也可能是商业授权的。后者常常需要支付费用并且不能任意修改和传播，但也有一些开源组织（如著名的 GNU）或自由开发人员提供免费并可自由修改和传播的组件。在对组件分析之

23

后，开发人员可适当修改需求以适应现有组件，也可修改组件或寻找新的组件。组件筛选完成之后，开发人员需要根据需求设计或使用现有的成熟开发框架复用这些组件，一些无法利用现有组件的部分，则需要进行单独的开发，新开发的组件在经历时间考验之后也会放入到组件库中。最后，将所有组件集成在一起，进行系统测试。

图 2-7 基于组件的开发模型

基于组件的开发模型充分体现了软件重用的思想，降低了开发成本和风险，加快了产品开发。随着技术的发展，现在的软件系统越来越庞大，完全从零开发已近乎不可能，基于现有的组件或系统进行开发已成为一种趋势。

2.3.7 统一软件开发过程模型

统一软件开发过程（Rational Unified Process，RUP）模型是基于 UML（统一建模语言）的一种面向对象软件开发模型。它解决了螺旋模型可操作性不强的问题，采用迭代和增量递进的开发策略，并以用例驱动为特点，集中了多个软件开发模型的优点。RUP 模型是迭代模型的一种。RUP 模型的示意图如图 2-8 所示。

图 2-8 统一软件开发过程模型

图 2-8 中的纵轴以工作的内容为组织方式，表现了软件开发的工作流程。工作流程就是指一系列的活动，这些活动产生的结果是可见的价值。工作流程可以分为核心工作流程和

核心支持工作流程。其中，核心工作流程是在整个项目中与主要关注领域相关的活动的集合。在每个迭代的软件生命周期中，核心工作流程有业务建模、需求、分析和设计、实现、测试和部署。配置与变更管理、项目管理和环境属于核心支持工作流程，它们为核心工作流程的实施提供支持。

图 2-8 中的横轴以时间为组织方式，表现了软件开发的 4 个阶段：先启、细化、构建和产品化。每个阶段中都可能包含若干次迭代。先启阶段的任务是估算项目的成本和效益，确定项目的规模、功能和架构，估计和安排项目的进度；细化阶段的主要目标是建立软件系统的架构，如建立用例模型、静态模型、动态模型和实现模型；构建阶段的任务是通过一系列的迭代过程，增量式地构建和实现用例；产品化阶段的任务是试用产品并改正试用中发现的错误，以及制作产品的最终版本、安装产品、完善用户手册并培训用户等。这 4 个阶段按照顺序依次进行，每个阶段结束时都有一个主要里程碑。实际上，可以把每个阶段看成是两个主要的里程碑之间的时间跨度。在每个阶段结束时都要进行阶段评估，确保该阶段目标已被实现，从而进入下一个阶段。阶段与里程碑的关系如图 2-9 所示。

图 2-9　统一软件开发过程的项目阶段和里程碑

统一软件开发过程模型是基于迭代思想的软件开发模型。在传统的瀑布模型中，项目的组织方法是使其按顺序一次性地完成每个工作流程。通常，在项目前期出现的问题可能推迟到后期才会被发现，这不仅增大了软件开发的成本，还严重影响了软件开发的进度。采用迭代的软件工程思想可以多次执行各个工作流程，有利于更好地理解需求、设计出合理的系统架构，并最终交付一系列渐趋完善的成果。可以说，迭代是一次完整地经过所有工作流程的过程，从图 2-8 中可以看到，每个阶段都包含了一次或多次的迭代。

基于统一软件开发过程模型所构建的软件系统，是由软件构件建造而成的。这些软件构件定义了明确的接口，相互连接成整个系统。在构造软件系统时，RUP 模型采用架构优先的策略。软件架构概念包含了系统中最重要的静态结构和动态特征，架构体现了系统的总体设计。架构优先开发的原则是 RUP 中至关重要的原则。

统一软件开发过程模型适用的范围极为广泛，但是对开发人员的素质要求较高。

2.3.8　几种模型之间的关系

1. 瀑布模型与 RUP 模型之间的关系

在宏观上，瀑布模型是静态模型，RUP 模型是动态模型。RUP 模型的每一次迭代，实际上都需要执行一次瀑布模型，都要经历先启、细化、构建、产品化这 4 个阶段，完成瀑布模型的整个过程。

在微观上，瀑布模型与 RUP 模型都是动态模型。瀑布模型与 RUP 模型在每一个开发阶段（先启、细化、构建、产品化）的内部，都需要有一个小小的迭代过程，只有进行这样的迭代，开发阶段才能做得更好。

瀑布模型与 RUP 模型之间的关系可用图 2-10 来表述。瀑布模型中有 RUP 模型，反过来，RUP 模型中也有瀑布模型。

图 2-10 瀑布模型与 RUP 模型之间的关系

2. 瀑布模型与增量模型之间的关系

增量模型是把待开发的软件系统模块化，将每个模块作为一个增量组件，一个模块接着一个模块地进行开发，直到开发完所有的模块。

在开发每个模块时，通常都是采用瀑布模型，从分析、设计、编码和测试这几个阶段进行开发。所以，增量模型中有瀑布模型，即宏观上是增量模型，微观上是瀑布模型。

增量模型也体现了迭代思想，每增加一个模块，就进行一次迭代，执行一次瀑布模型，所以，增量模型本质上是迭代的。

3. 瀑布模型与快速原型模型之间的关系

快速原型模型的基本思想是快速建立一个能反映客户主要需求的原型模型，在此基础上之后的每一次迭代，都可能会用到瀑布模型。

快速原型模型中不但包含了迭代模型的思想，而且包含了瀑布模型的思想。

4. 瀑布模型与螺旋模型之间的关系

螺旋模型是瀑布模型和快速原型模型的结合，快速原型模型是原型模型的简化，原型模型又是迭代模型和瀑布模型的组合，这些模型之间是相互依存的、彼此有关的。

螺旋模型每一次顺时针方向旋转，相当于顺时针方向迭代一次，都是走完一次瀑布模型，这就是瀑布模型与螺旋模型之间的关系。实际上，瀑布模型与喷泉模型也有关系。

2.3.9 选择软件过程模型

各种软件过程模型反映了软件生命周期表现形式的多样性。在生命周期的不同阶段也可采用不同的软件过程模型。在具体的软件开发过程中，可以选择某种软件过程模型，按照某种开发方法，使用相应的工具进行软件开发。

在选择软件过程模型时需要考虑以下几点。

1）符合软件自身的特性，如规模、成本和复杂性等。

2）满足软件开发进度的要求。

3）对软件开发的风险进行预防和控制。

4）具有计算机辅助工具的支持。

5）与用户和软件开发人员的知识和技能相匹配。

6）有利于软件开发的管理和控制。

一般来说，结构化方法和面向数据结构方法可采用瀑布模型或增量模型进行软件开发；而面向对象方法可采用快速原型模型、喷泉模型或 RUP 模型进行软件开发。

在实际的软件开发过程中，选择软件过程模型并非是一成不变的，有时还需要针对具体的目标要求进行裁剪、修改等，从而构成完全适合开发目标要求的软件过程模型。

现实中的软件系统各种各样，软件开发方式也千差万别。对同一个问题，不同的开发团队可能选择不同的开发模型（过程模型）去解决，开发出的软件系统也不可能完全一样，但是其基本目标都是一致的，即应该满足客户的基本功能需求，否则，再好的软件系统也是没有意义的。

2.4　软件过程实例

【例2-1】假设要为一家生产和销售长筒靴的公司开发一个软件，使用此软件来监控该公司的存货，并跟踪从购买橡胶开始到生产长筒靴、发货给各个连锁店，直至卖给顾客的全过程。以保证生产、销售过程的各个环节供需平衡，既不会出现停工待料的现象，也不会出现供不应求的现象。可为这个项目选择什么软件过程模型？

【解析】采用螺旋模型。

原因：这个项目总体上来看复杂程度较高，各个部分的需求比较难以确定并且数量较大。螺旋模型适用于风险较大的大型软件项目的开发，将风险分析扩展到各个阶段中，大幅度降低了软件开发的风险，并且可以逐步取得明确的需求，逐步完善。所以，建议采用螺旋模型。

【例2-2】假设计划研发一种产品，技术含量很高，与客户有关的风险也很多，你会采用哪种软件过程模型？请说明理由。

【解析】采用RUP模型。RUP模型在每个步骤后都会形成一个可以发布的产品，这个产品是最终产品的一个子集。这样能够在生命周期中尽早地避免风险，不会像其他过程模型一样，有可能直到最后才发现问题，面临巨大风险。再者，这个模型能产生多个软件样品，每个样品实现某个个别功能来一一解决软件开发中的难点，最终达到高技术含量的成品。

习题

1. 判断题

（1）瀑布模型的最大优点是将软件开发的各个阶段划分得十分清晰。　　　（　　）

（2）螺旋模型是在瀑布模型和增量模型的基础上增加了风险分析活动。　　（　　）

（3）软件工程过程应该以软件设计为中心，关键是编写程序。　　　　　　（　　）

（4）螺旋模型属于增量模型。　　　　　　　　　　　　　　　　　　　　（　　）

2. 选择题

（1）增量模型本质上是一种（　　）。

A. 线性顺序模型　　　　　　　　　　B. 整体开发模型

C. 非整体开发模型　　　　　　　　　D. 螺旋模型

（2）软件过程是（　　）。

A. 特定的开发模型　　　　　　　　　B. 一种软件求解的计算逻辑

C. 软件开发活动的集合　　　　　　　D. 软件生命周期模型

（3）软件生命周期模型不包括（　　）。

A. 瀑布模型　　　　　　　　　　　　B. 用例模型

C. 增量模型　　　　　　　　　　　　D. 螺旋模型

（4）包含风险分析的软件过程模型是（　　）。

A. 螺旋模型　　　　　　　　　　　　B. 瀑布模型

C. 增量模型　　　　　　　　　　　　D. 喷泉模型

（5）软件工程中描述生命周期的瀑布模型一般包括计划、需求分析、设计、编码、（　　　）、维护等几个阶段。

A．产品发布 　　　　　　　　　　　　B．版本更新

C．可行性分析 　　　　　　　　　　　D．测试

（6）软件过程模型中的瀑布模型，一般将开发过程划分为需求分析、设计、编码和测试等阶段。一般认为可能占用人员最多的阶段是（　　　）。

A．分析阶段 　　　　　　　　　　　　B．设计阶段

C．编码阶段 　　　　　　　　　　　　D．测试阶段

（7）螺旋模型综合了（　　　）的优点，并增加了风险分析。

A．增量模型和喷泉模型 　　　　　　　B．瀑布模型和快速原型模型

C．瀑布模型和喷泉模型 　　　　　　　D．快速原型模型和喷泉模型

3．简答题

（1）如何理解软件生命周期的内在特征？

（2）请对比瀑布模型、快速原型模型、增量模型和螺旋模型。

（3）在统一软件开发过程模型中，核心工作流程包含哪些？

（4）当需求不能一次搞清楚，且系统需求比较复杂时，应选用哪种软件过程模型比较适合？

（5）什么是软件过程？它与软件工程方法学有何关系？

（6）某大型企业计划开发一个"综合信息管理系统"，该系统涉及销售、供应、财务、生产、人力资源等多个部门的信息管理。该企业的想法是按部门优先级别逐个实现，边应用边开发。请选择符合应用需要的软件过程模型，并说明选择的理由。

第 3 章

敏捷软件开发

本章首先介绍敏捷软件开发方法，包括"敏捷软件开发宣言"中的 4 个价值观和 12 条原则；接着具体讲述流行的敏捷软件开发方法，如 Scrum、看板（Kanban）和 XP；然后讲述 CI/CD 以及 DevOps 等相关方面的内容。

本章目标

❑ 了解"敏捷软件开发宣言"的 4 个价值观和 12 条原则。
❑ 理解重要的敏捷软件开发实践，如 Sprint、用户故事、Backlog。
❑ 理解面向敏捷软件开发的 Scrum、看板（Kanban）、XP 方法。
❑ 理解敏捷软件开发和 DevOps 相似，而 CI/CD 是实现这二者的一种方法。

敏捷软件开发是软件开发行业的一个流行语，它是管理软件开发项目的一种方式。它不是一种特定的软件开发方法，而是一组基于"敏捷软件开发宣言"中表达的价值、原则的方法和实践的总称。

3.1　敏捷软件开发方法

随着计算机技术的迅猛发展和全球化进程的加快，软件需求常常发生变化，强烈的市场竞争要求更快速地开发软件，同时软件也能够以更快的速度更新。传统的软件工程方法在开发时效上时常面临挑战，因此，强调快捷、小文档、轻量级的敏捷软件开发方法开始流行。如今，"敏捷"已经成为一个非常时尚的词语。敏捷软件开发方法是一种轻量级的软件工程方法，相对于传统的软件工程方法，它更强调软件开发过程中各种变化的必然性，主张通过团队成员之间充分的交流与沟通以及合理的机制来有效地响应变化。

敏捷软件开发开始于"敏捷软件开发宣言"。2001 年 2 月，17 位软件开发方法学家在美国犹他州召开了长达两天的会议，制定并签署了"敏捷软件开发宣言"。该宣言给出了 4 个价值观。

（1）个体与交互高于过程和工具

这并不是否定过程与工具的重要性，而是更加强调人与人的沟通在软件开发中的作用。因为软件开发过程最终还是要人来实施的，只有涉及软件开发过程的各方面人员（需求人员、设计师、程序员、测试人员、客户和项目经理等）经过充分地沟通和交流，才能保证最终的软件产品符合客户的需求。如果只是具有良好的开发过程和先进的过程工具，而开发人员本身技能很差，又不能很好地沟通，那么软件产品最终还是会失败。

（2）可运行软件高于详尽的文档

对用户来说，他们更多是通过直接运行程序而不是阅读大量的使用文档来了解软件功能。因此，敏捷软件开发强调不断地、快速地向用户交付可运行程序（不一定是完整程序），来让用户了解软件并得到用户的认可。重要文档仍然是不可缺少的，能帮助用户更精准、全面地了解软件的功能，但软件开发的主要目标是开发出可执行的软件。敏捷软件开发并没有消除文档的使用，而是通过为开发人员提供完成工作所需的信息，例如，用户故事（user stories）简化了文档的使用，即"敏捷软件开发宣言"仍看重文档记录的过程，但更重视可工作的软件。

（3）与客户协作高于合同（契约）谈判

大量实践表明，在软件开发的前期，很少有客户能够精确、完整地表达他们的需求，即便是那些已经确定下来的需求，也常常会在开发过程中发生改变。因此，靠合同谈判的方式将需求确定下来非常困难。对开发人员来说，客户的部分需求变更甚至会导致软件大范围的重构，而通过深入分析客户需求之后，有时还会发现通过适当调整需求就可以避免做出重大调整。对于合同谈判的情况，开发团队往往通过和客户谈判，撰写精确的需求合同来限制需求变更。这会导致最终的软件产品功能与客户需求之间存在难以避免的差异，从而导致客户的满意度降低。因此，敏捷软件开发强调与客户的协作，通过密切的沟通合作而不是合同契约来确定客户的需求。

（4）对变更及时响应高于遵循计划

任何的软件开发都需要制订一个详细的开发计划，确定各项任务活动的先后顺序以及大致日期。然而，随着项目的进展，需求、业务环境、技术、团队等都有可能发生变化，任务的优先顺序和时间有时会面临必要的调整，所以，必须保证项目计划能够很好地适应这种难以预料的变化，并能够根据变化修订计划。例如，软件开发的后期，如果团队人员流失，那么如果时间允许，适当延后计划比补充新的开发人员进入项目要风险更小。

发表"敏捷软件开发宣言"的 17 位软件开发方法学家组成了敏捷软件开发联盟（agile software development alliance），简称"敏捷联盟"。他们当中有极限编程的发明者 Kent Beck、Scrum 的发明者 Jeff Sutherland 以及 Crystal 的发明者 Alistair Cockburn。"敏捷联盟"为了帮助希望使用敏捷方法来进行软件开发的人们定义了 12 条原则。

1）通过尽早和持续交付有价值的软件来让客户满意。

2）需求变更可以发生在整个软件的开发过程中，即使在开发后期，也欢迎客户对于需求的变更。敏捷过程利用变更为客户创造竞争优势。

3）经常交付可工作的软件。交付的时间间隔越短越好，最好 2~3 周一次。

4）在整个软件开发周期中，业务人员和开发人员应该天天在一起工作。

5）围绕受激励的个人构建项目，给他们提供所需的环境和支持，并且信任他们能够完成工作。

6）在团队的内部，最有效果和效率的信息传递方法是面对面交谈。

7）可工作的软件是进度的首要度量标准。

8）敏捷过程提倡可持续的开发速度。责任人、开发人员和客户应该能够保持一种长期稳定的开发速度。

9）不断地关注优秀的技能和良好的设计会增强敏捷能力。

10）尽量使工作简单化。

11）好的需求和设计来源于自组织的团队。

12）每隔一定时间，团队应该反省如何才能有效地工作，并相应地调整自己的行为。

使用广泛的敏捷方法有：Scrum、精益软件开发、极限编程（XP）、水晶（Crystal）、看板（Kanban）、动态系统开发方法，以及特征驱动开发。

下面主要讲述 Scrum、看板（Kanban）和极限编程。

3.2　Scrum

本节对 Scrum 进行概述，并讲述与其相关的 Sprint、每日站会、用户故事、Backlog，以及结对编程的相关知识。

3.2.1　Scrum 概述

Scrum 作为敏捷软件开发的落地方法之一，用不断迭代的框架方法来管理复杂产品的开发，是当前十分流行的敏捷管理方法。项目成员会以 1~4 周的迭代周期（称为 Sprint）不断地开发出新版本软件，而在每次迭代完成后，项目成员和利益相关方再次碰头确认下次迭代的方向和目标。

Scrum 有一套独特且固定的管理方式，从角色、工件和不同形式的会议三个维度出发，来保证执行过程更高效。例如，在每次 Sprint 开始前会确立整个过程——迭代规划、每日站会、迭代演示和回顾，并在 Sprint 期间用可视化工件确认进度和收集客户反馈。

1. Scrum 中的 3 种角色

1）产品经理：负责规划产品，并将研发这种产品的愿景传达给团队；需要整理产品需求清单（Backlog），关注市场需求的变化以调整产品需求优先级，确认下次迭代需要交付的功能；与团队、客户、利益相关方持续保持沟通和反馈，保证每位项目成员了解项目的意义和愿景。

2）Scrum 主管（Scrum Master）：帮助团队尽其所能地完成工作。例如，组织会议，处理遇到的障碍和挑战，与产品经理合作，在下次迭代前准备好 Backlog，确保团队遵循 Scrum 流程。Scrum 主管对团队成员在做的事情没有指挥权，但对这一过程拥有指挥权。例如，Scrum 主管不能告诉某人该做什么，但可以提出新的 Sprint。

3）Scrum 团队：Scrum 团队由 5~7 名成员组成。与传统的开发团队不同，成员们没有固定角色，例如，可能会由测试人员来做研发。团队成员之间相互帮助、共享成果，旨在完成全部的工作。Scrum 团队需要做好整体规划，并为每次迭代划分合适的工作量。

2. Scrum 会议

Scrum 会议包括整理产品需求清单、确定迭代规划、梳理迭代任务清单、每日站会、迭代演示、迭代回顾等步骤，如图 3-1 所示。各步骤详细解释如下。

1）整理产品需求清单：产品经理和 Scrum 团队进行协商，基于用户故事和需求反馈来确定产品需求的优先级。Backlog 并不是待办事项列表，而是产品的所有功能列表。然后，Scrum 团队在每次迭代阶段去完成清单中的一部分，最终完成整个项目。

2）确定迭代规划：在每次迭代开始之前，产品经理会在迭代规划会议上和团队讨论优先级高的功能需求，然后确认有哪些功能将会在下次迭代时完成，并将这些功能从产品需求清单中移至迭代任务清单中。

3）梳理产品需求清单：结束迭代后，产品经理需要和团队碰头来确认下次迭代的任务清单。团队可以利用这个阶段剔除相关度低的用户故事，提出新的用户故事，再重新评估故事的优先级，或将用户故事分成更小的任务。这次梳理的目的是确保产品需求清单里的内容足够详细，并且和项目目标保持一致。

4）每日站会：每天花 15 分钟左右开一次站会，团队的每个成员都要说明当前的进度和出现的问题。这个过程有助于团队保持日常联系。

5）迭代演示：在每次迭代结束时，团队需要向产品经理报告已完成的工作，并做产品现场演示。

6）迭代回顾：在每次迭代结束后，团队需要开例会总结使用 Scrum 进行研发带来的影响，并探讨在下次迭代中是否有能做得更好的地方。

图 3-1　Scrum 会议

3. Scrum 项目所需的常用工件

1）Scrum 任务板：用户可以用 Scrum 任务板使 Sprint 任务清单形象化。任务板可以用不同的形式来呈现，比较传统的有索引卡、便利贴或白板。Scrum 任务板通常分为三列：待办事项、在办事项和完成事项。团队需要在整个 Sprint 过程中不断更新。例如，如果某团队成员想出一个新任务，他会写一张新卡并将其放入合适的位置。

2）用户故事：用户故事是从用户角度对软件提出功能的描述。它包括用户类型细分，用户想要什么以及为什么需要它。它们遵循相似的结构：作为<用户类型>，我希望<执行某项任务>以便我能<实现某个目标>。团队根据这些用户故事进行研发来满足用户需求。

3）燃尽图：纵轴表示任务总量估计，横轴表示迭代时间，如图 3-2 所示。剩余工作量可以通过不同的点位或其他指标来表示。当事情没有按照计划进行并且影响后续决策时，燃尽图可以给团队提醒。

图 3-2　燃尽图

3.2.2　Sprint

Sprint 是 Scrum 团队成员一起完成增量工作的实际时间段。对于一个 Sprint 来说，通常需要两周的时间，尽管有些团队认为一周的时间更容易确定，而一个月的时间更容易实现有价值的增长。敏捷专家 Dave West 建议，工作越复杂，未知数越多，Sprint 的时间应该越短。实际上，它取决于具体的团队，如果无法正常工作，可以在产品经理和 Scrum 团队之间重新进行协商。

所有的事件，从计划到回顾，都发生在 Sprint 阶段。一旦一个 Sprint 的时长被确定，它就必须在整个开发期间保持一致。这有助于团队从过去的经验中学习，并将这种经验应用到未来的 Sprint 中。

3.2.3　每日站会

这是一种每天在同一时间（通常是上午）和地点举行的超短会议。为保持会议的简单性，许多团队试图在 15 min 内完成会议，但这只是一个指导原则。每日站会的目标是让团队中的每个成员都保持同步，与 Sprint 目标保持一致，并为接下来的一天内制订计划。

一种常见的开站会的方法是让每个团队成员回答如下三个关于实现 Sprint 目标的问题：

1）我昨天做了什么？

2）我今天计划做什么？

3）有什么问题吗？

然而，我们可能很快会看到，站会变成了团队成员之间汇报自己昨天和今天的日程安排。站会的目的是，团队成员可以一整天将注意力集中在工作上，每天开站会时，不会因为谈话让人分心。所以，如果站会变成了每天汇报日程安排，这就需要团队试图做出改变，以便日日有新意。

3.2.4　用户故事

在实际开发流程中，最重要的是做好用户故事的划分。用户故事是从用户的角度来描述用户渴望得到的功能。

1. 用户的 3 个要素

1）角色：谁使用这个功能。

2）活动：需要完成什么样的功能。

3）商业价值：为什么需要这个功能，这个功能能带来什么样的价值。

需要注意的是，用户故事不能只使用技术语言来描述，要使用用户可以理解的业务语言来描述。

2. 3C 原则

用户故事的描述信息以传统的手写方式写在纸质卡片上，所以 Ron Jeffries 提出了 3C 原则。

1）卡片（Card）：用户故事一般写在小的记事卡片上。卡片上可能会写上对故事的简短描述、工作量估算等。

2）交谈（Conversation）：用户故事背后的细节来源于和客户或者产品经理的交流与沟通。

3）确认（Confirmation）：通过验收测试确认用户故事被正确地完成。

3. INVEST 原则

好的用户故事应该遵循如下的 INVEST 原则。

1）独立（Independent）：要尽可能地让一个用户故事独立于其他的用户故事。用户故事之间的依赖使得制订计划、确定优先级、工作量估算都变得困难。通常，可以通过组合用户故事和分解用户故事来减少依赖性。

2）可协商（Negotiable）：用户故事的内容是可以协商的，用户故事不是合同。用户故事卡片上只是对用户故事的一个简短描述，不必包括太多细节，具体细节在沟通阶段给出。如果用户故事卡片上带有了太多细节，实际上就限制了和客户的沟通。

3）有价值（Valuable）：每个用户故事必须对客户具有价值（无论是用户还是购买方）。让用户故事具有价值的比较好的方法是让客户来写下它们。一旦客户意识到这是用户故事，并不是契约而且可以进行协商时，他们将非常乐意写下用户故事。

4）可估算（Estimable）：开发团队需要去估算用户故事以便确定其优先级和工作量，并安排计划。但是开发者难以估算故事，这是因为他们对于领域知识的缺乏（这种情况下需要更多的沟通），或者是因为故事太大了（这时需要把故事划分成更小的故事）。

5）短小（Small）：好的用户故事在工作量上要尽量少，最好不要超过 10 个理想人天的工作量，至少要确保能够在迭代或 Sprint 中完成。用户故事越大，在安排计划和工作量估算等方面的风险就会越大。

6）可测试（Testable）：用户故事是可以测试的，以便于确认它是可以完成的。如果用户故事不能被测试，那么就无法知道它什么时候可以完成。

在实际开发流程中，最为重要的是做好用户故事的划分。用户故事是从用户的角度来描述用户渴望得到的功能。

下面分析某团队的实际开发记录（项目"图书影视交流平台"）。在对需求进行初步分析后，首先需要条目化用户故事，并按优先级进行排序，之后以用户故事为管理粒度进行开发、测试以及交付活动。团队划分了如表 3-1 所列的用户故事，包括内容及优先级。

表 3-1　用户故事划分

用　户	用　户　故　事	优　先　级
游客	● 展示搜索内容 ● 搜索小组、帖子 ● 注册	中
用户	● 撰写评价 ● 评分 ● 回复帖子 ● 登录	高
	● 创建小组 ● 点赞、评价 ● 查看详细信息 ● 修改个人简历 ● 发表帖子 ● 申请成为管理员	中
	● 添加图书、影音 ● 退出小组 ● 修改密码 ● 加入小组 ● 修改头像 ● 置顶精华帖子	低
管理员	● 管理用户 ● 办理申请 ● 处理举报	高

选取项目的部分用户故事描述，在此以表格的形式进行展示。

1）创建小组见表 3-2。

2）展示搜索内容见表 3-3。

表 3-2　创建小组

用户故事标题	创 建 小 组
描述信息	作为用户，我想要创建小组，以便小组成员之间进行影视交流
优先级	中
重要程度	一般
预计工时	10 人时｜1.25 人天

表 3-3　展示搜索内容

用户故事标题	展示搜索内容
描述信息	作为用户，我想要获取搜索结果，以便更好地发现内容
优先级	中
重要程度	一般
预计工时	4 人时｜0.5 人天

3.2.5　Backlog

Backlog 是 Scrum 中经过优先级排序的动态刷新的产品需求清单，用来制订发布计划和迭代计划。使用 Backlog 可以通过需求的动态管理应对变化，避免浪费，并且易于优先交付对客户来说价值高的需求。

Backlog 的关键要点如下所述。

1）清楚地表述列表中每个需求任务给客户带来的价值，作为优先级排序的重要参考。

2）动态的需求管理而非"冻结"方式，产品经理持续地管理和及时地刷新需求清单，在每轮迭代前，都要重新筛选出高优先级需求进入本轮迭代。

3）需求分析的过程是可迭代的，而非一次性分析清楚所有需求（只对近期迭代要做的需求进行详细分析，其他需求停留在粗粒度）。

3.2.6　结对编程

结对编程，即两个程序员肩并肩地坐在同一台计算机前合作编程，在一个程序员编程的同时，另一个程序员负责检查代码的正确性和可读性。结对的程序员之间可以是动态调整的，但是结对必须经过缜密的思考和计划，因为多数程序员习惯了独自编程。通过结对，程序员通常可以更快地解决问题；由于两个程序员具有相同缺点和盲点的可能性要小得多，因此可出现更少的错误，可缩短测试的时间和降低测试的成本；程序员之间的互相激励、帮助和监督，可降低编程的枯燥性和程序员懒惰的可能性。同时，由于软件中的任何一段代码至少有两位程序员非常熟悉，因此，个别的人员流动对项目进展造成的影响就会相对较小。

3.3　看板

本节对看板进行概述，并讲述看板与 Scrum 的区别。

3.3.1　看板概述

看板（Kanban）作为可视化框架可以用于敏捷方法，能够清晰地向团队成员展示整个项目进度（要做什么、什么时候做、做多少）。当需要对系统进行小幅度改动的时候，团队成员可以采用看板方法来轻量化解决这个问题，因为看板本身并不需要额外去制定流程。

　　看板的灵感来源于丰田生产系统和精益生产。在20世纪40年代，丰田工程师Taiichi Ohno从超市库存管理的动态平衡中受到启发，并借此建立对应的模型来改进其工程的工作流程。当货架空了，仓库管理员就会第一时间去补货和进货，这样能够随时满足客户的需求，同时不至于有过多的库存积压。因为始终保持供需平衡，库存管理的效率也提高了。

　　这些想法时至今日依然适用于软件团队和IT项目。在这种情况下，用在制品（Work in Progress，WIP）代替库存，只有看板上空了以后才能加入新工作。看板很好地将WIP数量与团队能力结合，从而达到生产过程中的动态平衡，提高了工作的灵活性、透明度和产出质量。

　　看板图是项目中实施看板的常见工具，如图3-3所示。依照传统，开发团队用一块白板和看板卡（便利贴或者白纸+磁铁）就能当看板图用了，看板卡代表着不同的工作。近年来，项目管理软件工具已经能够在线创建看板了。

图3-3　看板图

　　无论用哪种形式来创建看板图，都有一个原则：划分不同列来代表其工作状态。一般分3列：待办事项、在办事项和完成事项。

　　看板项目包括如下5条核心原则。

　　1）可视化工作流程：流程可视化可以帮助管理者清晰地了解整体情况和各项进度，尽早地发现其中的问题并及时进行改进。

　　2）限制WIP：WIP将确定看板图上每列的最大、最小工作量。通过对WIP进行限制，开发者能够根据自己的意愿来调整速度和灵活度，提升解决高优先级需求的效率。

　　3）管理和改进流程：团队需要对看板图上的流程进行定期监控和总结改进。

　　4）制定明确的执行策略：为了防止在进行看板时发生协作变化，因此团队需要有明确的执行策略。每位成员都需要了解如何完成任务和"完成"的真正含义。

　　5）持续改进：看板方法鼓励持续性的小幅度改进。一旦看板系统到位，该团队将能够识别和理解问题并提出改进建议。团队通过回顾总结工作流程和测量周期时间来评估其有效性，提高产出质量。

3.3.2　看板与Scrum的区别

　　看板与Scrum有所不同，看板对团队的个人能力要求较高，更灵活，适合新开发的产品；而Scrum适合成熟一些的产品和团队。两者的差异细节见表3-4。

表 3-4　看板与 Scrum 的区别

看　　板	Scrum
没指定定时迭代,可以分开计划、发布、过程改进,可以事件驱动而不是设定时限	要求定时迭代
承诺不是必需的	团队在每次迭代都承诺一定数量的工作
使用开发周期作为计划和过程改进的度量数据	以速度(Velocity)作为计划和过程改进的度量数据
没有指定跨功能团队,也容许专门的团队	指定跨功能团队
没有指定工作任务大小	工作任务细分,可于一次迭代中完成
没有指定任何图表	指定使用燃尽图
设定 WIP 的限制(每个工作流程状态)	间接限制 WIP(每次迭代)
没有指定任何估算方式	规定估算过程
只要生产力容许,可以随时加工作任务	在迭代中不能加入新工作任务
多个团队和成员分享看板	由单一团队负责任务列表(Sprint Backlog)
没有指定任何团队角色	指定 3 个角色(产品经理、Scrum 主管、Scrum 团队)
看板反映持久开发情况	Scrum Board 在每次迭代后重设
优先级是非必需的	规定优先化的 Product Backlog

注:Scrum Board 是 Scrum 团队常使用的一个工具,它可将工作流程可视化,将工作流程分解为可管理的块——用户故事;Product Backlog 指一系列计划实现的产品功能和特性,或项目的交付物清单。

更具体来说,如果团队需要在某特定的时间发布或推广产品,以达到一定的市场预期的话,则团队一般会将需求进行拆分和细化,拆分为较小的需求后,团队可以通过检查每个 Sprint 的进度并进行调整,从而预测交付时间,进而确保整个项目成功交付,这时 Scrum 是首选的方式。其次,由于 Scrum 承诺在每个 Sprint 内不对计划做修改,如果团队经常应对紧急情况或者修改任务的优先级,那么看板方法因其灵活的工作流程可以更好地适应。再者,在 Scrum 中每个 Sprint 的时间长度是固定的(1~4 周),并且每个 Sprint 结束后会交付潜在可交付产品的增量,如果项目需要有固定的交付时间(1~4 周),那么 Scrum 是比较好的选择。最后,如果团队不足 5 人,在人员方面可能无法发挥 Scrum 的最大功效或存在一定的浪费,那么建议使用看板方法。

在实际的小团队项目敏捷开发中,一般认为 Scrum 和看板都是不错的选择,且可视具体情况,灵活地调整迭代的周期,在两种模式上进行自定义微调。

以开发某博客网站为例,网站的基本功能包括注册、登录、与博客内容相关的编辑、发布、收藏、评论、推荐、搜索以及与博客作者相关的查看、跟踪、搜索等。

若采用 Scrum 开发,团队首先与客户一起整理产品需求清单,接着将用户故事按照优先级排列。在第一次迭代前确定迭代规划,如第一次迭代计划实现注册、登录和博客的编辑、发布、收藏、评论功能,并且把每个用户故事划分为更小的用户故事,如将登录拆分为前端与后端的设计。然后,实施迭代,在迭代时期进行每日站会,沟通团队进度。迭代后进行迭代演示,梳理产品需求清单,确保产品需求清单里的内容足够详细;并进行迭代回顾,总结有待改进的地方。接下来，重复前面的步骤，开始第二次迭代。

若采用看板开发，团队首先与客户确定用户故事，并且根据团队实际情况设置 WIP。若将开发过程分列为待办、准备、研发、测试、审批和已完成，在每轮迭代开始前，团队可以选取本轮迭代计划开发的用户故事，并进一步将其划分为更小的用户故事，同时严格设定需求优先级。如在第一次迭代实现博客内容的相关功能、编辑和发布的优先级最高、收藏与评论次之。接下来，至少每天检查一次看板，将看板上的工作项在满足 WIP 的情况下在不同开发过程中调整顺序，若遇到 WIP 限制的情况，人员可灵活调整，如研发的人员可去帮忙测试，保证顺利开发。之后的迭代重复相同的步骤。看板与 Scrum 不同的是，在一次迭代中可以灵活添加用户故事，快速地响应需求变化。

尽管前面提到了很多差异，但团队同时采用 Scrum 和看板来帮助他们更有效率地工作的现象也是很普遍的。

3.4 极限编程

极限编程（Extreme Programming，XP）是一种实践性较强的规范化的软件开发方法，它强调用户需求和团队工作。利用 XP 方法进行软件开发实践的工程师，即使在开发周期的末期，也可以很快地响应用户需求。在团队工作中，项目经理、用户以及开发人员都有责任为提高软件产品的质量而努力。XP 特别适用于软件需求模糊且容易改变、开发团队人数少于 10 人、开发地点集中（如一个办公室）的场合。

XP 包含了一组相互作用和相互影响的规则和实践。在项目计划阶段，需要建立合理和简洁的用户故事。在设计系统的体系架构时，可以采用 CRC（Class，Responsibility，Collaborator）卡促使团队成员共同努力。代码的质量在 XP 项目中非常重要。为了保证代码的质量，可以采用结对编程以及在编码之前构造测试用例等措施。在测试方面，开发人员有责任向用户证明代码的正确性，而不是由用户来查找代码的缺陷。合理的测试用例及较高的测试覆盖率是 XP 项目测试所追求的目标。图 3-4 更加详细地描述了 XP 所推崇的规则和实践方法。

3.4.1 XP 的 4 个价值观

XP 的 4 个价值观介绍如下。

1. 交流

由于 XP 方法使用较少的文档，因此 XP 方法非常强调项目人员之间的沟通与交流，尤其是直接面对面的交流。交流不仅能使相关人员更为精确地理解需求，还能够尽可能地避免因为需求变更而导致的不一致。事实上，一些项目的失败就是项目相关人员沟通不到位导致的。例如，客户的需求变更没有准确、及时地传递给相关开发人员，导致系统的不一致和集成的困难，而如果这一问题在软件交付时才发现，那么修正的代价可能非常高。因此，项目相关人员之间的充分沟通与交流是极其重要的，尤其是对于使用 XP 这种只有核心文档的项目来说。

2. 简单

简单是 XP 推崇的理念，一切都使用最简单、最小代价的方式达到目的，以及用最简洁的设计达到客户的要求。例如，简单的过程（根据项目特点，对过程模型剪裁）、简单的模型（可使用任意模型，只要能达到目的即可）、简单的文档（只编写核心的、必需的文档）、

图 3-4　XP 所推崇的规则和实践方法

简洁的代码设计实现等。该价值观体现了软件开发"刚好够用"的思想，避免冗余和繁杂。

3. 反馈

及时高效的反馈能够确保开发工作的正确性，并能够在发生错误时更及时地纠正偏差。例如，团队工作时，相关开发人员在一起工作，这样每个人的意见都能够在几分钟甚至几秒钟内得到反馈；且通过非正式的评审（如走查）也可在几分钟的沟通中得到反馈。相比正式的评审会议，这种方式显然省时得多，而且也更及时。

4. 勇气

Scott W. Ambler 在《敏捷建模：极限编程和统一过程的有效实践》一书中指出，"敏捷方法要求与其他人密切合作，充分信任他人，也信任自己，这需要勇气。XP 和敏捷建模（Agile Modeling，AM）等方法要求做能做到的最简单的事，相信明天能解决明天的问题，这需要勇气。AM 要求只有在绝对需要的情况下才创建文档，而不是只要觉得舒适就去创建，这需要勇气。XP 和 AM 要求业务人员制定业务决策，如排定需求的优先级，而让技术人员制定技术决策，如软件如何去满足需求，这需要勇气。AM 要求用尽可能简单的工具，如白板和纸，除非复杂的建模工具能够提供更高价值时才去使用它们，这需要勇气。AM 要求不要为了推迟困难任务（如需要使用代码来验证模型）而把大量时间浪费在图的加工上，这需要勇气。AM 要求信任同事，相信程序员能制定设计决策，因此不需要给他们提供过多的细节，这需要勇气。AM 要求必胜的信心，去结束 IT 产业中接近灾难和彻底失败的循环，这需要勇气"。同时，"需要勇气来承认自己是会犯错误的，需要勇气来相信自己明天能克服明天出现的问题"。

3.4.2 XP 的 12 个核心实践

XP 的 12 个核心实践介绍如下。

1. 完整的团队

使用 XP 方法时，项目组的所有成员最好在同一个场所工作，以便及时沟通和解决问题。同时，项目组中要求有一个现场用户，由其提出需求并制定需求优先级，以及编写验收测试用例。

2. 计划对策

有两个计划是必需的：发布计划和迭代计划。计划是根据业务需求的优先级和技术评估来制订的，先实现高优先级和技术难度低的需求，而低优先级和高技术难度的需求则可以根据情况调整到后续计划中实现，这样可以尽可能地保证项目顺利进行，以及给有难度的技术争取更多的时间。制订的计划常常是可调整的，因为随着项目的进行，难免会出现一些前期无法预料的事情，这时就要根据具体情况适当修正计划。

3. 系统隐喻

系统隐喻是对待开发软件系统的一种形象化隐喻。这种隐喻描述了开发人员将来如何构建系统，才能起到概念性框架的作用。而且这种隐喻必须是团队成员所共同熟悉的。

4. 小型发布

需要经常、不间断地发布可运行的、具有商业价值的小软件版本，以供用户使用、评估和及时反馈。

5. 测试驱动

XP 方法推荐在编写代码之前优先编写测试代码，这样开发人员可以在开发中快速地检验自己编写的代码是否正确实现了功能。

6. 简单设计

系统的设计应该尽可能简洁，刚好满足当前定义的功能最好，简单、易懂、无冗余、能通过所有的测试、没有重复混乱的逻辑、正确且完整地实现了开发人员的意图，同时尽可能少地使用类和方法。设计还应符合系统隐喻，以便以后对系统进行重构。

7. 结对编程

XP 方法强烈推荐的一个核心实践是结对编程，可参看第 3.2.6 小节。

8. 设计改进

在整个开发过程中，需要对程序的结构和设计不断地进行评估和改善。在不改变外部可见功能的情况下，按照高内聚、低耦合的原则对程序内部进行改进，力求代码简洁、无冗余。

9. 持续集成

持续集成是指完成一个模块的开发和单元测试之后，立即将其组装到系统中进行集成测试。而且必须完成本次集成才能继续下一次集成。这样，虽然集成的次数会增加很多，但保证了每一个完成的模块始终是组装完毕的、经过测试的和可执行的。

10. 集体所有权

集体所有权是指团队中的任何人都可以在任何时候修改系统任何位置上的代码。这是建立在小系统开发的前提下，由于团队的成员都可以参与系统的开发，又有系统隐喻，因此，基本上每一位成员都对系统有一定程度的了解。而且，结对编程、编码标准、持续集成等方法都为集体所有权提供了支持，能尽早地发现代码中的缺陷和错误，避免在后期集中爆发。

11. 编码标准

很多软件开发模型都强调编码标准，XP 也不例外。为编码制定统一的标准，包括代码、注释、命名等，使得代码在整体上呈现一致性，为日后维护提供极大的便利。

12. 工作安排

XP 方法要求团队中的每位成员都时刻保持充沛的精力投入到项目中，长时间、超负荷的工作会使工作效率极大地下降，因此，XP 方法建议采用每周 40 h 工作制，如果加班，也不得连续超过 2 周。

3.5　CI/CD

本节对 CI/CD 进行概述，并讲述 CI/CD 管道和 CI/CD 的优势。

3.5.1　CI/CD 概述

CI/CD 是一套使软件开发的构建、测试和部署阶段自动化的方法。自动化可缩短交付时间，并提高整个开发生命周期的可靠性。

CI/CD 中的 CI（Continuous Integration）代表持续集成；CD（Continuous Delivery 或 Continuous Deployment）是指持续交付和持续部署，具体取决于团队选择如何促使代码更改以进行生产。

持续集成和持续交付是 CI/CD 中的两个不同流程，具有不同的用途。

1）CI 完成自动构建和测试步骤，以确保代码更改能够可靠地合并到代码仓库中。

2）CD 提供了向最终用户交付代码的快速无缝方法。

CI/CD 的目标是帮助开发人员以高速度和高效率交付软件。CI/CD 是团队不断将代码交付到生产环境中，运行新功能和修复错误的持续流程。CI/CD 概览如图 3-5 所示。

图 3-5　CI/CD 概览

1. 持续集成（CI）

持续集成是不断地将更新代码集成到代码仓库的方法，即团队成员经常集成他们的工作。CI 提供一个一致的自动化流程，包括构建、测试和合并新软件。

通过 CI，开发人员可将代码进行更改（无论是校正还是更新）提交到代码仓库中。更改总是很小，因此很容易跟踪。每个新集成都会触发自动生成和测试序列。此过程可向开发人员提供快速反馈，并通知每一个错误。

在理想的情况下，CI 反馈时间不应超过 10 min。构建和合并应尽可能频繁地进行，最好是每天多次。

CI 是拥有众多独立从事开发复杂应用程序开发人员的大项目的理想之选。自动构建可使团队避免合并冲突、错误和重复工作。

2. 持续交付（CD）

持续交付是指持续地将各类更改（包括新功能、缺陷修复、配置变化等）安全、快速、高质量地落实到生产环境或用户端的能力。

持续交付从持续集成结束的地方开始。CD 使开发人员能够随时向不同的环境和最终用户部署常规软件的更改（新功能、改进、错误修复）。

所有进入 CD 过程的代码必须首先通过 CI。

较小的、较频繁的软件发布，破坏性较小，在出现问题时更容易排除故障或回滚（指的是程序或数据处理错误，将数据恢复到上一次正确状态的行为）。开发团队还能够快速提供新功能，帮助团队更好地满足用户需求。

3. 持续测试

持续测试作为软件持续集成中的重要组成部分，为软件项目的成功提供了保证软件质量持续改进的重要手段。持续测试是运用自动化测试的方法，而代码更改则通过 CI 和 CD 进行。单个 CI/CD 过程可以具有如下多种类型的测试。

- 单元测试：确保单个功能在构建过程中正确执行的 CI 测试。
- 集成测试：检查组件和服务是否能协同工作。
- 功能测试：确保功能按团队预期执行。
- 验收测试：测试性能、可扩展性、应力、容量等。
- 静态代码分析：检查语法问题和漏洞。
- 自动化测试：如 API 测试和安全测试。

并非每个 CI/CD 过程都需要有所有这些测试，但持续测试的目标始终相同。持续测试会快速发现错误，并在错误导致生产问题之前提醒团队。

3.5.2　CI/CD 管道

CI/CD 管道是所有软件在其开发生命周期中遵循的可运行、循序渐进的路径。典型的管道可构建代码、运行测试并安全地部署新版本的应用程序。CI/CD 管道如图 3-6 所示。

图 3-6　CI/CD 管道

CI/CD 管道为开发团队提供了多项优势。

- 快速部署新软件更新。
- 可靠的构建和测试流程。
- 最终在生产中产生更少的错误。

● 所有代码更改、测试和部署的透明日志。

CI/CD 管道不会改变开发人员创建软件的方式。如果没有 CI/CD 管道，开发人员仍需要手动完成相同的步骤。不过，手动方法的效率较低，因为开发人员必须更加专注于重复任务和修复错误，而不是编写软件。CI/CD 管道的一个例子如图 3-7 所示。

图 3-7　CI/CD 管道的一个例子

典型的 CI/CD 管道分为 4 个主要阶段：提交、构建、测试和部署。具体描述见表 3-5。

表 3-5　典型的 CI/CD 管道的 4 个主要阶段

提 交 阶 段	构 建 阶 段	测 试 阶 段	部 署 阶 段
代码出库在提交后触发管道	第二阶段在初始测试结束后开始	此阶段是一个安全网，可防止异常错误到达最终用户	如果代码更改通过测试阶段，管道将启动最终部署阶段
将新功能和更新与代码仓库合并	如有必要，该过程将编译程序（典型的 Java、C/C++ 和 Go），管道将构建容器	自动化测试验证代码的正确性	应用程序上线
开发人员会获得有关新代码质量的反馈	管道将代码和依赖关系相结合，以创建软件的可运行实例	自动化测试检查产品的行为	除了为最终用户保留的生产环境外，通常还有多个部署环境
CI/CD 工具运行单元测试和集成测试，以检查潜在的问题	如果此步骤失败，则代码（或其依赖关系）存在问题，开发人员必须在继续下一阶段之前解决问题	管道向开发人员提供反馈，并报告新代码更改的状态	实时监控可确保新功能按预测执行

一个常见的做法是在每个阶段的末尾设置通知，关键时刻的警告和报告可使团队成员保持同步。

测试阶段往往是不同管道之间变化最大的。根据项目大小，测试阶段可以持续数秒到数小时。一些大型项目甚至分多个阶段运行测试。在这样的测试阶段中，测试通常并行运行以节省时间。

较复杂的管道除了这 4 个主要阶段外，还有其他阶段，如数据同步、应用程序和库修补或存档信息资源等。

3.5.3　CI/CD 的优势

1. 更快、更可靠的版本发布

CI/CD 加快了开发过程，使产品能够快速到达用户端。管道还可以降低编写代码时的风险，使开发人员能够专注于编码而不是修复错误。

2. 更高的可见性

CI/CD 管道允许团队详细分析构建和测试的结果。更高的透明度揭示了开发流程中潜在的可以改进的地方。开发人员可以轻松跨越各个阶段，发现效率低的地方，优化流程以提高生产力。

3. 早期错误检测

多种类型的自动化测试使其可在早期阶段发现大多数错误。在自动化测试和手动质量保证（QA）检查之间，采用 CI/CD 很少会在最后时刻检查出新的错误。

4. 快速反馈循环

快速更新可以让用户不断地反馈。可利用 A/B 测试（一种将网页或应用程序的两个版本相互比较以确定哪个版本的性能更好的方法）中的用户输入测试功能，并与用户一起试验产品的早期版本。

5. 更快乐的开发和运维团队

CI/CD 允许开发人员以更少的手动任务和更少的纠错来促使代码更改。标准化的环境、交付过程中的测试、单独的环境变量和自动回滚，可使得运维团队享有稳定性。

许多软件工具都支持实现 CI/CD 方法。这些工具包括仓库管理工具，如 GitHub 和 Bitbucket，用于自动化构建的 Jenkins，以及用于自动化测试的 Selenium。

3.6　DevOps

DevOps 概述了一种软件开发过程和组织文化的转变，这种转变通过自动化与整合开发团队和 IT 运维团队的尝试，加快交付高质量的软件。开发团队和 IT 运作团队在传统上是相互分离的或者是独立的。

在实践中，DevOps 流程和文化超越了开发和运维，将所有应用程序的利益相关者的投入，包括平台和基础设施工程、安全、合规、治理、风险管理、业务线、最终用户和客户，纳入软件开发生命周期。

DevOps 代表了过去软件交付周期的发展状态，从每隔几个月甚至几年发布一次庞大的应用程序范围内的代码，到每天甚至每天几次发布迭代的更小的产品特性或功能更新。DevOps 是为了满足软件用户对创新功能、不间断的性能和可用性不断增长的需求。

2000 年之前，大多数软件都是使用瀑布方法开发和更新的。瀑布方法是大规模开发项目的一种线性方法。软件开发团队一般花费数月时间开发影响大部分或全部应用程序的大量新代码。由于更改非常广泛，他们往往要花几个月的时间将新代码集成到代码仓库中。接下来，质量保证（QA）、安全和运维团队再花费几个月的时间来测试代码。结果与软件发布之间的间隔是数月甚至数年，并且通常在软件发布期间也会有几个重要的补丁或错误要进行修复。这种"大爆炸"式的功能交付方式的特点是：复杂而有风险的部署计划，与上游和下游系统难以安排联动，以及 IT 运维"非常希望"业务需求在生产"上线"前的几个月没有发生巨大的变化。

为了加速开发和提高质量，开发团队开始采用敏捷软件开发方法，这种方法是迭代的，而不是线性的，并且专注于对应用程序代码仓库进行更小、更频繁的更新。敏捷将"大爆炸"方法演变成一系列"小冲击"，这些"小冲击"也分担了风险。

这些敏捷开发方法越有效地加速软件的开发和交付，它们就越容易将仍然孤立的 IT 运维（系统供应、配置、验收测试、管理、监控）暴露为软件交付生命周期中的下一个瓶颈。

DevOps 应运而生，可以说，DevOps 是从敏捷发展起来的。它添加了新的过程和工具，这些新的过程和工具将 CI/CD 的持续迭代和自动化扩展到软件交付生命周期的其余部分。在流程的每一个步骤中，它实现了开发和运维之间的密切协作。

3.6.1　DevOps 生命周期

DevOps 生命周期如图 3-8 所示。

DevOps 生命周期（以线性方式描述，有时称为持续交付管道）是一系列迭代的、自动化的开发过程或工作流程，在一个更大的、自动化的、迭代的开发生命周期中执行，旨在优化高质量软件的快速交付。工作流程的名称和数量根据所询问对象的不同而有所不同，但通常可以归结为以下 6 种。

图 3-8　DevOps 生命周期

1）策划（或理念）：在这个工作流程中，团队从优先处理的最终用户反馈、案例研究，以及所有利益相关者的意见中，确定下一个版本的新特性和新功能。策划阶段的目标是通过生成功能储备来最大化产品的业务价值，这些功能在交付时将产生具有价值的期望结果。

2）开发：这是编程步骤，开发人员在基于待办事项列表中的用户故事等，测试、编写代码，并构建新的增强特性。方法的组合非常普遍，如测试驱动开发（TDD）、结对编程和同行代码审查等。开发人员经常使用他们的本地工作站来执行编写和测试代码的"内部循环"，然后将代码发送到持续交付的管道中。

3）集成（或为构建，或是持续集成和持续交付）：在此工作流程中，新代码被集成到现有代码仓库中，然后测试并打包到可执行的部署中。常见的自动化活动包括将代码更改合并为"主"副本，从代码仓库检出该代码，以及自动编译、单元测试和打包到可执行的文件中。最佳方法是将 CI 阶段的输出存储在二进制代码仓库中，以备下一个工作流程使用。

4）部署（通常称为持续部署）：在这个工作流程中，运行时构建输出（来自集成）被部署到一个运行时环境中，通常是一个开发环境，在那里执行测试，以保证质量、合规和安全。如果发现了错误或缺陷，开发人员就有机会在任一最终用户看到它们之前将其纠正和弥补。通常适用于开发、测试和生产的环境，每个环境都需要逐步"更严格"地进行质量检验。部署到生产环境的一个好方法是，首先部署到最终用户的子集，在确定稳定后最终部署到所有用户。

5）运维：如果说将功能交付到生产环境是"第一天"，那么一旦功能在生产中运行，就会发生"第二天"的运维。监控功能的性能、行为和可用性，确保功能能够为终端用户提供增值服务。运维部门应确保功能顺利运行，并确保服务没有中断——通过确保网络、存储、平台、计算和安全状况都是健康的来实现。如果出了问题，运维部门应确保事件被识别，相关人员被提醒，问题被确定，并实施修复。

6）学习（有时也称为持续反馈）：是指收集来自最终用户和客户关于特性、功能、性能和业务价值的反馈，以便用于策划下一个版本的增强功能和特性。这也包括从运维活动中获得的任何学习和待办事项，这样做使开发人员能够主动避免任何过去已经发生并且可能在未来再次发生的事件。

此外，还有 3 个重要的连续工作流程发生在这些工作流程之间。

1）持续测试：经典的 DevOps 生命周期包括一个离散的"测试"阶段，它发生在集成和部署之间。然而，DevOps 已经进步了，某些测试元素可以发生在策划（行为驱动开发）、开发（单元测试、合约测试）、集成（静态代码扫描、通用漏洞披露（CVE）扫描、验证代码质量）、部署（冒烟测试、渗透测试、配置测试）、运维（混沌测试、合规测试）和学习（A/B 测试）。测试是识别风险和漏洞的一种强大方式，并为 IT 运维提供了接受、减轻或补救风险的机会。

2）安全：虽然瀑布模型和敏捷软件开发在交付或部署后就开始关注安全工作流程，但 DevOps 从一开始（策划阶段）就努力整合安全（即当安全问题最容易解决且成本最低）并持续将安全贯穿于开发生命周期的其余部分。这种安全方法被称为向左移动（参看图 3-8 就会更容易理解）。

3）合规：合规（治理和风险）也要在开发生命周期的早期和整个过程中得到最好的处理。受监管的行业通常被要求提供某种程度的可观察性、可跟踪性和对功能在运行时运维环境中如何交付和管理的通道。这需要在持续交付管道和运行时环境中策划、开发、测试和实施策略。审核合规措施对于向第三方审核员证明合规是极其重要的。

3.6.2　DevOps 文化

人们普遍认为，DevOps 方法如果没有对 DevOps 文化的承诺就不起作用，DevOps 文化可以概括为软件开发的一种特别的组织和技术方法。

在组织层面上，DevOps 要求所有软件交付利益相关者（包括软件开发团队和 IT 运维团队，以及安全、合规、治理、风险和业务线团队）之间持续沟通、协作和分担责任，以便快速和持续地进行创新，并从一开始就将质量目标纳入软件考虑的范围。

在大多数情况下，实现这一目标的最佳方式是打破这些孤岛，并将其重组为跨职能的、自主的 DevOps 团队。这些团队可以从头到尾从事代码项目，从策划到反馈，而不需要向其他团队交接或等待批准。在敏捷软件开发的背景下，共同的责任和协作是拥有一个共同的、着眼于有价值结果的产品的基石。

在技术层面上，DevOps 要求致力于自动化，使项目在工作流程内和工作流程间不断前进，并致力于反馈和速度，使团队能够不断加快周期，提高软件质量和性能。

3.6.3　DevOps 工具

DevOps 和 DevOps 文化对支持异步协作、无缝集成 DevOps 工作流程和尽可能地自动化整个 DevOps 生命周期的工具提出了要求。DevOps 工具包括以下 7 类。

1）项目管理工具：使团队能够建立编码项目的用户故事（需求）的待办事项列表，将其分解为更小的任务，并跟踪任务的完成情况。许多工具支持敏捷项目管理方法，如 Scrum、精益软件开发和看板，这些都是开发人员带到 DevOps 中的。流行的开源选项包括 GitHub Issues 和 Jira。

2）协作式代码仓库：是版本控制的编码环境。允许多个开发人员在同一代码仓库中工作。代码仓库应该与 CI/CD、测试和安全工具集成，这样，当代码被提交到库中时，它可以自动进入下一个步骤。开源代码仓库包括 GiHub 和 GitLab。

3）CI/CD 管道：实现代码检查、构建、测试和部署自动化的工具，Jenkins 是其中较流行的开源工具。许多以前的开源替代品，如 CircleCI，现在只提供商业版本。说到持续部署工具，Spinnaker 是一个开源的、多云的连续交付平台，可帮助使用者快速而自信地发布软件更改。Argo CD 是另一个流行的 Kubernetes 原生 CI/CD 的开源选择。

4）测试自动化框架：包括软件工具、库和最佳实践，用于自动化的单元、合约、功能、性能、可用性、渗透和安全测试。这些工具支持多种语言。有些使用人工智能（AI）来自动重新配置测试，以响应代码的更改。测试工具和框架的范围很广，流行的开源测试自动化框架包括 Selenium、Appium、Katalon、Robot Framework 和 Serenity（以前被称为 Thucydides）。

5）配置管理（基础设施即代码）工具：使 DevOps 工程师能够通过执行脚本来配置与提供完全版本化和完全文档化的基础设施。开源选项包括 Ansible（Red Hat）、Chef、Puppet 和 Terraform。Kubernetes 为容器化的应用程序提供配置管理的功能。

6）监控工具：帮助 DevOps 团队识别和解决系统问题；还能实时收集和分析数据，以揭示代码更改如何影响应用程序性能。开源监控工具包括 Datadog、Nagios、Prometheus 和 Splunk。

7）持续反馈工具：收集用户反馈的工具，可以通过热图（记录用户在屏幕上的操作）、调查或自助式问题单来实现反馈。

3.7　敏捷软件开发、CI/CD 和 DevOps

敏捷软件开发和 DevOps 的理念相似，都是为了更好、更快地发布产品，但它们的理念又不完全相同，而 CI/CD 是实现这两种理念的一种方法。

在传统开发中要做好一个产品，大部分精力都要花在前期，如做很多调研，收集很多信息，撰写很多文档。这种做法的缺点是，始终走在市场后面，无法紧跟潮流，做出的产品容易被淘汰。

敏捷软件开发的核心是拥抱变化与快速迭代。

持续集成、持续交付和持续部署提供了一个优秀的 DevOps 环境，对整个团队而言，好处与挑战并存。无论如何，频繁部署、快速交付以及开发测试流程自动化都将成为未来软件工程的重要组成部分。

DevOps 之所以逐渐流行起来，是因为以下几个因素。

1）容器技术开始成熟，特别是 Docker、Kubenetes 等技术广泛应用。

2）微服务架构技术的广泛使用。微服务是支撑 DevOps 方法的手段。传统开发是在一个服务器里面，把各种元素装在一起组合成一个程序；而微服务的每一个服务是一个单独的单元，可以部署在不同的服务器上，通过面向服务架构（Service-oriented Architecture，SOA）的方法把每一个服务连接起来，再提供整个功能。

微服务是由一个个团队组成的，每个团队都有自己的服务，做好后，可以独立地进行测试、开发、部署，然后将整个应用组合到一起。

3）敏捷软件开发流程深入人心。诸如 Scrum、Kanban 和 XP 等敏捷软件开发方法被团队广泛使用，TDD、BDD、DDD 这些测试驱动设计、行为驱动设计、域驱动设计等设计方式被广泛采纳，CI 和 CD 这些持续集成和持续部署等方式的实施。这些都是对 DevOps 的强烈需求。

4）DevOps 带来的变革。

● 角色分工：打破传统团队隔阂，让开发、运维紧密结合，高效协作。

● 研发：专注研发、高度敏捷、持续集成。

- 产品交付：高质量、快速、频繁、自动化、持续交付。

3.8　敏捷软件开发实例

【例】　请阐述敏捷开发方法与瀑布模型有什么不同。

【解析】

1. 瀑布模型

瀑布模型强调对项目的预见和严格控制，将软件生命周期划分为制订计划、需求分析、软件设计、程序编写、软件测试和软件发布这六个基本活动，并通过文档或管理工具来把控项目。为了避免过程中的需求变化，在前期需求细节的确定上会花费大量时间，按照自上而下、相互衔接的固定次序，如同瀑布流水般，逐级下落。

瀑布模型有以下特点。

1）为项目提供了按阶段划分的检查点。

2）当前一阶段任务完成后，只需要关注后续阶段即可。

3）瀑布模型强调文档的作用，并要求每个阶段都要仔细检查。

瀑布由于强调严格遵循流程，项目经理更容易规划和管理进度。在一个新产品从无到有时，需求都是基础且不会有太大改动，这种情况下使用瀑布模型开发更好。另外，一些面向政府或者大型机构的产品，往往有其业务逻辑支撑，需求固化（组织也相对抵触新的风险），通常组织对预期（时间）也会有强烈的要求，瀑布模型开发更容易把控进度。

瀑布模型有以下不足。

1）各个阶段的划分完全固定，容易产生大量的文档，极大地增加了工作量。

2）在项目各个阶段之间少有反馈，主要依赖各种文档进行交接，缺乏协同。

3）只有在项目生命的后期才能看到结果，从而增加了开发的风险。

4）虽然通过很多的强制完成日期和里程碑来跟踪项目阶段，但项目依然经常延误，而且延误会传导到下一个阶段。

5）早期的错误可能要等到开发后期的测试阶段才能被发现，进而带来严重的后果。

6）不能有效地应对外界变化。

2. 敏捷开发

随着互联网的普及，涌现出越来越多面向个人用户的产品。这类产品的需求总是在不断增加和变化，产品不得不拥抱变化，敏捷开发更适用开发此类产品。因此，人们总是强调敏捷开发，强调精益产品。

敏捷开发强调拥抱变化，具体方法是：将项目拆解成用户故事，并排出优先级，在不考虑细节和技术定义的情况下确认迭代周期。同时，敏捷开发提倡去文档和去工具化，在项目过程中可以随时增加和修改需求优先级，通过每日站会来确保团队每个人都知晓项目进度和变化。

软件开发根本就没有什么灵丹妙药可言。虽然敏捷开发可以快速开发出优秀的应用软件，但不是说这项技术适合每个项目。在实施敏捷开发之前，一定要对项目做好分析，对症下药。

3. 瀑布模型和敏捷开发的区别

敏捷开发和瀑布模型有不同的适用场景，不是所有项目都适合敏捷开发模式。

瀑布模型期望通过严格的过程检查点，来保证交付质量。这在客户业务场景明确、业务需求相对稳定的情况下更加适用。但通常的现状是，客户不清楚自己想要什么，市场环境又不断变化，客户只有在看到产品那一刻，才知道自己想要什么、不想要什么。

瀑布模型就像行驶在封闭高速公路上的重型卡车，速度慢又难以调转方向，只能沿着封闭的车道走到下一个出口（产品交付），只能根据迟来的反馈缓慢进行调整，结果往往已经耗费了大量的时间和人力、物力成本。

相形之下，敏捷开发通过较短的冲刺，每次交付一个小的可运行增量。船小好调头，即使出错，沉没成本也低。通过小步冲刺，快速迭代的方式，迎合并接受变化，而不是拒绝变化。

再从团队角度来进行分析，敏捷开发强调直接沟通，如果在团队人数众多且人员变动的情况下，就要花费许多时间使团队达成一致。因此，敏捷开发更适合小型的、稳定的，以及容易达成共识的团队。而大中型团队，且人员变动频繁，则适合瀑布模型中强调的文档及管理工具方法。

敏捷开发与瀑布模型适用不同的项目环境，并不是一个非此即彼的关系，很多时候需要打组合拳，和平共处，目标都是尽力和尽快实现业务目标。

习题

1. 选择题

（1）Scrum 有一套独特且固定的管理方式，从（　　）几个维度出发，来保证执行过程更高效。

A. 角色、工件　　　　　　　　　　　　B. 角色、不同形式的会议

C. 角色、工件、不同形式的会议　　　　D. 角色、工件、客户需求

（2）下列选项中不属于看板项目的五条核心原则的是（　　）。

A. 可视化工作流程　　　　　　　　　　B. 限制 WIP

C. 制定明确的执行策略　　　　　　　　D. 额外制定流程应对变化

（3）XP 中，在设计系统的体系架构时，可以采用（　　）促使团队成员共同努力。

A. WIP　　　　　　　　　　　　　　　B. CRC 卡

C. 燃尽图　　　　　　　　　　　　　　D. Scrum Board

（4）XP 的四个价值观包括（　　）。

A. 交流、简单、反馈、勇气　　　　　　B. 沟通、合作、自信、挑战

C. 交流、简单、合作、信任　　　　　　D. 沟通、坚持、合作、挑战

（5）下列选项中不属于 CI 管道的是（　　）。

A. 构建　　　　　　　　　　　　　　　B. 模拟

C. 单元测试　　　　　　　　　　　　　D. 集成测试

（6）下列选项中不属于典型的 CI/CD 管道的阶段是（　　）。

A. 提交　　　　　　　　　　　　　　　B. 构建

C. 模拟　　　　　　　　　　　　　　　D. 测试和部署

（7）下列选项中不属于 DevOps 生命周期的是（　　）。

A. 持续反馈　　　　　　　　　　　　　B. 集成或构建

C. 持续部署　　　　　　　　　　　　　D. 调查分析

（8）敏捷开发和 DevOps 的理念相似，都是为了更好、更快地发布产品，但又不完全相同，而（　　）是实现这两种理念的一种方法。

A. XP　　　　　　　　　　　　　　　　B. Scrum

C. CI/CD   D. 看板

（9）XP 所推崇的规则和实践方法中，所有代码都必须通过（　　　　）。

A. 单元测试   B. 集成测试

C. 功能测试   D. 验收测试

（10）CI/CD 实践过程中不包括（　　　　）。

A. 持续集成   B. 持续改进

C. 持续交付   D. 持续测试

2. 判断题

（1）Scrum 主管帮助团队尽其所能地完成工作，例如，组织会议处理遇到的障碍和挑战等。同时，Scrum 主管应该为团队成员指派对应任务，告诉团队成员应该做什么。（　　　）

（2）Backlog 的关键点在于清楚表述列表中每个需求任务能对用户带来的价值，进行动态的需求管理以及迭代的需求分析过程。（　　　）

（3）无论用哪种形式来创建看板图都有一个原则：提高工作的灵活性、透明度和产出质量。（　　　）

（4）使用 XP 方法时，项目组的所有成员最好在同一个场所工作，以便及时沟通并解决问题。同时，要求有一个现场客户，由其提出需求并制定需求优先级，以及编写验收测试用例。（　　　）

（5）CI/CD 的目标是帮助开发人员以速度和效率交付软件。团队不断将代码交付到生产中，运行新功能和修复错误的持续流程。（　　　）

（6）所有进入 CD 过程的代码必须首先通过 CI。（　　　）

（7）XP 中通过结对编程，程序员通常可以更快地解决问题，出现更少的错误，缩短测试的时间和降低测试的成本。但相应地，个别的人员流动对项目进展造成的影响就会很大。（　　　）

（8）每个 CI/CD 过程都需要有如单元测试、集成测试等所有测试，且持续测试的目标始终相同。（　　　）

（9）CI/CD 管道还可以降低编写代码的风险，使开发人员能够专注于修复代码错误。（　　　）

（10）在技术层面上，DevOps 要求致力于自动化，使项目在工作流程内和工作流程之间不断前进，并致力于反馈和测量，使团队能够不断加快周期，提高软件质量和性能。（　　　）

3. 简答题

（1）什么是敏捷软件开发？

（2）请简述 Scrum 会议的步骤并加以说明。

（3）请简述用户故事中的 INVEST 原则。

（4）请简述 Scrum 与看板的区别。

（5）请简述 XP 的定义和特点。

（6）请简述 CI/CD 及其用途。

（7）请简述 CI/CD 所具有的优势。

（8）请简述 DevOps 工具的类别。

（9）请简述 DevOps 流行起来的原因。

（10）请简述 DevOps 带来的变革。

第4章
可行性研究与项目开发计划

本章首先介绍可行性研究，包括项目立项、可行性研究的内容和步骤；然后讲述项目开发计划的相关内容。

本章目标

❑ 了解可行性研究的目的、意义和内容。
❑ 掌握可行性研究的主要步骤。
❑ 了解项目开发计划的相关内容。

4.1 项目立项概述

任何一个完整的软件工程项目都是从项目立项开始的。项目立项包括项目发起、项目论证、项目审核和项目批准4个过程。

在发起一个项目时，项目发起人或单位为寻求他人的支持，要以书面材料的形式递交给项目的支持者和领导，使其明白项目的必要性和可行性。这种书面材料称为项目发起文件或项目建议书。

项目论证过程也就是可行性研究过程。可行性研究就是指在项目开发之前，根据项目发起文件和实际情况，对该项目是否能在特定的资源、时间等制约条件下完成做出评估，并确定它是否值得去开发。可行性研究的目的不在于如何去解决问题，而在于确定问题是否值得去解决，以及是否能够解决。

之所以要进行可行性研究是因为在实际情况中，许多问题都不能在预期的时间范围内或资源限制下得到解决。如果开发人员能够尽早地预知问题没有可行的解决方案，那么尽早地停止项目的开发就能够避免时间、资金、人力、物力的浪费。

可行性研究的结论一般有以下3种情况。

● 可行，按计划进行。
● 基本可行，需要对解决方案做出修改。
● 不可行，终止项目。

项目经过可行性研究并且认为可行后，还需要报告主管领导或单位，以获得项目的进一步审核，并得到他们的支持。

项目通过可行性研究和主管部门的批准后，将其列入项目计划的过程，称为项目立项。

经过项目发起、项目论证、项目审核和项目批准4个过程后，一个软件工程项目就正式立项了。

4.2 可行性研究的任务

可行性研究需要从多个方面进行评估，主要包括战略可行性、操作可行性、计划可行性、技术可行性、社会可行性、市场可行性、经济可行性和风险可行性等。

- 战略可行性研究主要从整体的角度考虑项目是否可行。例如，提出的系统对组织目标具有怎样的贡献，新系统对目前的部门和组织结构有何影响，系统将以何种方式影响人力水平和现存雇员的技术，它对组织人员开发策略有何影响等。
- 操作可行性研究主要考虑：系统是否能够真正解决问题；系统一旦安装后是否有足够的人力资源来运行系统；用户对新系统具有抵触情绪是否可能使操作不可行；人员的可行性等问题。
- 计划可行性研究主要估计项目完成所需的时间，并评估项目的时间是否足够。
- 技术可行性研究主要考虑：项目使用技术的成熟程度；与竞争者的技术相比，所采用技术的优势及缺陷；技术转换成本；技术发展趋势及所采用技术的发展前景；技术选择的制约条件等。
- 社会可行性研究主要考虑项目是否满足所有项目涉及者的利益，以及是否满足法律或合同的要求等。
- 市场可行性研究主要包括：研究市场发展历史与发展趋势，说明本产品处于市场的什么发展阶段；本产品和同类产品的价格分析；统计当前市场的总额、竞争对手所占的份额，分析本产品能占多少份额；产品消费群体特征、消费方式以及影响市场的因素分析；分析竞争对手的市场状况；分析竞争对手在研发、销售、资金、品牌等方面的实力；分析自己的实力等。
- 经济可行性研究主要是把系统开发和运行所需要的成本与得到的效益进行比较，进行成本效益分析。
- 风险可行性研究主要是考虑项目在实施过程中可能遇到的各种风险因素，以及每种风险因素可能出现的概率和出险后造成的影响程度。

下面重点介绍技术可行性、操作可行性和经济可行性。

4.2.1 技术可行性

技术可行性主要研究待开发的系统的功能、性能和限制条件，确定现有技术能否实现有关的解决方案，在现有的资源条件下实现新系统的技术风险有多大。这里的资源条件是指已有的或可以得到的软/硬件资源、现有开发项目人员的技术水平和已有的工作基础。

在评估技术可行性时，需要考虑以下情况：了解当前最先进的技术，分析相关技术的发展是否支持新系统；确定资源的有效性，如新系统的软/硬件资源是否具备条件、开发项目的人员在技术和时间上是否可行等；分析项目开发的技术风险，即能在给定的资源和时间等条件下，设计并实现系统的功能和性能等。

技术可行性研究往往是系统开发过程中难度最大的工作，是可行性研究的关键。

4.2.2 操作可行性

操作可行性是对开发系统在一个给定的工作环境中能否运行或运行好坏程度的衡量。操作可行性研究决定在当前的政治意识形态、法律法规、社会道德、民族意识以及系统运行的组织机构或人员等环境下，系统的操作是否可行。操作可行性往往最容易被忽视或被低估，或者认为它一定是可行的。

4.2.3　经济可行性

经济可行性是对成本–效益或投资–效益的分析。

成本–效益分析是可行性研究的重要内容，它基于项目的经济合理性，给出项目开发的成本论证，并将估算的成本与预期的利润进行对比。

由于项目开发成本受项目的特性、规模等多种因素的制约，对软件设计的反复优化可以获得用户更为满意的质量，所以开发项目的人员很难直接估算基于项目的成本和利润。换句话讲，得到完全精确的成本–效益分析结果是十分困难的。

一般说来，项目开发成本由 4 个部分组成：购置并安装软/硬件及有关设备的费用；项目开发费用；软/硬件系统安装、运行和维护费用；人员的培训费用。在项目的分析和设计阶段只能得到上述费用的预算，即估算成本。在项目开发完毕并将系统交付用户运行后，上述费用的统计结果就是实际成本。

项目开发效益包括经济效益和社会效益两部分。经济效益是指使用系统为用户增加的收入，可以通过直接的或统计的方法估算。社会效益只能用定性的方法估算。

1. 成本估算

成本估算最好使用几种不同的估算技术以便相互校验。下面简单介绍两种估算技术。

（1）代码行技术

代码行技术是比较简单的定量估算方法，它将开发每个软件功能的成本和实现这个功能需要用的源代码行数联系起来。通常，根据经验和历史数据估算实现一个功能所需要的源代码行数。一旦估算出源代码行数后，用每行代码的平均成本乘以行数即可确定软件的成本。每行代码的平均成本主要取决于软件的复杂程度和薪资水平。

（2）任务分解技术

首先将开发项目分解为若干个相对独立的任务，再分别估算每个任务单独开发的成本，最后累加起来就可得出开发项目的总成本。

任务分解技术最常用的方法是按开发阶段划分任务。如果项目比较复杂，如由若干个子系统组成，则可以将若干个子系统再按开发阶段进一步划分成更小的任务。

典型环境下各个阶段需要投入的人力的百分比见表 4–1。

2. 成本–效益分析

成本–效益分析的第一步是估算开发成本、运行费用和新系统将带来的经济效益。

- 开发成本：使用代码行技术或任务分解技术进行估算。
- 运行费用：取决于系统操作的费用（操作员人数、工作时长和消耗物资等），以及维护费用。
- 新系统将带来的经济效益：因使用新系统而增加的收入加上使用新系统可以节省的运行费用。

表 4–1　典型环境下各个阶段需要投入的人力百分比

任　　务	人力（%）
可行性研究	4~5
需求分析	10~25
设计	20~25
编码	15~20
测试和调试	30~40
总计	100

因为运行费用和新系统将带来的经济效益这两项在软件的生命周期中都会产生，而且总

的效益和软件生命周期的长度有关，所以应该合理地估算软件的生命周期。

这里需要比较新系统的开发成本和经济效益，以便从经济角度判断这个系统是否值得投资。但是，投资是现在进行的，效益是将来获得的，不能简单地比较成本和效益，还应该考虑货币的时间价值。

3. 货币的时间价值

通常，使用利率的形式表示货币的时间价值。假设年利率为 i，如果现在存入 P 元，则 n 年后可以得到的价值为

$$F=P(1+i)^n$$

F 就是 P 元钱在 n 年后的价值。反之，如果 n 年后能收入 F 元钱，那么这些钱的现在价值就是

$$P=F/(1+i)^n$$

例如，有这样一个库房管理系统，它每天能产生一份订货报告。假定开发该系统共需 50000 元，系统开发完后及时订货，以免商品短缺，估算一下，每年可以节约 25000 元，5 年可以总共节约 125000 元。假定年利率为 5%，利用上面计算货币现在价值的公式，可以计算出开发完该库房管理系统后，每年预计节省费用的现在价值，见表 4-2。

表 4-2　将来的收入折算成现在值

年	将来值（元）	$(1+i)^n$	现在值（元）	累计的现在值（元）
1	25000	1.05	23809.52	23809.52
2	25000	1.10	22675.74	46485.26
3	25000	1.16	21595.94	68081.20
4	25000	1.22	20567.56	88648.76
5	25000	1.28	19588.15	108236.92

4. 投资回收期

投资回收期是衡量一个项目价值的常用方法。投资回收期就是使累计的经济效益等于最初投资所需要的时间。很明显，投资回收期越短，所获得的利润就越快，因此该项目就值得开发。

例如，根据上述的例子，库房管理系统两年以后可以节省 46485.26 元，比最初的投资（50000 元）还少 3514.74 元。因此，投资回收期为两年多一点的时间。

投资回收期仅是一项经济指标，而不是唯一的经济指标。为了衡量一个项目的价值，还应该考虑其他经济指标。

5. 纯收入

纯收入是衡量一个项目价值的另一项经济指标。纯收入就是在软件生命周期中软件系统的累计经济效益（折合成现在值）与投资之差。这相当于比较投资开发一个软件系统和将钱存在银行中（或贷给其他企业）这两种方案的优劣。如果纯收入为零，则项目的预期效益和在银行存款一样，而且开发一个软件系统要冒风险，从经济观点来看，这个项目可能是不值得投资的。如果纯收小于零，这个项目显然不值得投资开发。

例如，上述的库房管理系统，这个系统的纯收入预计为

$$108236.92-50000=58236.92（元）$$

显然，这个项目是值得投资开发的。

4.3　可行性研究的步骤

可行性研究的步骤不是固化的，而是根据项目的性质、特点以及开发团队的能力有所区别。一个典型的可行性研究的步骤可以归结为以下几步，其示意图如图 4-1 所示。

（1）明确系统目标

在这一步，可行性分析人员要访问相关人员，阅读分析可以掌握的材料，确认客户需要解决的问题的实质，进而明确系统的目标，以及为了达到这些目标系统所需的各种资源。

图 4-1　可行性研究的步骤

（2）分析研究现行系统

现行系统是新系统重要的信息来源。新系统应该完成现行系统的基本功能，并在此基础上对现行系统中存在的问题进行改善或修复。可以从 3 个方面对现有系统进行分析：系统组织结构定义、系统处理流程分析和系统数据流分析。系统组织结构可以用组织结构图来描述。系统处理流程分析的对象是各部门的业务流程，可以用系统流程图来描述。系统数据流分析与业务流程紧密相连，可以用数据流图和数据字典来表示。

（3）设计新系统的高层逻辑模型

这一步从较高层次设想新系统的逻辑模型，概括地描述开发人员对新系统的理解和设想。

（4）获得并比较可行的方案

开发人员可根据新系统的高层逻辑模型提出实现此模型的不同方案。在设计方案的过程中要从技术、经济等角度考虑各方案的可行性。然后，从多个方案中选出最合适的方案。

（5）撰写可行性研究报告

可行性研究的最后一步就是撰写可行性研究报告。此报告包括项目简介、可行性分析过程和结论等内容。

可行性研究的结论一般有 3 种。

1）可以按计划进行软件项目的开发。

2）需要解决某些存在的问题（如资金短缺、设备陈旧和开发人员短缺等）或者需要对现有的解决方案进行一些调整或改善后才能进行软件项目的开发。

3）待开发的软件项目不具有可行性，立即停止该软件项目。

上述可行性研究的步骤只是一个经过长期实践总结出来的框架，在实际的使用过程中，它不是固定的，根据项目的性质、特点以及开发团队对业务领域的熟悉程度会有些变化。

经过可行性研究后，对于值得开发的项目，就要制订软件开发计划，写出软件开发计划书。

4.4　可行性研究实例

【例 4-1】设计一个软件的开发成本为 5 万元，寿命为 3 年。未来 3 年的每年预计收益为 22000 元、24000 元、26620 元，银行年利率为 10%。试对此项目进行成本效益分析，以决定其经济可行性。

【解析】 根据 4.2.3 节讲述的公式，纯收入计算见表 4-3。

表 4-3 将来的收入折算成现在值

年	将来值（元）	$(1+i)^n$	现在值（元）	累计的现在值（元）
1	22000	1.1	20000.00	20000.00
2	24000	1.21	19834.71	39834.71
3	26620	1.331	20000.00	59834.71

纯收入的最终结果是 59834.71−50000＝9834.71 元，即第三年实现投资的回收。

第三年的净现金流量为 59834.71−39834.71＝20000 元。

从第二年开始，只需再获得 50000−39834.71＝10165.29 元的现金即可收回投资，则投资回收期为 2+（50000−39834.71）/（59834.71−39834.71）＝2.51 年。

4.5 制订项目开发计划

在可行性研究之后，就可得知一个项目是否值得开发。如果值得开发，则应制订相应的项目开发计划。开发人员应当对所要开发的软件制订开发计划。软件开发计划涉及所要开发项目的各个环节。计划的合理性和准确性往往关系着项目的成功与否。计划应考虑周全，要考虑到一些未知因素和不确定因素，以及要考虑到可能的修改。计划应尽量准确，尽可能提高数据的可靠性。软件开发计划是软件工程中的一种管理性文档，主要是对所要开发软件的人员、进度、费用、软件开发环境和运行环境的配置和硬件设备的配置等进行说明和规划，是项目管理人员对项目进行管理的依据，据此对项目的费用、进度和资源进行控制和管理。

项目开发计划的主要内容如下。

1）项目概述：说明项目的各项主要工作；说明软件的功能和性能；为完成项目应具备的条件；甲方和乙方应承担的工作、完成期限和其他限制条件；应交付的软件名称，所使用的开发语言及存储形式；应交付的文档。

2）实施计划：说明任务的划分，各项任务的责任人；说明项目开发进度，按阶段应完成的任务，用图表说明每项任务的开始时间和完成时间；说明项目的预算，各阶段的费用支出预算。

3）人员组织及分工：说明开发项目所需人员的类型、组成结构和数量等。

4）交付期限：说明项目应交付的日期等。

习题

1. 判断题

（1）软件开发计划是软件工程中的一种技术性文档。　　　　　　　　　　（　　）

（2）可行性研究过程也称为项目论证过程。　　　　　　　　　　　　　　（　　）

（3）投资回收期越长，所获得的利润就越多，因此该项目就值得开发。　　（　　）

（4）代码行技术是成本估算技术的一种。　　　　　　　　　　　　　　　（　　）

2. 选择题

（1）可行性研究也称为（　　　）。

A. 技术可行性研究　　　　　　　　　B. 操作可行性研究

C. 经济可行性研究　　　　　　　　　D. 项目论证

（2）（　　）研究往往是系统开发过程中难度最大的工作，是可行性研究的关键。

A. 技术可行性　　　　　　　　　　　B. 操作可行性

C. 经济可行性　　　　　　　　　　　D. 风险可行性

（3）研究软/硬件资源的有效性是进行（　　）研究的一方面。

A. 技术可行性　　　　　　　　　　　B. 经济可行性

C. 社会可行性　　　　　　　　　　　D. 操作可行性

（4）软件开发计划是软件工程中的一种（　　）性文档。

A. 用户　　　　　　　　　　　　　　B. 管理

C. 检索　　　　　　　　　　　　　　D. 文献

3. 简答题

（1）可行性研究的任务有哪些？

（2）请简述技术可行性。

（3）请简述操作可行性。

（4）请简述经济可行性。

（5）如何进行软件的成本估算？

（6）请简述可行性研究的步骤。

（7）经过可行性研究之后，一个项目如果值得开发，为什么要制订项目开发计划？

4. 应用题

假设开发某个计算机应用系统的投资额为 3000 元，该计算机应用系统投入使用后，每年可以节约 1000 元，5 年内节约 5000 元。3000 元是现在投资的钱，假定年利率为 12%。请计算该系统的纯收入和投资回收期。

第5章
结构化分析

本章首先介绍需求分析（这里可广义上称为需求工程），包括需求分析的任务、步骤和需求管理，以及需求分析的常用方法；然后，概述结构化分析，介绍结构化分析的方法，包括功能建模、数据建模、行为建模、数据字典和加工说明；接着，描述结构化分析图形工具，包括层次方框图、Warnier 图和 IPO 图。

本章目标

☐ 了解需求分析的任务。

☐ 熟悉进行需求分析的步骤和方法。

☐ 了解需求管理。

☐ 掌握需求分析的原则。

☐ 熟悉需求分析的常用方法。

☐ 掌握结构化分析的几种常用建模方法。

☐ 掌握结构化分析的几种图形工具。

5.1 需求分析

本节讲述需求分析的任务和原则、需求分析的步骤、需求管理、需求分析的常用方法，以及软件原型。

5.1.1 需求分析的任务和原则

1. 进行需求分析的必要性

为了开发出真正满足用户需要的软件产品，明确地了解用户需求是关键。虽然在可行性研究中，已经对用户需求有了初步的了解，但是很多细节还没有考虑到。可行性研究的目的是评估系统是否值得去开发，问题是否能够解决，而不是对需求进行定义。如果说可行性分析是要决定"做还是不做"，那么需求分析就是要回答"系统必须做什么"这个问题。

在需求中会存在大量的错误，这些错误若未及时发现和更正，会引起软件开发费用增加、软件质量降低，甚至会造成软件开发的失败。在对以往失败的软件工程项目进行失败原因分析和统计的过程中发现，因为需求不完整而导致失败的项目约占 13.1%，缺少用户参与导致的失败项目约占 12.5%，需求和需求规格说明书更改的约占 8.7%。可见约 1/3 的项目失败都与需求有关。要尽量避免需求中出现的错误，就要进行详细而深入的需求分析。可见，需求分析是一个非常重要的过程，它完成的好坏直接影响了后续软件开发的质量。

2. 确定系统的运行环境要求

系统运行环境包括硬件要求和软件要求，其中硬件环境要求包括对计算机的 CPU、内存、存储器、输入/输出方式、通信接口和外围设备等；软件环境要求包括操作系统、数据库管理系统和编程语言等。

3. 确定系统的功能性需求和非功能性需求

需求可以分为两大类：功能需求和非功能需求。前者定义了系统做什么，后者定义了系统工作时的特性。

功能需求是软件系统最基本的需求表述，包括对系统应该提供的服务、如何对输入做出反应，以及系统在特定条件下的行为描述。在某些情况下，功能需求还必须明确系统不应该做什么，这取决于开发的软件类型、软件用户，以及开发的系统类型。所以，功能性需求需要详细地描述系统功能特征、输入和输出接口，以及异常处理方法等。

非功能需求包括对系统提出的性能需求、可靠性和可用性需求、系统安全，以及系统对开发过程、时间、资源等方面的约束和标准等。性能需求指定系统必须满足的定时约束或容量约束，一般包括速度（响应时间）、信息量速率（吞吐量、处理时间）和存储容量等方面的需求。

4. 进行有效的需求分析

一般情况下，用户并不熟悉计算机的相关知识，而软件开发人员对相关的业务领域也不甚了解，用户与开发人员之间对同一问题理解的差异和习惯用语的不同往往会为需求分析带来很大的困难。所以，开发人员和用户之间充分和有效的沟通在需求分析的过程中至关重要。

有效的需求分析通常都具有一定的难度，这一方面是由于交流障碍所引起的，另一方面是由于用户通常对需求的陈述不完备、不准确和不全面，并且还可能不断变化。所以，开发人员不仅需要在用户的帮助下抽象现有的需求，还需要挖掘隐藏的需求。此外，把各项需求抽象为目标系统的高层逻辑模型对日后的开发工作也至关重要。合理的高层逻辑模型是系统设计的前提。

5. 在需求分析的过程中应该遵守一些原则

首先，需求分析是一个过程，它应该贯穿于系统的整个生命周期，而不仅仅是属于软件生命周期早期的一项工作。

其次，需求分析应该是一个迭代的过程。由于市场环境的易变性以及用户本身对于新系统要求的模糊性，需求往往很难一步到位。通常情况下，需求是随着项目的深入而不断变化的。所以，需求分析的过程还应该是一个迭代的过程。

此外，为了方便评审和后续的设计，需求的表述应该具体、清晰，并且是可测量的、可实现的。最好能够对需求进行适当的量化。例如，系统的响应时间应该低于 0.5 s；系统在同一时刻最多能支持 30000 个用户。

6. 需求分析的两个任务

首先，是需求分析的建模阶段，即在充分了解需求的基础上，要建立起系统的分析模型。其次，是需求分析的描述阶段，就是把需求文档化，通过软件需求规格说明书的方式把需求表达出来。

7. 软件需求规格说明书

软件需求规格说明书是需求分析阶段的输出，它全面、清晰地描述了用户需求，因此是开发人员进行后续软件设计的重要依据。软件需求规格说明书应该具有清晰性、无二义性、一致性和准确性等特点。同时，它还需通过严格的需求验证、反复修改的过程才能最终确定。

5.1.2　需求分析的步骤

为了准确获取需求，需求分析必须遵循一系列的步骤。只有采取了合理的需求分析的步骤，开发人员才能更有效地获取需求。一般来说，需求分析分为需求获取、分析建模、需求描述和需求验证与评审4步。以下将分步进行详细介绍。

1. 需求获取

需求获取就是收集并明确用户需求的过程。系统开发人员通过调查研究，要理解当前系统的工作模型、用户对新系统的设想与要求。在需求获取的初期，用户提出的需求一般模糊而且凌乱，这就需要开发人员能够选取较好的需求分析的方法，提炼出逻辑性强的需求。

例如，没有经验或只是偶尔使用系统的用户关心的是系统操作的易学性。他们喜欢具有菜单、图形界面、整齐有序的屏幕显示、详细的提示以及使用向导的系统。而对于熟悉系统的用户，他们就会更关心使用的方便性与效率，并看重快捷键、宏、自定义选项、工具栏和脚本功能等。而且不同用户的需求有可能发生冲突，例如，对于同样一个人力资源管理系统，某些用户希望系统反应速度快一些，查找准确，但另一些用户希望做到安全性第一，而对反应速度要求不高。因此，对于发生冲突的需求必须仔细考虑并做出选择。

需求获取的方法有多种，如问卷调查、访谈、实地操作、建立原型系统等。

1）问卷调查是采用让用户填写问卷的形式了解用户对系统的看法。问题应该是循序渐进的，并且可选答案不能太局限，以免限制了用户的思维。回收问卷后，开发人员要对其进行汇总、统计，从中分析出有用的信息。

2）访谈是指开发人员与特定的用户代表进行座谈的需求获取方法。在进行访谈之前，访谈人员应该准备好问题。一般情况下问题涉及的方面主要是 When、Where、What、Who、Why、How。问题可以分为开放性问题和封闭式问题。开放性问题是指答案比较自由的问题，例如，对于这个项目，你的看法是什么？而封闭式问题是指答案受限制的问题，例如，对于这个项目，你是赞成还是反对？在访谈中，访谈人员应该多提一些开放性问题，这样更容易捕捉到用户的真实想法。由于被访谈用户的身份多种多样，所以在访谈的过程中，访谈人员要根据用户的身份，提出不同的问题，这样访谈才能更有效。

3）如果开发人员能够以用户的身份参与到现有系统的使用过程中，那么在亲身实践的基础上，观察用户的工作过程，发现问题及时提问，开发人员就能直接地体会到现有系统的弊端以及新系统应该解决的问题。这种亲身实践的需求获取方法就是实地操作。这种方式可以帮助开发人员获得真实的信息。

4）为了进一步挖掘需求，了解用户对目标系统的想法，开发人员有时还采用建立原型系统的方法。在原型系统中，用户更容易表达自己的需求。所谓原型，就是目标系统的一个可操作的模型。原型化分析方法要求在获得一组基本需求说明后，能够快速地使某些重要方面"实现"，通过原型反馈加深对系统的理解，并对需求说明进行补充和优化。利用原型的需求获取过程可以用图5-1来表示。

对于上述获取的需求，要进行归纳，形成软件需求。软件需求包括功能需求、

图 5-1　利用原型的需求获取过程

性能需求、系统运行环境需求、用户界面需求、软件成本消耗与开发进度需求、资源使用需求、可靠性需求以及安全保密要求等。

2. 分析建模

获取需求后，下一步就应该对开发的系统建立分析模型了，即分析建模。模型就是为了理解事物而对事物做出的一种抽象，通常由一组符号和组织这些符号的规则组成。对待开发系统建立各种角度的模型有助于人们更好地理解问题。通常，从不同角度描述或理解软件系统，就需要不同的模型。常用的建模方法有数据流图、实体关系图、状态转换图、控制流图、用例图、类图和对象图等。

3. 需求描述

需求描述是指编制需求分析阶段的文档。一般情况下，需求阶段会产生 3 个文档：系统定义文档（用户需求报告）、系统需求文档（系统需求规格说明书）和软件需求文档（软件需求规格说明书）。用户需求报告是关于软件的一系列想法的集中体现，涉及软件的功能、操作方式、界面风格、报表格式、用户机构的业务范围、工作流程，以及用户对软件应用的期望等，是提供给用户阅读的。系统需求规格说明书是比用户需求报告更具有技术特性的需求陈述，是提供给开发者或用户方技术人员阅读的，并作为软件开发人员设计系统的起点与基本依据；系统需求规格说明书需要对系统的功能、性能、数据等方面进行规格定义。软件需求规格说明书主要描述软件部分的需求，简称 SRS（Software Requirement Specification），它站在开发者的角度，对开发系统的业务模型、功能模型、数据模型、行为模型等内容进行描述。经过严格的评审后，它将作为概要设计和详细设计的基线。

对于大型软件项目，在需求分析阶段要完成多项文档，包括可行性研究报告、项目开发计划、软件需求说明、数据需求说明和测试计划。对于中型软件项目，可行性研究报告和项目开发计划可以合并为项目开发计划，软件需求说明和数据需求说明可以合并为软件需求说明。而对于小型的软件项目，一般只需完成软件需求与开发计划就可以了。不同规模的软件工程在需求阶段要完成的文档如图 5-2 所示。

图 5-2　文档与软件规模的对应关系

4. 需求验证与评审

需求分析的第四步是验证与评审以上需求分析的成果。需求分析阶段的工作成果是后续软件开发的重要基础，为了提高软件开发的质量，降低软件开发的成本，必须对需求的正确性进行严格的验证，确保需求的一致性、完整性、现实性和有效性，这就是需求验证的过程。确保设计与实现过程中的需求可回溯性，并进行需求变更管理。

需求评审是指通过将需求规约文档发布给利益相关者进行检查，发现需求规约中存在缺陷（如错误、不完整性、二义性等）的过程。对工作产品的评审有两种方式：一种是正式的技术评审，也称同行评审；另一种是非正式的技术评审。对于任何重要的工作产品，都应该至少执行一次正式技术评审。在进行正式技术评审前，需要有人员对其要进行评审的工作产品进行把关，确认其是否具备进入评审的初步条件。

需求评审的规程与其他重要工作产品（如系统设计文档、源代码）的评审规程非常相似，主要区别在于评审人员的组成不同。前者由开发方和客户方的代表共同组成，而后者通常来源于开发方内部。

需求分析步骤的示意图如图 5-3 所示。

图 5-3　需求分析的步骤

5.1.3　需求管理

为了更好地进行需求分析并记录需求结果，需要进行需求管理。需求管理是一种用于查找、记录、组织和跟踪系统需求变更的系统化方法，可用于以下两个方面。

- 获取、组织和记录系统需求。
- 使客户和项目团队在系统变更需求上达成并保持一致。

有效需求管理的关键在于维护需求的明确阐述、每种需求类型所适用的属性，以及与其他需求和其他项目之间的可追踪性。

软件需求的变更往往会贯穿于软件的整个生命周期。需求管理是一组活动，用于在软件开发的过程中标识需求、控制需求、跟踪需求，并对需求变更进行管理（需求变更管理活动与 "13.7 软件配置管理" 中所述的基本相同，因此，具体内容可参见第 13.7 节）。

需求管理实际上是项目管理的一个部分，它涉及 3 个主要问题。

- 识别、分类、组织需求，并为需求建立文档。
- 需求变化，即对需求不可避免的变化是如何提出、如何协商、如何验证，以及如何形成文档的过程。
- 需求的可跟踪性，即维护需求之间以及与系统的其他制品之间依赖关系的过程。

5.1.4　需求分析的常用方法

需求分析的方法有多种，下面只简单介绍功能分解方法、结构化分析方法、信息建模方法和面向对象的分析方法。

（1）功能分解方法

功能分解方法是将一个系统看成是由若干功能模块组成的每个功能可分解为若干子功能及接口，子功能再继续分解。功能、子功能和功能接口成为功能分解方法的 3 个要素。功能分解方法采用的是自顶向下、逐步求精的理念。

（2）结构化分析方法

结构化分析方法是一种从问题空间到某种表示的映射方法，其逻辑模型由数据流图和数据词典构成并表示。它是一种面向数据流的需求分析方法。它主要适用于数据处理领域。本章后面将详细介绍这种方法。

（3）信息建模方法

模型是通过某种媒介对相同媒介或其他媒介里的一些事物的表现形式。从一个建模角度出发，模型就是要抓住事物的最重要方面而简化或忽略其他方面。简而言之，模型就是对现实的简化。建立模型的过程，称为建模。

建模可以帮助理解正在开发的系统，这是需要建模的一个基本理由。并且，人对复杂问题的理解能力是有限的。建模可以帮助开发者缩小问题的范围，每次着重研究一个方面，进而对整个系统产生更加深刻的理解。可以明确地说，越大、越复杂的系统，建模的重要性也越大。

信息建模方法常用的基本工具是 E-R 图，其基本要素由实体、属性和关系构成。它的核心概念是实体和关系，它的基本策略是从现实中找出实体，再用属性对其进行描述。

（4）面向对象的分析方法

面向对象的分析方法的关键是识别问题域内的对象，分析它们之间的关系，并建立 3 类模型，它们分别是描述系统静态结构的对象模型、描述系统控制结构的动态模型，以及描述系统计算结构的功能模型。其中，对象模型是最基本、最核心、最重要的。面向对象主要考虑类或对象、结构与连接、继承和封装、消息通信，只表示面向对象的分析中几项最重要特征。类的对象是对问题域中事物的完整映射，包括事物的数据特征（即属性）和行为特征（即服务）。在第 7 章将详细介绍这种方法。

5.1.5　原型设计

原型设计是指在项目的前期阶段，系统分析人员根据对客户需求的理解和客户希望实现的结果，快速地给出一个详实的产品雏形，然后与客户反复协商修改。原型设计是项目需求的部分实现或者可能的实现，可以是工作模型或者静态设计、详细的屏幕草图或者简单草图，最终可以据此形成实际的系统。原型设计的重点在于直观体现产品的主要界面风格及结构，并展示主要功能模块以及它们之间的相互关系，不断澄清模糊部分，为后期的设计和代码编写提供准确的产品信息。原型设计可以明确并完善需求，减少风险，优化系统的易用性，研究设计选择方案，为最终的产品提供基础。原型设计是软件人员与客户沟通的最好工具，主流的原型设计工具有 Axure、Balsamiq Mockups、墨刀、Justinmind、iClap 和 Dreamweaver 等。

图 5-4 是使用原型设计工具墨刀制作的界面。

图 5-4　用原型设计工具墨刀制作的界面

5.2　结构化分析概述

一种考虑数据和处理的需求分析方法被称作结构化分析（Structured Analysis，SA）方法，是 20 世纪 70 年代由 Yourdon Constaintine 及 DeMarco 等人提出和发展的，并得到广泛的应用。它基于"分解"和"抽象"的基本思想，逐步建立目标系统的逻辑模型，进而描绘出满足用户要求的软件系统。

"分解"是指对于一个复杂的系统，为了将复杂性降低到可以掌控的程度，可以把大问题分解为若干个小问题，再分别解决。图 5-5 演示了对目标系统 X 进行自顶向下逐层分解的示意图。

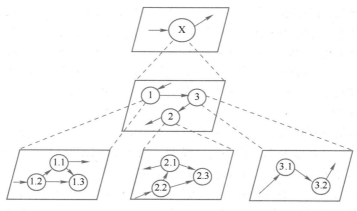

图 5-5　自顶向下逐层分解

最顶层描述了整个目标系统 X，中间层将目标系统划分为若干个模块，每个模块完成一定的功能，而最底层是对每个模块实现方法的细节性描述。可见，在逐层分解的过程中，起初并不考虑细节性的问题，而是先关注问题最本质的属性，随着分解自顶向下的进行，才会逐渐考虑到越来越具体的细节。这种用最本质的属性表示一个软件系统的方法就是"抽象"。

结构化分析方法是一种面向数据流的需求分析方法，其中数据作为独立实体转换，数据建模定义了数据的属性和关系，操作数据的处理建模表明当数据在系统流动时处理如何转换数据。

结构化分析的具体步骤如下。

1）建立当前系统的"具体模型"：系统的"具体模型"就是现实环境的忠实写照，这样的表达与当前系统完全对应，因此用户容易理解。

2）抽象出当前系统的逻辑模型：分析系统的"具体模型"，抽象出其本质因素，排除次要因素，获得当前系统的"逻辑模型"。

3）建立目标系统的逻辑模型：分析目标系统与当前系统逻辑上的差别，从而进一步明确目标系统"做什么"，建立目标系统的"逻辑模型"。

4）为了对目标系统进行完整的描述，还需要考虑人机界面和其他一些问题。

5.3　结构化分析的方法

结构化分析实质上是一种创建模型的活动。它建立的分析模型如图 5-6 所示。

此模型的核心是"数据字典"，它描述了软件使用或产生的所有数据对象。围绕着这个核心有 3 种不同的图："数据流图"指出当数据在软件系统中移动时怎样被变换，以及描绘变换

图 5-6　结构化分析模型

数据流的功能和子功能，用于功能建模；"实体-关系图"（E-R 图）描绘数据对象之间的关系，用于数据建模；"状态转换图"指明了作为外部事件结果的系统行为，用于行为建模。

每种建模方法对应其各自的表达方式和规约，描述系统某一方面的需求属性。它们基于同一份数据描述，即数据字典。

结构化分析方法必须遵守下述准则。

- 必须定义软件应完成的功能。这条准则要求建立功能模型。
- 必须理解和表示问题的信息域。根据这条准则应该建立数据模型。
- 必须表示作为外部事件结果的软件行为。这条准则要求建立行为模型。
- 必须对描述功能、信息和行为的模型进行分解，用层次的方式展示细节。
- 分析过程应该从要素信息移向实现细节。

需求分析中的建模过程是使用一些抽象的图形和符号来表述系统的业务过程、问题和整个系统。这种描述较之自然语言的描述更易于理解。对模型的描述还是系统分析和设计过程之间的重要桥梁。

不同的模型往往只表述系统需求的某一方面，而模型之间又相互关联，相互补充。除了用分析模型表示软件需求之外，还要写出准确的软件需求规格说明。模型既是软件设计的基础，也是编写软件规格说明的基础。

5.3.1　功能建模

功能建模的思想就是用抽象模型的概念，按照软件内部数据传递和变换的关系，自顶向下逐层分解，直到找到满足功能要求的、可实现的软件为止。功能模型用数据流图来描述。

数据流图（简称 DFD 图）就是采用图形方式来表达系统的逻辑功能、数据在系统内部的逻辑流向和逻辑变换过程，是结构化分析方法的主要表达工具及用于表示软件模型的一种图示方法。

1. 数据流图的表示符号

在数据流图中，存在 4 种表示符号。

1）外部实体：表示数据的源点或终点。它是系统之外的实体，可以是人、物或者其他系统。

2）数据流：表示数据流的流动方向。数据流可以从加工流向加工，从加工流向文件，从文件流向加工。加工是对数据进行处理的单元，接收一定的数据输入，再对其进行处理，然后进行系统输出。

3）数据变换：表示对数据进行加工或处理，如对数据的算法分析和科学计算。

4）数据存储：表示输入或输出文件。这些文件可以是计算机系统中的外部或者内部文件，也可以是表、账单等。

数据流图主要分为 Yourdon 和 Gane 两种表示方法。其表示符号约定如图 5-7 所示。

以 Yourdon 表示法为例，各表示符号的说明如下。

1）矩形表示数据的外部实体。

2）箭头表示数据流。

3）圆形泡泡表示变换数据的处理逻辑。

4）两条平行线表示数据的存储。

2. 环境图

环境图（见图 5-8）也称为系统顶层数据

符号表示方法	Yourdon	Gane
外部实体	▭	▭
数据流	→	→
数据变换	○	▭
数据存储	＝	▭

图 5-7　数据流图的表示符号

流图（或 0 层数据流图），它仅包括一个数据处理过程，也就是要开发的目标系统。环境图的作用是确定系统在其环境中的位置，通过确定系统的输入和输出与外部实体的关系确定其边界。

图 5-8　环境图

根据结构化需求分析采用的"自顶向下，由外到内，逐层分解"的思想，开发人员要先画出系统顶层的数据流图，然后逐层画出低层的数据流图。顶层的数据流图要定义系统范围，并描述系统与外界的数据联系，它是对系统架构的高度概括和抽象。低层的数据流图是对系统某个部分的精细描述。

可以说，数据流图的导出是一个逐步求精的过程，要遵守如下原则。

1）0 层数据流图应将软件描述为一个泡泡。

2）主要的输入和输出应该被仔细地标记。

3）通过将在下一层表示的候选处理过程、数据对象和数据存储分离，开始求精过程。

4）应使用有意义的名称标记所有的箭头和泡泡。

5）当从一个层转移到另一个层时要保持信息流的连续性。

6）一次精化一个泡泡。

图 5-9 所示为某考务处理系统顶层 DFD 图。其中，只用一个数据变换表示软件，即考务处理系统；包含所有相关外部实体，即考生、考试中心和阅卷站；包含外部实体与软件中间的数据流，但是不含数据存储。顶层 DFD 图应该是唯一的。

图 5-9　某考务处理系统顶层 DFD 图

3. 数据流图的分解

对顶层 DFD 图（以图 5-9 所示为例）进行细化，得到 1 层 DFD 图，细化时要遵守上文所介绍的各项原则。如图 5-10 所示，软件被细分为两个数据变换，"登记报名表"和"统计成绩"，即两个"泡泡"；同时，引入了数据存储"考生名册"。

同理，可以对"登记报名表"和"统计成绩"分别细化，得到该系统两张 2 层 DFD 图，如图 5-11 和图 5-12 所示。

在绘制数据流图的过程中，要注意以下几点。

图 5-10　某考务处理系统 1 层 DFD 图

图 5-11　登记报名表 2 层 DFD 图

图 5-12　统计成绩 2 层 DFD 图

1）数据变换不一定是一个程序或一个模块，也可以是一个连贯的处理过程。

2）数据存储是指输入或输出文件，但它不仅可以是文件，还可以是数据项或用来组织数据的中间数据。

3）数据流和数据存储是不同状态的数据。数据流是流动状态的数据，而数据存储是指处于静止状态的数据。

4）当目标系统的规模较大时，为了描述的清晰和易于理解，通常采用逐层分解的方法，画出分层的数据流图。在分解时，要考虑到自然性、均匀性和分解度几个概念。

- 自然性是指概念上要合理和清晰。
- 均匀性是指尽量将一个大问题分解为规模均匀的若干小问题。
- 分解度是指分解的维度，一般每一个加工每次分解最多不宜超过 7 个子加工，应分解到基本的加工为止。

5）数据流图分层细化时必须保持信息的连续性，即细化前后对应功能的输入和输出数据必须相同。

5.3.2 数据建模

数据建模的思想是在较高的抽象层次（概念层）上对数据库结构进行建模。数据模型用实体-关系图来描述。

实体-关系图（简称 E-R 图）可以明确描述待开发系统的概念结构数据模型。对于较复杂的系统，通常要先构造出各部分的 E-R 图，然后将各分 E-R 图集合成总的 E-R 图，并对 E-R 图进行优化，以得到整个系统的概念结构模型。

在建模的过程中，E-R 图以实体、关系和属性 3 个基本概念概括数据的基本结构。实体就是现实世界中的事物，多用矩形框来表示，框内是实体名称。属性多用椭圆形表示，并用无向边与相应的实体联系起来，表示该属性归某实体所有。可以说，实体是由若干个属性组成的，每个属性都代表了实体的某些特征。例如，在某教务系统中，"学生"实体及其属性如图 5-13 所示。

关系用菱形表示，并用无向边分别与有关实体连接起来，以此描述实体之间的关系。实体之间存在着 3 种关系类型，分别是一对一、一对多、多对多，它们分别反映了实体间不同的对应关系。如图 5-14 所示，"人员"与"车位"之间是一对一的关系，即一个人员只能分配一个车位，且一个车位只能属于一个人员。"订单"与"订单行"之间是一对多的关系，即一个订单包含若干个订单行，而一个订单行只属于一个订单。"学生"与"课程"之间是多对多的关系，即一个学生能登记若干门课程，且一门课程能被多个学生登记。

图 5-13　"学生"实体及其属性　　　　图 5-14　3 种关系类型

图 5-15 是某教务系统中课程、学生和教师之间的 E-R 图。其中，方框表示实体，有学生、教师和课程 3 个实体；椭圆形表示实体的属性，如学生实体的属性有学号、姓名、性别

和专业；菱形表示关系，学生和课程是选课关系，且是一个多对多关系，老师和课程是任教关系，且是一个一对多关系；实体与属性、实体与关系之间用实线进行连接。

图 5-15　某教务系统 E-R 图

另外，关系本身也可能有属性，这在多对多的关系中尤其常见。图 5-15 所示的成绩就是选课这个关系的一个属性。

运用 E-R 图，概念结构设计在调查用户需求的基础上，对现实世界中的数据及其关系进行分析、整理和优化。需要指出的是，E-R 图并不具有唯一性，也就是说，对于同一个系统，可能有多个 E-R 图，这是由于不同的分析人员看问题的角度不同而造成的。

5.3.3　行为建模

状态转换图（又称状态图）是一种描述系统对内部或外部事件响应的行为模型。它描述系统状态和事件，以及事件引发系统在状态间的转换，而不是描述系统中数据的流动。这种模型尤其适合用来描述实时系统，因为这类系统多是由外部环境的激励而驱动的。

使用状态转换图具有以下优点。

- 状态之间的关系能够直观地被捕捉到。
- 由于状态转换图的单纯性，能够机械地分析许多情况，可以很容易地建立分析工具。
- 状态转换图能够很方便地对应状态转换表等其他描述工具。

有些系统中的某些数据对象在不同状态下会呈现不同的行为方式，此时应分析数据对象的状态，画出这个状态转换图，才可正确地认识数据对象的行为，并定义其行为。对这些行为规则较复杂的数据对象需要进行如下分析。

- 找出数据对象的所有状态。
- 分析在不同的状态下，数据对象的行为规则是否不同，若无不同则可将其合并成一种状态。
- 分析从一种状态可以转换成哪几种状态，是数据对象的什么行为导致这种状态的转换。

1. 状态及状态转换

状态是任何可以被观察到的系统行为模式，一个状态代表系统的一种行为模式。状态规定了系统对事件的响应方式。系统对事件的响应，既可以是做一个（或一系列）动作，也可以是仅仅改变系统本身的状态，还可以是既改变状态又做动作。

在状态转换图中定义的状态主要有初态（即初始状态）、终态（即最终状态）和中间状态。初态用一个黑圆点表示，终态用黑圆点外加一个圆表示（很像一只眼睛），中间状态用一个圆角四边形表示（可以用两条水平横线把它分成上、中、下 3 个部分。上面部分为状态的名称，这部分是必须有的；中间部分为状态变量的名称和值，这部分是可选的；下面部分是活动表，这部分也是可选的）。状态之间为状态转换，用一条带箭头的线表示。带箭头的线上的事件发生时，状态转换开始（有时也称之为转换"点火"或转换被"触发"）。在一张状态图中只能有一个初态，而终态则可以没有，也可以有多个。状态转换图中使用的主要符号如图 5-16 所示。

图 5-16　状态转换图示例

状态中的活动表的语法格式如下：

事件名(参数表)/动作表达式

其中，"事件名"可以是任何事件的名称，需要时可以为事件指定参数表，活动表中的动作表达式描述应做的具体动作。

2. 事件

事件是在某个特定时刻发生的事情，它是对引起系统做动作或（和）从一个状态转换到另一个状态的外界事件的抽象。例如，观众使用电视遥控器，用户移动鼠标、单击鼠标等都是事件。简而言之，事件就是引起系统做动作或（和）转换状态的控制信息。

状态转换通常是由事件触发的，在这种情况下应在表示状态转换的箭头线上标出触发转换的事件表达式。

如果在箭头线上未标明事件，则表示在源状态的内部活动执行完之后自动触发转换。事件表达式的语法为

事件说明[守卫条件]/动作表达式

事件说明的语法为：

事件名(参数表)

守卫条件是一个布尔表达式。如果同时使用事件说明和守卫条件，则当且仅当事件发生且布尔表达式为真时，状态转换才发生。如果只有守卫条件没有事件说明，则只要守卫条件为真，状态转换就发生。

动作表达式是一个过程表达式，当状态转换开始时执行该表达式。

3. 例子

为了具体说明怎样用状态转换图建立系统的行为模型，下面举一个例子。

对于图书馆管理系统中的图书，图书可分类、借阅、归还、续借，图书也可能破损或遗失。

根据以上情况画出图书馆管理系统图书的状态转换图，如图 5-17 所示。

图 5-17　图书馆系统图书的状态转换图

图书在初始时需要进行分类并更新在库数量。如果图书发生借阅，则执行借阅操作，并对在库图书数量进行更新。在借阅期间，如果图书发生续借操作，则对该图书重新执行借阅操作并更新在库数量。如果借阅的图书被归还，则需要对在库图书数量进行更新。此外，如果在库图书发生破损或者借阅图书发生遗失，则对在库图书的数量进行更新。

5.3.4　数据字典

如前所述，分析模型包括功能模型、数据模型和行为模型。数据字典以一种系统化的方式定义在分析模型中出现的数据对象及控制信息的特性，给出它们的准确定义，包括数据流、数据存储、数据项、数据加工，以及数据源点、数据汇点等。数据字典成为将分析模型中的 3 种模型黏合在一起的"黏合剂"，是分析模型的"核心"。

数据字典中采用的符号说明见表 5-1。

表 5-1　数据字典符号

符　　号	含　　义	示　　例
=	被定义为	X=a 表示 X 由 a 组成
+	与	X=a+b 表示 X 由 a 和 b 组成
[…｜…]	或	X=[a｜b] 表示 X 由 a 或 b 组成
$m\{\cdots\}n$ 或 $\{\cdots\}_m^n$	重复	X=2{a}6 或 $\{a\}_2^6$ 表示重复 2~6 次 a
{…}	重复	X={a} 表示 X 由 0 个或多个 a 组成
(…)	可选	X=(a) 表示 a 在 X 中可能出现，也可能不出现
"…"	基本数据元素	X="a" 表示 X 是取值为字符 a 的数据元素
..	连接符	X=1..9 表示 X 可取 1~9 中的任意一个值

例如，数据流"应聘者名单"由若干应聘者姓名、性别、年龄、专业和联系电话等信息组成，那么"应聘者名单"可以表示为

应聘者名单 = {应聘者姓名+性别+年龄+专业+联系电话}

数据项考试成绩可以表示为

考试成绩 = 0..100

再如，某教务系统的学生成绩库文件的数据字典描述可以表示为

文件名：学生成绩库
记录定义：学生成绩 = 学号+姓名+{课程代码+成绩+[必修｜选修]}
学号：6{数字}6

姓名：2｜汉字｜4
课程代码：8｜字符串｜8
成绩：1｜数字｜3

5.3.5 加工规格说明

在对数据流图的分解中，位于最底层数据流图的数据处理，也称为基本加工或原子加工。对每一个基本加工都需要进一步说明，这称为加工规格说明，也称为处理规格说明。编写加工规格说明的主要目的是表达"做什么"，而不是"怎样做"。加工规格说明一般用结构化语言、判定表和判定树来表述。

1. 结构化语言

结构化语言又称为过程设计语言（Procedure Design Language，PDL），也称为伪代码，在某些情况下，在加工规格说明中会用到。但一般说来，最好将用 PDL 来描述加工规格说明的工作推迟到过程设计阶段进行比较好。PDL 的介绍可参见第 6.9.4 小节。

2. 判定表

在某些数据处理中，某个数据处理（即加工）的执行可能需要依赖于多个逻辑条件的取值，此时可用判定表。判定表能够清晰地表示复杂的条件组合与应做的动作之间的对应关系。

一张判定表由 4 部分组成，左上部列出所有条件，左下部是所有可能做的动作，右上部是表示各种条件组合的一个矩阵，右下部是和每种条件组合相对应的动作。判定表右半部的每一列实质上是一条规则，规定了与特定的条件组合相对应的动作。

下面以某工厂生产产品的奖励算法为例说明判定表的组织方法。某工厂生产两种产品 A 和 B。凡工人每月的实际生产量超过计划指标者均有奖励。奖励政策如下。

对于产品 A 的生产者，超产数 N 小于或等于 100 件时，每超产 1 件奖励 2 元；N 大于 100 件但小于或等于 150 件时，大于 100 件的部分每件奖励 2.5 元，其余的每件奖励金额不变；N 大于 150 件时，超过 150 件的部分每件奖励 3 元，其余按超产 150 件以内的方案处理。

对于产品 B 的生产者，超产数 N 小于或等于 50 件时，每超产 1 件奖励 3 元；N 大于 50 件但小于或等于 100 件时，大于 50 件的部分每件奖励 5 元，其余的每件奖励金额不变；N 大于 100 件时，超过 100 件的部分每件奖励 5 元，其余按超产 100 件以内的方案处理。

此处理功能的判定表见表 5-2。

表 5-2 判定表示例

	决策规则号	1	2	3	4	5	6
条件	产品 A	Y	Y	Y	N	N	N
	产品 B	N	N	N	Y	Y	Y
	N≤50	Y	N	N	Y	N	N
	50<N≤100	Y	N	N	N	Y	N
	100<N≤150	N	Y	N	N	N	Y
	N>150	N	N	Y	N	N	Y
奖励政策	2×N	√					
	2.5×(N−100)+200		√				
	3×(N−150)+325			√			
	3×N				√		
	5×(N−50)+150					√	
	5×(N−100)+350						√

从上面这个例子可以看出，判定表能够简洁而又无歧义地描述处理规则。当把判定表和布尔代数或卡诺图结合起来使用时，可以对判定表进行校验或化简。判定表并不适于作为一种通用的工具，没有一种简单的方法使它能同时清晰地表示顺序和重复等处理特性。

判定表也可用在结构化设计中。

3. 判定树

判定表虽然能清晰地表示复杂的条件组合与应做的动作之间的对应关系，但其含义却不是一眼就能看出来的，初次接触这种工具的人要理解它需要有一个简短的学习过程。此外，当数据元素的值多于两个时，判定表的简洁程度也将下降。

判定树是判定表的变种，也能清晰地表示复杂的条件组合与应做的动作之间的对应关系。判定树也是用来表述加工规格说明的一种工具。判定树的优点在于，它的形式简单到不需任何说明，一眼就可以看出其含义，因此易于掌握和使用。多年来，判定树一直受人们的重视，是一种比较常用的系统分析和设计工具。图 5-18 所示为与表 5-2 等价的判定树。从图 5-17 可以看出，虽然判定树比判定表更直观，但简洁性却不如判定表，数据元素的同一个值往往要重复写多遍，而且越接近树的叶端重复次数越多。此外还可以看出，画判定树时分枝的次序可能对最终画出的判定树的简洁程度有较大影响。显然，判定表并不存在这样的问题。

判定树也可用在结构化设计中。

图 5-18　用判定树表示此处理功能的算法

5.4　结构化分析的图形工具

除了前述的数据流图、E-R 图、状态转换图、数据字典和加工规格说明（结构化语言、判定表和判定树）外，在结构化的分析中，有时还会用到层次方框图、Warnier 图和 IPO 图这 3 种图形工具。

5.4.1　层次方框图

层次方框图由树形结构的一系列多层次的矩形组成，用来描述数据的层次结构。树形结构的顶层是一个单独的矩形框，它表示数据结构的整体；下面的各层矩形框表示这个数据的子集；最底层的各个矩形框表示这个数据的不能再分割的元素。这里需要注意的是，层次方框图不是功能模块图，矩形框之间的关系是组成关系，而不是调用关系。

图 5-19 所示为电子相册管理系统的层次方框图。

5.4.2　Warnier 图

Warnier 图是表示数据层次结构的另一种图形工具，它与层次方框图相似，也用树形结

图 5-19　电子相册管理系统的层次方框图

构来描绘数据结构。Warnier 图比层次方框图提供了更详细的描绘手段，能指出某一类数据或某一数据元素重复出现的次数，并能指明某一特定数据在某一类数据中是否是有条件地出现。

Warnier 图使用如下几种符号。

1）花括号内的信息条目构成顺序关系，花括号从左至右排列表示树形层次结构。

2）异域符号⊕表示不可兼具的选择关系。

3）"–" 表示 "非"。

4）圆括号内的数字表示重复次数：（1,n）表示重复结构，（1）或不标次数表示顺序结构，（0,1）表示选择结构。

例如，报纸的组成就可用 Warnier 图来描述，如图 5-20 所示。

图 5-20　报纸组成的 Warnier 图

5.4.3　IPO 图

IPO 图是输入-处理-输出图的简称，它是美国 IBM 公司提出的一种图形工具，能够方便地描绘输入数据、处理数据和输出数据的关系。

IPO 图使用的基本符号少而简单，因此很容易掌握。它的基本形式是在左边的框中列出有关的输入数据，在中间的框中列出主要的处理，在右边的框中列出产生的输出数据。处理框中列出了处理的顺序，但是用这些基本符号还不足以精确描述执行处理的详细情况。在 IPO 图中用空心大箭头指出数据流动的情况。图 5-21 所示为一个主文件更新的 IPO 图。

图 5-21　主文件更新的 IPO 图

一种改进的模块 IPO 图的形式如图 5-22 所示。这种 IPO 图除了描述输入、处理、输出过程外，还包括了某些附加信息，这些附加信息非常有利于理解系统及对该模块的实现，它们包括系统名称、模块名称、模块编号、设计人、设计日期、模块描述、被调用模块、调用模块等。

IPO 图也可用在结构化设计中。

系统模块IPO图设计样式	
系统名称：	
模块名称：	模块编号：
设计人：	设计日期：
模块描述：	
被调用模块	调用模块：
输入参数：	输入说明：
输出参数：	输出说明：
变量说明：	
处理说明：	
备注：	

图 5-22　一种改进的模块 IPO 图

尽管使用结构化方法建模具有一定的优势，但它还有以下的局限性。

- 不提供对非功能需求的有效理解和建模。
- 不提供对用户选择合适方法的指导，也没有对方法适用的特殊环境的忠告。
- 往往产生大量文档，系统需求的要素被隐藏在一大堆具体细节的描述中。
- 产生的模型不注意细节，用户总觉得难以理解，因而很难验证模型的真实性。

5.5　结构化分析实例

【例】某培训机构入学管理系统有报名、交费、就读等多项功能，并有课程表（课程号,课程名,收费标准）、学员登记表（学员号,姓名,电话）、学员选课表（学员号,课程号,班级号）、账目表（学员号,收费金额）等诸多数据表。

下面是对其各项功能的说明。

1）报名：由报名处负责，需要在学员登记表上进行报名登记，需要查询课程表让学员选报课程，学员所报课程将记录到学员选课表。

2）交费：由收费处负责，需要根据学员所报课程的收费标准进行收费，然后在账目表上记账，并打印收款收据给办理交费的学员。

3）就读：由培训处负责，其在验证学员收款收据后，根据学员所报课程将学员安排到合适班级就读。

请用结构化分析方法（数据流图）画出入学管理系统的顶层 DFD 图、0 层 DFD 图，写出其数据字典。

【解析】

1）对于一个培训机构，外部实体主要有非学员、学员、工作人员。非学员通过报名成为学员。学员只有交费，才可上课。工作人员需要登记学员信息、收费以及安排学员就读。根据以上分析得到顶层 DFD 图（见图 5-23）。

2）一个非学员通过报名成为学员。他需要将个人信息提交给报名处，报名处负责记录信息，并通过查询课程表提供学员选课信息。学员选课后，报名处将学员选课信息记录在学员选课表。报名1层DFD图如图5-24所示。

图5-23 入学管理系统顶层DFD图

图5-24 报名1层DFD图

3）学员将学号报给收费处。收费处通过查询选课表获取课程信息，再通过课程表查询应收金额，并将收费信息记录到账目表，最后向学员收费并打印收费收据。收费1层DFD图如图5-25所示。

图5-25 收费1层DFD图

4）学员向培训处提供收费收据。培训处验证后，应通过查询选课表提供学员班级号，分配其到指定班级上课。就读1层FDF图如图5-26所示。

图 5-26 就读 1 层 DFD 图

入学管理系统的数据字典如下。

（1）顶层 DFD 图的数据字典

非学员 = {姓名+电话}
学员 = {学员号+姓名+电话}
个人信息 = {姓名+电话}
学员基本信息 = {学员号+姓名+电话}
工作人员 = {姓名+工作人员代号}
学员号：6{数字}6
姓名：2{汉字}4
电话：11{数字}11
工作人员代号：4{数字}4
登记信息 = {学员号+姓名+电话}
就读信息 = {学员号+课程号+班级号}

（2）报名 1 层 DFD 图的数据字典

非学员 = {姓名+电话}
学员信息 = {学员号+姓名+电话}
课程信息 = {课程号+课程名+收费标准}
选课信息 = {学员号+课程号}
学员 = {学员号+姓名+电话}
学员号：6{数字}6
姓名：2{汉字}4
电话：11{数字}11
收费金额：2{数字}4
课程号：4{数字}4

（3）收费 1 层 DFD 图的数据字典

学员 = {学员号+姓名+电话}
姓名：2{汉字}4
电话：11{数字}11
课程号：4{数字}4
收费金额：2{数字}4
学员号：6{数字}6
账目信息 = {学员号+收费金额}
应缴费用：2{数字}4

（4）就读 1 层 DFD 图的数据字典

```
学员={学员号+姓名+电话}
姓名：2{汉字}4
电话：11{数字}11
学员号：6{数字}6
课程号：4{数字}4
班级号：3{数字}3
缴费凭证={账目信息}
账目信息={学员号+收费金额}
收费金额=2{数字}4
```

习题

1. 判断题

（1）用于需求分析的软件工具，应该能够保证需求的正确性，即验证需求的一致性、完整性、现实性和有效性。　　　　　　　　　　　　　　　　　　　　　　　　（　　）

（2）需求分析是开发方的工作，用户的参与度不大。　　　　　　　　　　（　　）

（3）需求规格说明书在软件开发中具有重要的作用，它也可以作为软件可行性研究的依据。　　　　　　　　　　　　　　　　　　　　　　　　　　　　　　　　　　（　　）

（4）需求分析的主要目的是解决软件开发的具体方案。　　　　　　　　　（　　）

（5）需求规格说明书描述了系统每个功能的具体实现。　　　　　　　　　（　　）

（6）非功能需求是从各个角度对系统的约束和限制，反映了应用对软件系统质量和特性的额外要求。　　　　　　　　　　　　　　　　　　　　　　　　　　　　　　　（　　）

（7）需求分析阶段的成果主要是需求规格说明书，但该成果与软件设计、编码、测试直至维护的关系不大。　　　　　　　　　　　　　　　　　　　　　　　　　　　　（　　）

（8）分层的 DFD 图可以用于可行性研究阶段，描述了系统的物理结构。　（　　）

（9）数据建模方法是从数据的角度来建立模型的，最常用的描述数据模型的方法是 E-R 图。　　　　　　　　　　　　　　　　　　　　　　　　　　　　　　　　　　（　　）

（10）在需求分析阶段主要采用图形工具来描述的原因是图形的信息量大，便于描述规模大的软件系统。　　　　　　　　　　　　　　　　　　　　　　　　　　　　　（　　）

（11）设计数据流图时只需考虑系统必须完成的基本逻辑功能，无须考虑怎样具体地实现这些功能。　　　　　　　　　　　　　　　　　　　　　　　　　　　　　　　（　　）

2. 选择题

（1）在需求分析之前有必要进行（　　　）工作。

A. 程序设计　　　　　　　　　　　　B. 可行性研究

C. E-R 分析　　　　　　　　　　　　D. 行为建模

（2）需求分析是一个（　　　），它应该贯穿于系统的整个生命周期，而不是仅仅属于软件生命周期早期的一项工作。

A. 概念　　　　　　　　　　　　　　B. 工具

C. 方法　　　　　　　　　　　　　　D. 过程

（3）软件需求规格说明书的内容不应该包括（　　　）。

A. 对重要功能的描述　　　　　　　　B. 对算法的详细过程描述

C. 对数据的要求　　　　　　　　　　D. 软件的性能

（4）软件需求分析阶段的工作，可以分为以下 4 方面：需求获取、分析建模、需求描述以及（　　　）。

A. 总结　　　　　　　　　　　　　　B. 阶段性报告

C. 需求验证与评审　　　　　　　　　D. 以上答案都不正确

（5）进行需求分析可使用多种工具，但（　　　）是不适用的。

A. 数据流图　　　　　　　　　　　　B. PAD 图

C. 状态转换图　　　　　　　　　　　D. 数据词典

（6）数据流图是进行软件需求分析的常用图形工具，其基本图形符号是（　　　）。

A. 输入、输出、外部实体和加工　　　B. 变换、加工、数据流和存储

C. 加工、数据流、数据存储和外部实体　D. 变换、数据存储、加工和数据流

（7）结构化分析方法的基本思想是（　　　）。

A. 自底向上逐步分解　　　　　　　　B. 自顶向下逐步分解

C. 自底向上逐步抽象　　　　　　　　D. 自顶向下逐步抽象

（8）E-R 图包含的基本成分是（　　　）。

A. 数据、对象、实体　　　　　　　　B. 控制、关系、对象

C. 实体、关系、控制　　　　　　　　D. 实体、属性、关系

3. 简答题

（1）如何理解需求分析的作用和重要性？

（2）常用的需求获取的方法有哪些？

（3）如何理解结构化需求分析方法的基本思想？

（4）请简述数据流图的作用。

（5）请简述数据字典的作用。

（6）请简述 E-R 图的作用。

（7）请简述状态图的作用。

4. 应用题

（1）某学校图书管理系统有以下功能。

1）借书：输入读者借书证。系统首先检查借书证是否有效，若有效，对于第一次借书的读者，在借书文件上建立档案。否则，查阅借书文件，检查该读者所借图书是否超过 10 本，若已达 10 本，拒借，未达 10 本，办理借书（检查该读者目录并将借书情况登入借书文件）。

2）还书：从借书文件中读出与读者有关的记录，查阅所借日期，如果超期（3 个月）做罚款处理，否则，修改库存目录与借书文件。

3）查询：可通过借书文件、库存目录文件查询读者情况、图书借阅情况及库存情况。打印各种统计表。

用结构化分析方法画出系统顶层 DFD 图、1 层 DFD 图，并写出数据字典。（注：假设这里的读者都是学生）

（2）根据以下描述画出相应的状态转换图。

到 ATM 前插入磁卡后输入密码，如果密码不正确则系统会要求再次输入密码，若 3 次输入不正确则退出服务；密码正确后，系统会提示选择服务类型。如选择存款则进行存款操

作，存款完毕可选择继续服务，也可以选择退出服务；如选择取款则进行存款操作，取款完毕可选择继续服务，也可以选择退出服务。

（3）某企业集团有若干工厂，每个工厂生产多种产品，且每一种产品可以在多个工厂生产，每个工厂按照固定的计划数量生产产品，计划数量不低于 300；每个工厂聘用多名职工，且每名职工只能在一个工厂工作，工厂聘用职工有聘期和工资。工厂的属性有工厂编号、厂名、地址，产品的属性有产品编号、产品名、规格，职工的属性有职工号、姓名、技术等级。请画出 E-R 图。

第6章
结构化设计

本章首先讲述软件设计的意义和目标、软件设计的原则，以及数据库结构设计和用户界面设计；接着，针对结构化设计进行概述，引出结构化设计与结构化分析的关系；然后，介绍体系结构设计，包括表示软件结构的图形工具（层次图和 HIPO 图、结构图）；之后，对接口设计和数据设计进行阐述；最后，讲述过程设计，包括程序流程图、N–S 图、PAD 图和结构化语言。

本章目标

❏ 了解软件设计的意义和目标。
❏ 掌握软件设计的原则。
❏ 了解软件设计的分类。
❏ 熟悉数据库结构设计。
❏ 熟悉用户界面设计。
❏ 了解结构化设计与结构化分析的关系。
❏ 掌握面向数据流的软件设计方法。
❏ 熟悉面向数据结构的设计方法。
❏ 熟悉接口设计和数据设计。
❏ 掌握过程设计的工具和方法。

6.1 软件设计的基本概念

完成了需求分析，回答了软件系统能"做什么"的问题，软件的生命周期就进入了设计阶段。软件设计是软件开发过程中的重要阶段，在此阶段中，开发人员将集中研究如何把需求规格说明书里的分析模型转换为可行的设计模型，并将解决方案记录到相关的设计文档中。实际上，软件设计的目标就是要回答"怎么做"才能实现软件系统的问题，也可以把设计阶段的任务理解为把软件系统能"做什么"的逻辑模型转换为"怎么做"的物理模型。

6.1.1 软件设计的意义和目标

软件设计在软件开发过程中处于核心地位，它是保证质量的关键。设计为人们提供了可以用于质量评估的软件表示，设计是人们能够将用户需求准确地转化为软件产品或系统的唯一方法。软件设计是所有软件工程活动和随后的软件支持活动的基础。

软件设计是一个迭代的过程，通过设计过程，需求被变换为用于构建软件的"蓝图"。

McGlaughlin 提出了可以指导评价良好设计演化的 3 个特征。

1）设计必须实现所有包含在分析模型中的明确需求，而且必须满足用户期望的所有隐含需求。

2）对于程序员、测试人员和维护人员而言，设计必须是可读的、可理解的指南。

3）设计必须提供软件的全貌，从实现的角度说明数据域、功能域和行为域。

以上每一个特征实际上都是设计过程应该达到的目标。

6.1.2 软件设计的原则

模块设计启发规则

为了提高软件开发的效率及软件产品的质量，人们在长期的软件开发实践中总结出一些软件设计的原则。

1. 模块化

模块是数据说明、可执行语句等程序对象的集合，是构成程序的基本构件，可以被单独命名并通过名称来访问。在面向过程的设计中，过程、函数、子程序、宏都可以作为模块；在面向对象的设计中，对象是模块，对象中的方法也是模块。模块的公共属性有以下几种。

- 每个模块都有输入/输出接口，且输入/输出接口都指向相同的调用者。
- 每个模块都具有特定的逻辑功能，完成一定的任务。
- 模块的逻辑功能由一段可运行的程序来实现。
- 模块还应有属于自己的内部数据。

模块化就是把系统或程序划分为独立命名并且可以独立访问的模块，每个模块完成一个特定的子功能。模块集成起来可以构成一个整体，完成特定的功能，进而满足客户需求。

在模块化的过程中，要注意以下几点。

1）模块的规模要适中。模块的规模可以用模块中所含语句的数量来衡量。如果模块的规模过小，那么模块的数目势必会较多，这就增大了模块之间相互调用关系的复杂度，同时也增大了花费在模块调用上的开销。如果模块的规模过大，那么模块内部的复杂度就会较大，这就加大了日后测试和维护工作的难度。如图 6-1 所示，每个程序都相应地有一个最适当的模块数目 M，使得系统的开发成本最小。虽然并没有统一的标准来规范模块的规模，但是一般认为，一个模块规模应当由它的功能和用途来决定，程序的行数在 50~100 行比较合适。

图 6-1 模块化和软件成本

2）提高模块的独立性，降低模块间的耦合程度。模块的独立性是指软件系统中的每个模块只完成特定的、单一的功能，而与其他模块没有太多的联系。提高模块的独立性有助于系统维护以及软件的重用。

模块的独立性与耦合程度密切相关。耦合程度是对各个模块之间互连程度的度量。耦合程度的强弱取决于接口的复杂性，即与信息传递的方式、接口参数的个数、接口参数的数据类型相关。不同模块之间互相依赖得越紧密则耦合程度越高。

为了提高模块的独立性，应该尽量降低模块之间的耦合程度。原因如下。

- 模块之间的耦合程度越低，相互影响就越小，发生异常后产生连锁反应的概率就越低。
- 在修改一个模块时，低耦合的系统可以把修改范围尽量控制在最小的范围内。
- 对一个模块进行维护时，其他模块的内部程序的正常运行不会受到较大的影响。

为了降低模块间的耦合度，可行的措施有以下几种。

- 采用简单的数据传递方式。
- 尽量使用整型等基本数据类型作为接口参数的数据类型。
- 限制接口参数的个数。

耦合的等级划分如图 6-2 所示。

图 6-2　耦合的等级划分

无直接耦合、数据耦合和标记（特征）耦合属于低强度的耦合。无直接耦合是指调用模块和被调用模块之间不存在直接的数据联系。若调用模块和被调用模块之间存在数据联系，对于简单变量这样的数据传递对应的是数据耦合，对于数组、结构、对象等复杂数据结构的数据传递对应的是标记耦合。当模块之间的联系不是数据信息，而是控制信息时，这样的耦合是控制耦合。控制耦合是中强度的耦合。较强耦合包括外部耦合和公共耦合。外部耦合是指系统允许多个模块同时访问同一个全局变量。公共耦合是指允许多个模块同时访问一个全局性的数据结构。内容耦合是最高强度的耦合，它允许一个模块直接调用另一个模块中的数据。

在进行软件设计时，开发人员应该尽量使用数据耦合，较少使用控制耦合，限制公共耦合的使用范围，同时坚决避免使用内容耦合。

3）提高模块的内聚程度。模块的内聚是指模块内部各个元素之间彼此结合的紧密程度。内聚和耦合往往密切相关，模块的高内聚通常意味着低耦合。内聚的等级划分如图 6-3 所示。

偶然内聚、逻辑内聚和时间内聚属于低内聚。偶然内聚是指模块内各元素之间无实质性的联系，而只是偶然地组合在一起。逻辑内聚是指模块内各组成成分的处理动作在逻辑上相似，但是功能却彼此不同。时间内聚是指将若干在同一时间段内进行的却彼此不相关的工作集中在一个模块中。中内聚包括过程内聚和通信内聚。过程内聚是指模块内部各个成分按照确定的顺序进行并无相关联系的工作。通信内聚是指模块内各个成分的输入数据和输出数据都相同。顺序内聚和功能内聚属于高内聚。顺序内聚是指模块内的各个组成部分都顺序执行，前一个成分的输出就是后一个成分的输入。功能内聚是指模块内的各个组成部分都为完成同一个功能而存在，在这里强调完成并且只完成单一的功能。

图 6-3　内聚的等级划分

在软件系统中，要避免使用低内聚的模块，多使用高内聚尤其是功能内聚的模块。如果能做到一个模块完成一个功能，那么就达到了模块独立性的较高标准。

在进行软件设计时，应该尽量提高模块的内聚程度，使模块内部的各个组成成分都相互关联，使其为了完成一个特定的功能而结合在一起。

4）加强模块的保护性。保护性是指当一个模块内部出现异常时，它的负面影响应该尽量局限在该模块内部，从而保护其他模块不受影响，降低错误的影响范围。

2. 抽象

抽象是人们认识复杂的客观世界时所使用的一种思维工具。在客观世界中，一定的事物、现象、状态或过程之间总存在着一些相似性，如果能忽略它们之间非本质性的差异，而把其相似性进行概括或集中，那么这种求同存异的思维方式就可以被看作是抽象。例如，将一辆银色的女式自行车抽象为一辆交通工具，只保留一般交通工具的属性和行为；

模块分割方法

再如，把小学生、中学生、大学生、研究生的共同本质抽象出来之后，形成一个概念"学生"，这个概念就是抽象的结果。抽象主要是为了降低问题的复杂度，得到问题领域中较简单的概念，人便使人们能够控制其过程或以宏观的角度来了解许多特定的事态。

抽象在软件开发过程中起着非常重要的作用。一个庞大、复杂的系统可以先用一些宏观的概念构造和理解，再逐层地用一些较微观的概念去解释上层的宏观概念，直到最底层的元素。

此外，在软件的生命周期中，从可行性研究到系统实现，每一步的进展也可以看作是一种抽象，这种抽象是对解决方案的抽象层次的一次精化。在可行性研究阶段，目标系统被看作是一个完整的元素。在需求分析阶段，人们通常用特定问题环境下的常用术语来描述目标系统不同方面、不同模块的需求。从概要设计（总体设计）到详细设计的过渡过程中，抽象化的程度也逐渐降低。而当编码完全实现后，就达到了抽象的最底层。

3. 逐步求精

在面对一个新问题时，开发人员可暂时忽略问题非本质的细节，而关注与本质相关的宏观概念，集中精力解决主要问题，这种认识事物的方法就是逐步求精。逐步求精是抽象的逆过程。开发人员认识问题是逐步求精的过程，同时也是抽象程度逐渐降低的过程。逐步求精与抽象的关系如图 6-4 所示。

图 6-4　逐步求精与抽象的关系

按照逐步求精的思想，程序的体系结构是按照层次结构，逐步精化过程细节而开发出来的。可见，求精就是细化，它与抽象是互补的概念。

4. 信息隐藏

信息隐藏与模块化的概念相关。当一个系统被分解为若干个模块时，为了避免某个模块的行为干扰同一系统中的其他模块，应该让模块仅公开必须让外界知道的信息，而将其他信息隐藏起来，这样模块的具体实现细节相对于其他不相关的模块而言就是不可见的，这种机制就叫作信息隐藏。

信息隐藏提高了模块的独立性，加强了外部对模块内部信息进行访问的限制，它使得模块的局部错误尽量不影响其他模块。信息隐藏有利于软件的测试和维护工作。

通常，模块的信息隐藏可以通过接口来实现。模块通过接口与外部进行通信，而把模块的具体实现细节（如数据结构、算法等内部信息）隐藏起来。一般来说，一个模块具有有限个接口，外部模块通过调用相应的接口来实现对目标模块的操作。

5. 重用性设计

软件重用就是将已有的软件成分用于构造新的软件系统。可以被重用的软件成分一般称为可重用组件。无论对可重用组件原封不动地使用还是做适当的修改后再使用，只要是用来构建新软件，都可称作重用。软件重用不仅仅是对程序的重用，它还包括对软件生产过程中任何活动所产生的制成品的重用，如软件开发计划、可行性研究报告、分析模型、设计模型、源程序、测试用例等。如果是在一个系统中多次使用一个相同的软件成分，则不称作重用，而称作共享；对一个软件进行修改，使它运行于新的软/硬件平台也不称作重用，而称作软件移植。

重用性设计结果比源程序的抽象级别更高，因此它的重用受实现环境的影响较少，从而使可重用组件被重用的机会更多，并且所需的修改更少。这种重用有 3 种途径：第一种途径是从现有系统的设计结果中提取一些可重用的设计组件，并把这些组件应用于新系统的设计；第二种途径是把一个现有系统的全部设计文档在新的软/硬件平台上重新实现，也就是把一个设计运用于多个具体的实现；第三种途径是独立于任何具体的应用，有计划地开发一些可重用的设计组件。

6. 灵活性设计

灵活性设计，简而言之，就是软件在面对需求修改时的随机应变能力，可以体现在修改程序代码的工程量等方面。抽象是软件设计的关键因素。设计模式、软件架构等可以用来实现更高抽象层次的编程，以提高软件的灵活性。在设计（尤其是面向对象的设计）中引入灵活性的方法如下。

1）降低耦合并提高内聚：降低耦合提高内聚的主要目的之一就是在修改一部分代码时尽可能避免牵一发而动全身，也就是提升软件的灵活性。

2）建立抽象：就是创建有多态操作的接口和父类，主要的目的就是能继承的就继承，尽可能不要写冗余代码。由于重写这些冗余代码会增加修改软件程序时的工作量，因此节约了这部分的工作量，也就是提升了软件的灵活性。

3）不要将代码写死：就是消除代码中的常数。一些静态数据，例如定义了一组错误码约定，每一种错误对应一个错误码。然后，在代码里每次判断或设置这个错误码时，都要用常量来判断。如果扩写软件，这样的判断就会出现成百上千。在这个时候如果忽然要修改某个错误码的值，那么修改代码就会非常麻烦。

4）抛出异常：就是由操作的调用者处理异常。如果一旦出现异常，便由程序自行处理，那么异常处理的工作会被杂糅在整个软件程序的各个部分，这样找起来很难，容易出现疏漏，给修改软件带来了麻烦，所以一般要抛出异常。

5）使用并创建可重用的代码：如果一段可重用的代码在一个软件中重复出现多次，那么针对这段代码的修改将需要在每一个它出现的地方进行，而如果能够高度重用同一段代码，并只对它定义一次，其他的部分都是对这段代码的调用，那么修改的时候就只需要修改一次即可。

6.1.3 软件设计的分类

软件设计可以从活动任务和工程管理两个角度分别对其进行分类。

从活动任务来看，软件设计是对软件需求进行：数据设计、体系结构设计、接口设计、构件设计和部署设计。

1）数据设计可创建基于高抽象级别上表示的数据模型和信息模型。然后，数据模型被精化为越来越多和实现相关的特定表示，即基于计算机的系统能够处理的表示。

2）体系结构设计为人们提供软件的整体视图，定义了软件系统各主要成分之间的关系。

3）接口设计告诉人们信息如何流入和流出系统，以及被定义为体系结构一部分的构件之间是如何通信的。接口设计有 3 个重要元素：用户界面，与其他系统、设备、网络或其他信息生产者或使用者的外部接口，各种设计构件之间的内部接口。

4）构件设计完整地描述了每个软件构件的内部细节，为所有本地数据对象定义数据结构，为所有在构件内发生的处理定义算法细节，并定义允许访问所有构件操作的接口。

5）部署设计指明软件功能和子系统如何在支持软件的物理计算环境内分布。

从工程管理角度来看，软件设计分为概要设计（总体设计）和详细设计。前期进行概要设计，得到软件系统的基本框架。后期进行详细设计，明确系统内部的实现细节。

1）概要设计确定软件的结构以及各组成部分之间的相互关系。它以需求规格说明书为基础，概要地说明软件系统的实现方案。主要包括以下内容。

- 目标系统的总体架构。
- 每个模块的功能描述、数据接口描述以及模块之间的调用关系。
- 数据库、数据定义和数据结构等。

其中，目标系统的总体架构为软件系统提供了一个结构、行为和属性的高级抽象，由构成系统的元素的描述、这些元素之间的相互作用、指导元素集成的模式，以及这些模式的约束组成。

2）详细设计用于确定模块内部的算法和数据结构，产生描述各模块程序过程的详细文档。它对每个模块的功能和架构都进行细化，明确要完成相应模块的预定功能所需要的数据结构和算法，并将其用某种形式描述出来。详细设计的目标是得到实现系统的最详细的解决方案，明确对目标系统的精确描述，从而在编码阶段可以方便地把这个描述直接翻译为用某种程序设计语言书写的程序。在进行详细设计的过程中，设计人员的工作涉及的内容有过程设计、数据设计和接口设计等。

- 过程设计主要描述系统中每个模块的实现算法和细节。
- 数据设计是对各模块所用到的数据结构的进一步细化。
- 接口设计针对的是软件系统各模块之间的关系或通信方式，以及目标系统与外部系统之间的联系。

详细设计针对的对象与概要设计针对的对象具有共享性，但是两者在粒度上会有所差异。详细设计更具体，更关注细节，更注重最底层的实现方案。此外，详细设计要在逻辑上保证实现每个模块功能的解决方案的正确性，同时还要将实现细节表述得清晰、易懂，从而方便编程人员的后续编码工作。

6.2 数据库结构设计

数据库结构设计包括概念结构设计、逻辑结构设计和物理结构设计。

- 数据库的概念结构是系统中各种数据模型的共同基础，它描述了系统最基础的数据结构，独立于特定的数据库系统。
- 数据库的逻辑结构提供了比较接近数据库内部构造的逻辑描述，它能够为数据库物理结构的创建提供便利。
- 数据库的物理结构是指数据库的物理数据模型，它包括数据库服务器物理空间上的表、存储过程、字段、视图、触发器和索引等，与特定的数据库系统密切相关。

数据库结构设计的示意图如图 6-5 所示。

通常，数据库的概念结构用 E-R 图（参考第 5.3.2 小节）来表示。在一个学生选课系统中，"学生"与"课程"的 E-R 图如图 6-6 所示。

图 6-5　数据库结构设计　　　　　图 6-6　"学生"与"课程"的 E-R 图

在设计数据库的逻辑结构的过程中，首先要将概念结构中的实体、属性、关系映射为数据表结构。在关系型数据库中，数据表是数据的存储单位。在映射的过程中，应遵循以下规则。

1）将数据库概念结构中的"实体"映射为逻辑结构中的"数据表"，实体的属性可以用数据表中的字段来表示，实体的主关键字作为数据表的主键。

2）数据库概念结构中的一对一（1:1）联系可以映射为一个独立的数据表，也可以与跟它相连的任意一端或两端的实体合并组成数据表。

3）数据库结构中的一对多（1:n）关系可以映射为一个独立的数据表，也可以与跟它相连的任意端实体合并组成数据表。

4）数据库结构中的多对多（m:n）关系可以映射为一个独立的数据表，各实体的主关键字的组合形成数据表的主键。

根据以上规则，"学生"与"课程"的 E-R 图可以映射为如下数据表结构。

学生(<u>学号</u>,姓名,班级,年龄)

课程(<u>编号</u>,名称,教师,学时,学分)

选课(<u>编号</u>,<u>学号</u>,成绩)

其中带下画线的字段表示其所在数据表的主键。

形成初始的数据表后，要对其进行规范。在这里引入范式的概念。一个好的关系模式应当不会发生插入异常、更新异常、删除异常，数据冗余尽可能少。在设计关系数据库时应该考虑上述问题。各范式的定义如下。

1）第一范式：所有关系中的每一个分量都必须是不可分的数据项。第一范式是建立关系型数据表的最基本的要求。

2）第二范式：满足第一范式的条件，并且每个非键属性都由整个键决定。

3）第三范式：满足第二范式的条件，并且每个非键属性不依赖于其他非键属性值。

显然，数据表的范式级别越高，其规范性也就越强。对于小型软件开发项目而言，所设计的逻辑模式能满足第二范式的要求即可。但是，如果项目对数据库中数据的完整性要求较高，应保证所设计的关系模式满足第三范式甚至更高范式的要求。

设计好数据表后，若数据表之间存在关联关系，那么可以采用主键和外键的方法，这是数据表之间参照完整性规则的依据。此外，为了使数据具有更高的安全性，且方便对数据的组织和操作，人们还会采用数据视图的方法来进一步完善数据库的逻辑结构设计。

得到数据库的逻辑结构之后，就可以将模型进一步表现为物理空间上的表、字段、索引、存储过程、触发器及相应的数据字典了。

由于篇幅有限，想要了解数据库结构设计方面更多的内容，读者可参看数据库原理方面的图书，这里不再赘述。

6.3 用户界面设计

用户界面设计是接口设计的一个组成部分。对于交互式系统来说，用户界面设计和数据设计、体系结构设计、过程设计一样重要。近年来，用户界面在系统中所占的比例越来越大，在个别系统中用户界面的设计工作量甚至占设计总量的一半以上。

用户界面的设计质量，直接影响用户对软件产品的评价，从而影响软件产品的竞争力和寿命，因此，必须对用户界面设计给予足够重视。

设计活动是基于一定的目的与流程的，它明确设计活动的最终方向，并保证设计活动的正确性和高效率。下面将介绍在软件工程过程中，用户界面设计参与的环节，在这些环节中用户界面设计的工作环境如何，要做哪些工作，以及完成这些工作的方法。

6.3.1 设计驱动开发

当新用户开始使用一个应用程序时，他们通常是对其有所期待的，而这种期待往往来自他们以往使用类似的应用程序及操作系统的经验。用户会在潜意识中对应用程序每个按钮的作用、使用方式、工作逻辑以及快捷键等做出一系列的猜测，并期待他们所使用的应用程序满足这些预期。一旦用户的期待得不到满足，就会大大影响用户的使用体验。

作为应用程序开发者，在设计应用程序的过程中必须遵循同类软件乃至其所运行的操作系统的使用习惯，只有这样才能避免过高的学习和适应成本，给用户带来"熟悉感"，从而让用户获得更好的使用体验。

软件界面设计的好坏通常不仅仅是美观与否的问题——一个精良的设计往往能让应用程序本身变得更加高效和易于使用，相反，一个糟糕的设计则完全可能让开发者在应用上的其他努力付诸东流。因此，在应用程序的开发过程中，用户界面设计的地位越来越重要。对于开发者来说，用户界面设计并不仅仅是"图像"或"美学"设计，而是应用一系列简单而实用的准则或策略来改善软件易用性的一个步骤。

6.3.2 目标用户群体

在对一个新的软件产品做需求分析和功能设计之前，必须要明确软件所针对的用户群体，以及用户群的具体特征，只有这样才能设计并开发出对用户有价值的功能。其实，在用户界面的设计中，"明确目标用户"同样也是非常重要的一环。用户本身的技能、个性、性别、年龄、所受教育以及文化背景上的差异，用户的基础计算机操作水平，用户在相关领域的专业知识，都可能导致用户对界面的需求的不同。例如，一个专业的软件工程师和对计算机只有有限了解的普通用户，所能够接受的界面可能就完全不同。来自中国和法国的用户，对于同一种配色或图案的理解也可能是大相径庭的。用户界面作为应用程序和用户交互的核心途径，必须将不同用户对界面的不同需求考虑在其中，这样才能给用户提供最好的使用体验；否则，即使软件内部的功能十分强大，如果界面的使用体验非常糟糕，用户也不会选择使用它。

6.3.3　简洁与清晰

早期的软件界面往往只是一系列功能和按钮的堆砌，功能复杂的软件往往伴随着无数的菜单项和按钮，让人望而生畏；而现在，越来越多的软件都在强调其"设计感"，软件的功能层次感越来越清晰、功能分区越来越合理，而这其中最直观的一点就是整体界面的设计越发显得简洁、清晰、美观。在不影响功能的前提下，很多不常用的按钮和菜单项被隐藏，用户的实际内容得到强调。

在界面设计中，应当仔细斟酌每个界面元素的作用、重要性和交互方式，将重要的界面元素放置在显著位置，不太重要的界面元素则降级到相对次要的位置，凸显界面元素之间的层次感和逻辑感，避免对空间进行罗列和堆叠。此外，对于展示实际用户内容的界面（如图片浏览应用、文档编辑应用等），不应使得软件工具栏和其他辅助控件过多地占用用户实际内容的屏幕空间，或干扰用户正常浏览应用所展示的内容。

6.3.4　实现模型与心智模型

从程序开发人员的角度出发，开发一个应用程序所需要用到的技术解决方案，称之为这个程序的"实现模型"。例如，开发一个在线的物品交易平台，使用 Python 作为后端语言，HTML、CSS 和 JavaScript 等作为前端语言，MySQL 作为数据库引擎，这些都属于实现模型。实现模型往往包含了复杂艰深的理论、技术、算法等内容，这些内容在开发过程中对开发者来说是至关重要的，但是却不会被大多数用户所了解。

与实现模型不同，软件的真实用户对该软件的用法和运作方式的理解（或期望）称为"心智模型"。心智模型有助于用户理解自己使用软件的过程，预测某个操作的结果，并应对出乎意料的情况。换句话说，心智模型能够帮助用户"自然地"使用一个程序。用户拥有什么样的心智模型取决于用户个人的生活经历以及知识结构（如对计算机软件技术的理解）。

心智模型可能是精巧的，也可能是简陋的；可能是真实的，也可能是想象中的。不过通常来说，大部分用户的心智模型都是由一系列零碎的事实所构建起来的，因此心智模型所反映的通常是一种肤浅的、不完善的理解，但这并不会妨碍用户对软件的学习和掌握。例如，用户敲击键盘，屏幕上就会出现对应的文字。用户只需要明白"敲击键盘"和"输入字符"之间的对应关系即可正常打字，完全无须理解这一操作背后的原理。

6.3.5　设计的规范性

大多数主流操作系统都有一套专门的"设计规范"，以供开发者和程序设计人员参考。例如，对于 macOS 应用程序，苹果公司发布过官方的"人机界面指南"，其完整版本在苹果开发网站即可找到。对于 Windows 应用程序，微软公司也发布过诸如"设计 Windows 桌面应用程序"和"通用 Windows 平台应用程序指南"等设计方面的指导性材料。应用程序的开发者和设计人员在设计一个应用程序时，应当通读、理解并严格遵守相关设计指南中的设计要求。

6.3.6　设计的可用性和易用性

在设计和开发中，"可用性"是衡量一个应用程序用户体验好坏的重要标准之一。应用程序要具有良好的可用性，要求其具有如下 3 个特性。

- 容易学习和掌握：第一次使用一个应用程序时，用户是否可以轻易学会使用其基本功能？如果一个程序的界面看起来十分复杂，或用户需要花费很长时间才能掌握一个应用程序的主要用法，他们很可能会放弃使用该应用程序。
- 高效：用户掌握了应用程序的使用方式后，能否快速地利用该应用程序完成相应的任务？如果用户使用一个应用程序需要花费相当长的时间，他们很可能会放弃使用该应用程序。
- 令人愉悦：总体上来说，使用一个应用程序的体验是否愉快？如果用户在使用一个应用程序的过程中的体验不佳（如过小的文字、烦琐的操作流程、不合理的交互方式、难看的用户界面或图标，都可以是用户抱怨的原因），他们很可能会放弃使用该应用程序。

没人喜欢使用复杂、晦涩、难以掌握的应用程序。为获得良好的可用性，在设计和开发的每个步骤和每一轮迭代中，开发人员都应该将软件的目标用户作为核心，在实际使用环境中，以真实用户的需求、偏好和习惯为导向，对产品的设计进行不断优化。在这一过程中，应该重点关注以下几个问题。

- 软件的目标用户是怎样一个群体？
- 用户的实际需求有哪些？
- 用户在相关领域有哪些背景知识？
- 用户希望软件具有哪些功能？
- 为了使用软件完成某项任务，用户需要得到哪些信息？这些信息应该以什么方式呈现？
- 根据现有设计，用户认为的软件使用方式和其真实使用方式是否一致？
- 是否有特殊的用户群体/需求/运行环境需要额外考虑？

6.3.7 设计的一致性

在界面以及交互设计中，追求一致性是非常重要的。它允许用户将先前已经建立的使用习惯和知识带入一个全新的应用程序中。如果应用程序的界面和交互设计不满足一致性要求，用户可能会感到困惑，从而增加应用程序的学习成本、增加误操作的机会，最终影响用户的使用体验。根据一致性的范围，可将其大致分为两类：外部一致性和内部一致性。

每个操作系统都有其固有的操作模式及标准的用户界面元素，一个设计良好的应用程序应当遵循这些惯例，这就是"外部一致性"，即一个软件应当和其他软件，甚至其所运行的操作系统保持一致。有时，某些设计决策在操作系统层面没有固定的规范或惯例可供遵循，但在一个应用程序内部却应该保持统一，不应产生歧义或自相矛盾，这就是"内部一致性"。

此外，在界面的样式设计上，一个应用程序也应当具有一个统一的风格，包括颜色搭配和使用、控件样式，字体、动画、阴影等各种设计元素的运用。例如，如果软件的一部分使用红色表达"错误"或"警告"的含义，那么一般来说就不应当在其他地方使用红色来表达"喜庆"的含义。

6.3.8 设计的容错性

良好的"容错性"允许用户大胆地探索一个应用程序的所有功能——因为绝大部分操

作都是可逆的、非破坏性的。如果用户确信他们可以大胆地尝试每个按钮的用途而不用担心操作系统或数据被损坏，应用程序的用户体验会大大提高。此外，良好的容错性也会让应用程序显得更加稳定、可靠。如果用户发现在一个应用程序中并不会因为无意中的操作就造成严重错误（如数据丢失或损毁），他们自然会更加信任这一应用程序。

6.4　结构化设计概述

　　结构化设计的任务是从软件需求规格说明书出发，设计软件系统的整体结构，确定每个模块的实现算法以及编写具体的代码，形成软件的具体设计方案，即解决"怎么做"的问题。

结构化软件
设计的任务

　　在结构化设计中，概要设计（总体设计）阶段将软件需求转化为数据结构和软件的系统结构。概要设计阶段要完成体系结构设计、数据设计及接口设计。详细设计阶段要完成过程设计，因此详细设计一般也称为过程设计，它详细地设计每个模块，确定完成每个模块功能所需要的算法和数据结构。

　　在软件设计期间所做出的决策，将最终决定软件开发能否成功，更重要的是，这些设计决策将决定软件维护的难易程度。软件设计之所以如此重要，是因为设计是软件开发过程中决定软件产品质量的关键阶段。

6.5　结构化设计与结构化分析的关系

　　要进行结构化设计，必须依据结构化分析的结果。结构化设计与结构化分析的关系如图 6-7 所示。图的左边是用结构化分析方法所建立的模型，图的右边是用结构化设计方法所建立的设计模型。

图 6-7　结构化设计与结构化分析的关系

　　由数据模型、功能模型和行为模型表示的软件需求被传送给软件设计人员，软件设计人员使用适当的设计方法完成数据设计、体系结构设计、接口设计和过程设计。

　　结构化软件设计的具体步骤如下。

　　1）从需求分析阶段的数据流图出发，制定几个方案，从中选择合理的方案。

　　2）采用某种设计方法，将一个复杂的系统按功能划分成模块的层次结构。

3）确定每个模块的功能及模块间的调用关系，建立与已确定的软件需求的对应关系。

4）进行系统接口设计，确定模块间的接口信息。

5）进行数据结构及数据库设计，确定实现软件的数据结构和数据库模式。

6）基于以上，并依据分析模型中的处理（加工）规格说明、状态转换图及控制规格说明进行过程设计。

7）制订测试计划。

8）撰写软件设计文档。

6.6 结构化体系结构设计

相对于面向对象的方法而言，结构化软件工程方法更关注系统的功能，采用自顶向下、逐步求精的设计过程，以模块为中心来解决问题。采用结构化设计方法设计出来的软件系统可以看成是一组函数或过程的集合。结构化软件设计方法从系统的功能入手，按照工程标准和严格的规范将目标系统划分为若干功能模块。

结构化设计方法可以划分为面向数据流的设计方法和面向数据结构的设计方法。

6.6.1 表示软件结构的图形工具

1. 层次图和 HIPO 图

通常使用层次图描绘软件的层次结构。在层次图中，一个矩形框代表一个模块，框间的连线表示调用关系（位于上方的矩形框所代表的模块调用位于下方的矩形框所代表的模块）。层次图和层次方框图有点像，但层次方框图的方框之间的关系是组成关系，而不是调用关系。

HIPO（Hierarchy Input/Processing/Output）图是美国 IBM 公司 20 世纪 70 年代发展起来的表示软件系统结构的工具。它既可以描述软件总的模块层次结构——H 图（层次图），又可以描述每个模块输入/输出数据、处理功能及模块调用的详细情况——IPO 图。HIPO 图是以模块分解的层次性以及模块内部输入、处理、输出三大基本部分为基础建立的。为了使 HIPO 图具有可追踪性，在 HIPO 图中除了最顶层的方框之外，每个方框都可以带编号。

每张 IPO 图的编号需要与 HIPO 图中的编号一一对应，以便知道该模块在软件结构中的位置，如图 6-8 所示。

图 6-8 文字处理系统的 HIPO 图

2. 软件结构图

软件结构图是软件系统的模块层次图，是进行软件结构设计的另一个工具。软件结构图中一个方框代表一个模块，框内需注明模块的名称（模块名最好能反映模块的主要功能）；方框之间的箭头（或直线）表示模块之间的调用关系。通常来说，总是图中位于上方的方框代表的模块调用下方的模块，即使不用箭头也不会产生二义性，为了方便起见，可以只用直线而不用箭头表示模块间的调用关系。在软件结构图中，通常还用带注释的箭头表示模块调用过程中来回传递的信息，尾部是空心圆的表示传递的是数据，是实心圆的表示传递的是控制信息。图 6-9 所示为软件结构图的一个例子。

图 6-9　产生最佳解的软件结构图

有时还会用一些附加的符号，如用菱形表示选择或者条件调用，如图 6-10 所示；用弧形箭头表示循环调用，如图 6-11 所示。

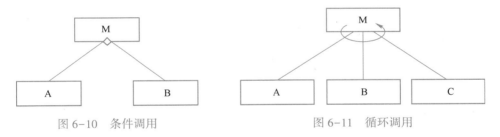

图 6-10　条件调用　　　　　　　　　图 6-11　循环调用

6.6.2　面向数据流的设计方法

面向数据流的设计方法是常用的结构化设计方法，多在概要设计阶段使用。它主要是指依据一定的映射规则，将需求分析阶段得到的数据描述从系统的输入端到输出端所经历的一系列变换或处理的数据流图转换为目标系统的结构描述。

在数据流图中，数据流分为变换型数据流和事务型数据流两种。所谓变换，是指把输入的数据处理后转变成另外的输出数据。信息沿输入路径流入系统，在系统中经过加工处理后又离开系统，当信息流具备这种特征时就是变换流。

所谓事务，是指非数据变换的处理，它将输入的数据流分散成许多数据流，形成若干个加工，然后选择其中一个路径来执行。例如，对于一个邮件分发中心，把收进的邮件根据地址进行分发，有的用飞机邮送，有的用汽车邮送。信息沿输入路径流入系统，到达一个事务中心，这个事务中心根据输入数据的特征和类型在若干个动作序列中选择一个执行方式，这种情况下的数据流称为事务流，它是以事务为中心的。变换型数据流和事务型数据流的示意图分别如图 6-12 和图 6-13 所示。

图 6-12　变换型数据流　　　　图 6-13　事物型数据流

通常，在一个大型系统中，可能同时存在变换型数据流和事务型数据流。对于变换型数据流，设计人员应该重点区分其输入和输出分支，通过变换分析将数据流图映射为变换结构，从而构造出目标系统的软件结构图。针对变换型数据流的设计可以分为以下几个步骤。

1）区分变换型数据流中的输入数据、变换中心和输出数据，并在数据流图上用虚线标明分界线。

2）分析得到系统的初始软件结构图。

3）对软件结构图进行优化。

下面以某个"学生档案管理系统"为例，对其进行面向数据流的系统设计。已知该系统的数据流图如图 6-14 所示。

图 6-14　学生档案管理系统的数据流图

学生档案管理系统的数据流都属于变换型数据流，其数据流图中并不存在事务中心。区分数据流图中的输入流、变换流和输出流，得到该系统具有边界的数据流图，如图 6-15 所示。

经分析，得到学生档案管理系统的软件结构图，如图 6-16 所示。

由于使用系统时需要对用户的身份进行验证，因此可对"统计分析数据"等模块进行进一步的细分。对初步得到的软件结构图进行优化，可以进一步得到优化后的软件结构图，如图 6-17 所示。

图 6-15　学生档案管理系统的具有边界的数据流图

图 6-16　学生档案管理系统的软件结构图

图 6-17　学生档案管理系统优化的软件结构图

对于事务型数据流，设计人员应该重点区分事务中心和数据接收通路，通过事务分析将数据流图映射为事务结构。针对事务型数据流的设计可以分为以下几个步骤。

1）确定以事务为中心的结构，找出事务中心、接收数据、处理路径 3 个部分。

2）将数据流图转换为初始的软件结构图。

3）分解和细化接收分支和处理分支。

例如，对于一个"产品管理系统"，其数据流的示意图如图 6-18 所示。

图 6-18 产品管理系统的数据流示意图

该系统的数据流中以事务型数据流为中心，加工"确定事务类型"是它的事务中心。经分析可以得到该系统的软件结构图，如图 6-19 所示。

图 6-19 产品管理系统的软件结构图

6.6.3 面向数据结构的设计方法

面向数据结构的设计方法，顾名思义，就是根据数据结构设计程序处理过程的方法，具体地说，面向数据结构的设计方法按输入、输出及计算机内部存储信息的数据结构进行软件结构设计，从而把对数据结构的描述转换为对软件结构的描述。使用面向数据结构的设计方法时，分析目标系统的数据结构是关键。

面向数据结构的设计方法通常在详细设计阶段使用。比较流行的面向数据结构的设计方法有 Jackson 方法和 Warnier 方法等。这里主要介绍 Jackson 方法。

Jackson 方法把数据结构分为 3 种基本类型：顺序型结构、选择型结构和循环型结构。它的基本思想是：在充分理解问题的基础上，找出输入数据和输出数据的层次结构的对应关系，将数据结构的层次关系映射为软件控制层次结构，然后对问题的细节进行过程性描述。Jackson 图是 Jackson 方法的描述工具，Jackson 方法的基本逻辑结构如图 6-20 所示。

在顺序型结构中，数据由一个或多个元素组成，每个元素按照确定的次序出现一次。在图 6-20a 的顺序型图示中，数据 A 由 B、C 和 D 三个元素顺序组成。在选择型结构中，数据包含两个或多个元素，每次使用时，按照一定的条件从罗列的多个数据元素中选择一个。在图 6-20b 的选择型图示中，数据 A 根据条件从 B 或 C 或 D 中选择一个，元素右上方的符号

"○" 表示从中选择一个。在循环型结构中，数据根据使用时的条件由一个数据元素出现零次或多次构成。在图 6-20c 的循环型图示中，数据 A 根据条件由元素 B 出现零次或多次组成，元素 B 后加符号 "＊" 表示重复。

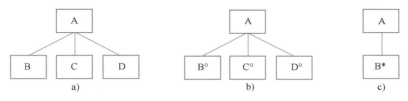

图 6-20 Jackson 图的基本逻辑符号
a）顺序型 b）选择型 c）循环型

运用 Jackson 图表达选择型或循环型结构时，选择条件或循环结束条件不能在图上直接表现出来，并且框间连线为斜线，不易在打印机上输出，所以产生了改进的 Jackson 图，其基本逻辑符号如图 6-21 所示。

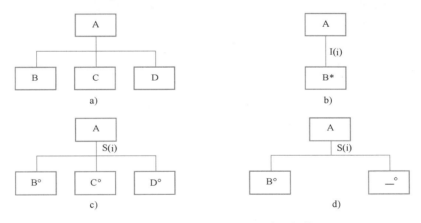

图 6-21 改进的 Jackson 图的基本逻辑符号
a）顺序型 b）循环型 c）选择型 d）可选型

选择型结构图上 S 右边括号中的 i 代表分支条件的编号。在可选型结构中，A 或者是元素 B，或者不出现。在循环型结构图中，i 代表循环结束条件的编号。

运用 Jackson 图进行程序设计的优点如下。

● 可以清晰地表示层次结构，易于对自顶向下的结构进行描述。

● 结构易懂、易用，并且比较直观和形象。

● 不仅可以表示数据结构，也可以表示程序结构。

运用 Jackson 方法进行程序设计的步骤可以归纳为以下几点。

1）分析并确定输入数据和输出数据的逻辑结构，并用 Jackson 结构来表示这些数据结构。

2）找出输入数据结构和输出数据结构中有对应关系的数据单元。

3）按照一定的规则，从描绘数据结构的 Jackson 图导出描绘程序结构的 Jackson 图。

4）列出基本操作与条件，并把它们分配到程序结构图的适当位置。

5）用伪代码表示程序。

下面举一个用 Jackson 方法解决问题的例子。

零件库房管理中有"零件表",用于记录零件信息,如零件编号、名称和规格,其中,零件编号是零件唯一标识。此外,还有"零件进库表",用于记录零件进库信息,如零件编号和数量。现需要按零件编号对零件进库情况进行汇总,要求使用 Jackson 方法设计该问题算法。

下面举一个用 Jackson 方法解决问题的例子。

零件库房管理中有"零件表",用于记录零件信息,如零件编号、名称、规格,其中的零件编号是零件的唯一标识;有"零件进库表",用于记录零件进库信息,如零件编号、数量。现需要按零件编号对零件进库情况进行汇总,要求使用 Jackson 方法设计该问题算法。

利用 Jackson 方法设计该问题算法的步骤如下。

(1)分析并确定输入数据和输出数据的逻辑结构,并用 Jackson 结构来表示这些数据结构输入数据:根据问题陈述,零件库房管理中有若干通过编号来区分的不同零件,每种零件的信息由两张表来决定,把同一种零件的表放在一起组成一组,所有的组按照零件编号排序。所以输入数据是由许多"零件组"组成的文件,每个零件组有多个表,每个表记录本零件的基本信息和进库信息。因此输入数据结构的 Jackson 图如图 6-22 所示。

① 输入数据:根据问题陈述,输出数据是一张如图 6-23 所示的进库汇总表,它由表头和表体两部分组成,表体中有许多行,一个零件的基本信息占一行。输出数据结构的 Jackson 图如图 6-22 所示。

② 输出数据:根据问题陈述,输出数据是一张如图 6-23 所示的进库汇总表,它由表头和表体两部分组成,表体中有许多行,一个零件的基本信息占一行,其输出数据结构的 Jackson 图如图 6-22 所示。

图 6-22　零件库房管理的输入数据结构和输出数据结构

进库汇总表			
零件编号	零件名称	零件规格	零件进库数量
P1	螺丝	xxx	300
P2	钉子	yyy	150
…… …	…… …	…… …	…… …

图 6-23　输出汇总表

(2)找出输入、输出数据结构中有对应关系的数据单元。

进库汇总表由输入文件产生，有直接的因果关系，因此顶层的数据单元是对应的。表体的每一行数据由输入文件的每一个"零件组"计算而来，行数与组数相同，且行的排列次序与组的排列次序一致，都按零件编号排序，因此"零件组"与"行"两个单元对应。以下再无对应的单元。如图 6-23 所示。

（3）按照一定的规则，从描绘数据结构的 Jackson 图导出描绘程序结构的 Jackson 图。

找出对应关系后，根据以下规则导出程序结构：对于输入数据结构与输出数据结构中的数据单元，每对有对应关系的数据按照它们所在的层次，在程序结构图适当位置各画一个处理框，无对应关系的数据单元各画一个处理框。

按照以上规则，画出的程序结构图如图 6-24 所示。

在图 6-24 的程序结构的第 4 层增加了一个"处理零件组"的框，因为改进的 Jackson 图规定顺序执行的处理中不允许混有重复执行和选择执行的处理。增加了这样一个框，使这个框既符合该规定，同时也提高了结构图的易读性。

图 6-24　程序结构图

（4）列出基本操作与条件，并把它们分配到程序结构图的适当位置。

为了对程序结构做补充，要列出求解问题的所有操作和条件，然后分配到程序结构图的适当位置，就可得到完整的程序结构图。

① 本问题的基本操作列出如下：A：终止；B：打开文件；C：关闭文件；D：输出字符行；E：读一张表；F：产生行结束符；G：列出信息；H：置零件组开始标志。

② 列出条件如下：I(1)：输入文件未结束；I(2)：零件组未结束；S(1)：表是零件表；S(2)：表是零件进库表。

将操作与条件分配到适当位置的程序结构如图 6-25 所示。

在分配操作时注意：为了能获得重复和选择的条件，建议至少超前读一个记录，以便使得程序无论在什么时候判定，总有数据已经读入，并做好使用准备。因此在图 6-25 中，将操作 E（读一张表）放在打开文件之后，同时在处理完一张表后再读一次。由于改进的 Jackson 图规定选择执行和顺序执行的处理不能混在一起，因此需要在第 6 层增加一个"处理两种表"的框，并添加操作 E。

图 6-25 分配操作后的程序结构图

（5）用伪代码表示程序。

```
打开文件
读一张表
产生表头 seq
    输出字符行
产生表头 end
置零件组开始标志
产生表体 iter while 输入文件未结束
    由零件组产生输出行 seq
        处理零件组 item while 零件组未结束
            处理表 seq
                处理两种表 select 表是零件表
                    处理零件表
                处理两种表 or 表是零件进库表
                    处理零件进库表
                处理两种表 end
                读一张表
            处理表 end
        处理零件组 end
        产生零件编号 seq
            列出信息
        产生零件编号 end
        产生零件名称 seq
            列出信息
        产生零件名称 end
        产生零件规格 seq
            列出信息
        产生零件规格 end
        产生零件进库数量 seq
            列出信息
        产生零件进库数量 end
        换行
```

```
                置零件组开始标志
            由零件组产生输出行 end
        产生表体 end
        关闭文件
        终止
```

6.7　接口设计

本节对接口设计进行概述，并讲述界面设计，以及 UX 设计与 UI 设计的区别。

6.7.1　接口设计概述

软件系统结合业务、功能、部署等因素将软件系统逐步分解到模块，那么模块与模块之间就必须根据各模块的功能定义对应的接口。概要设计（总体设计）中的接口设计主要用于子系统/模块之间或内部系统与外部系统进行各种交互。接口设计的内容应包括功能描述、接口的输入/输出定义、错误处理等。软件系统接口的种类以及规范很多，可以有 API、服务接口、文件、数据库等，所以设计的方法也有很大的差异。但总体来说，接口设计的内容应包括通信方法、协议、接口调用方法、功能内容、输入/输出参数、错误/例外机制等。从成果上来看，接口一览表以及详细设计资料是必需的资料。

接口设计一般包括 3 个方面：①用户接口，用来说明将向用户提供的命令和它们的语法结构以及软件回答信息；②外部接口，用来说明本系统同外界的所有接口的安排，包括软件与硬件之间的接口、本系统与各支持软件之间的接口关系；③内部接口，用来说明本系统之内的各个系统元素之间的接口的安排。

6.7.2　界面设计

界面设计是接口设计中的重要组成部分。用户界面的设计要求在研究技术问题的同时对人加以研究。Theo Mandel 在其关于界面设计的著作中提出了 3 条"黄金原则"。

1）置用户于控制之下：以不强迫用户进入不必要的或不希望的动作的方式来定义交互模式；提供灵活的交互；允许用户交互可以被中断和撤销；当技能级别增长时，可以使交互流水化并允许定制交互；使用户隔离内部技术细节；设计应允许用户和出现在屏幕上的对象直接交互。

2）减少用户的记忆负担：减少对短期记忆的要求；建立有意义的默认设置；定义直觉性的捷径；界面的视觉布局应该基于真实世界的隐喻；以不断进展的方式揭示信息。

3）保持界面一致：允许用户将当前任务放入有意义的语境；在应用系列内保持一致性；如果过去的交互模式已经建立起了用户期望，不要改变它，除非有不得已的理由。

这些黄金原则实际上构成了指导用户界面设计活动的基本原则。

界面设计是一个迭代的过程，其核心活动包括以下几种。

1）创建系统功能的外部模型。

2）确定为完成此系统功能，人和计算机应分别完成的任务。

3）考虑界面设计中的典型问题。

4）借助 CASE 工具构造界面原型。

5）实现设计模型。

6）评估界面质量。

在界面的设计过程中先后涉及4个模型。

1）由软件工程师创建的设计模型（Design Model）。

2）由人机工程师（或软件工程师）创建的用户模型（User Model）。

3）终端用户对未来系统的假想（System Perception 或 User's Model）。

4）系统实现后得到的系统映象（System Image）。

一般来说，这4个模型之间差别很大，界面设计时要充分平衡4个模型之间的差异，从而设计出协调一致的界面。

在界面设计中，应该考虑4个问题。

1）系统响应时间：指当用户执行了某个控制动作后（如单击等）系统做出反应的时间（指输出信息或执行对应的动作）。系统响应时间过长、不同命令在响应时间上的差别过于悬殊，用户将难以接受。

2）用户求助机制：用户都希望得到联机帮助，联机帮助系统有两类——集成式和叠加式，此外，还要考虑诸如帮助范围（仅考虑部分还是全部功能）、用户求助的途径、帮助信息的显示、用户如何返回正常交互工作及帮助信息本身如何组织等一系列问题。

3）出错信息：应选用用户明了、含义准确的术语描述，同时还应尽可能提供一些有关错误恢复的建议。此外，显示出错信息时，若辅以听觉（如铃声）、视觉（专用颜色）刺激，则效果更佳。

4）命令方式：键盘命令曾经一度是用户与软件系统之间最通用的交互方式，随着面向窗口的点选界面的出现，键盘命令虽不再是唯一的交互形式，但许多有经验的熟练的软件人员仍喜爱这一方式，更多的情形是菜单与键盘命令并存，供用户自由选用。

6.7.3 UX 设计与 UI 设计的区别

UX（用户体验设计）和 UI（用户界面设计）经常互换使用，以至于许多人认为它们的意思是一样的。但实际上这两个术语之间是有区别的，如图 6-26 所示。通过理解它们之间的区别，能够用正确的设计过程来构建产品。当产品经理、创始人、首席执行官、招聘经理在两个不同的工作范围内时，通常将设计称为"UX/UI 设计"。

图 6-26　UX 设计和 UI 设计的区别

UX 设计是研究、开发和改进用户与产品互动的各个方面，以满足用户需求的过程。主要目标是提高用户对产品的体验，这是通过进行可用性测试、评估结果和改进设计来实现的，最终创造出一个不仅有用和有价值，还易用和令人愉快的产品。

UX 设计对于提供有效的和成功的用户体验的产品至关重要，甚至可以适应人为错误。它包括各种学科，如交互设计、视觉设计、可用性等。

●用户体验设计与视觉或模型无关，它着眼于整个流程/服务流程、可用性和体验。用户体验设计师创造这些体验，思考这种体验给用户带来何种感觉，以及用户完成他们想要的任务的难易程度。

- 用户体验设计是开发和提高用户与企业各方面互动质量的过程。
- 用户体验设计的最终目的是为用户创造可用的、高效的、相关的、简单的、全方位的愉悦体验。

UI 设计决定了产品的视觉外观，其目的是通过视觉设计来获得有效的用户体验。一个好的 UI 设计能够吸引用户并帮助用户获得愉快的体验。

UI 设计的元素包括文档、图像、视频、文本、表单、按钮、复选框、下拉框和它们的交互，以及用户通过单击、拖动或滑动进行交互时会发生的行为。UI 设计的主要目标是创建一个引人注目的、漂亮的用户界面，在良好的可用性的前提下激发用户的情感反应和平衡。

UI 设计的目的是确保产品的用户界面尽可能直观，这意味着要仔细考虑每个视觉和交互元素。

- 用户界面设计将品牌的优势和视觉资产传达到产品的界面上，确保设计是一致的、连贯的、美观的。
- 用户界面设计考虑了产品界面的所有视觉和交互元素，包括图标、间距、按钮、配色方案、排版和响应式设计。
- UI 设计的最终目标是通过产品的界面以视觉的方式引导用户，创造一种不需要用户过多思考的直观体验。

用户体验设计和 UI 设计总是重叠的，但有明显的区别。

就功能而言，UX 是事物的工作方式，UI 是事物的外观；UX 是一个过程，而 UI 是可交付的。

重要的是，UX 和 UI 是紧密相连的，即不能只拥有其中一个（至少不应该这样做）。了解两者差异的一个好方法是研究 UX 设计师和 UI 设计师所做工作的不同。

UX 设计师考虑用户在整个产品过程中完成任务的整个过程，例如，用户采取哪些步骤？他们需要完成哪些任务？体验是否简单明了？

UX 设计师的大部分工作都是研究用户遇到的问题和痛点，以及如何解决它们。UX 设计师通常与用户研究人员一起工作，进行广泛的用户研究，首先找出目标用户是谁，以及他们对产品的需求是什么。之后，他们将为用户规划体验，添加信息架构，例如，如何组织和标记内容，以及用户需要的各种特性。最后，创建线框图，即产品的蓝图或骨架。

有了蓝图，UI 设计师就会考虑用户体验的所有视觉方面，从而将其带入生活。他们考虑了所有的屏幕和用户可能遇到的触点，包括按钮、在图片库中滑动或在页面中滚动。他会问一些问题，例如，"如何使用不同的配色方案和组合来创造充分的对比和增强可读性？"或者"我们怎样才能为色盲的人配色？"。

UI 设计专注于线框图和原型设计、交互设计和用户测试，而 UI 设计包括视觉设计和交互设计。值得注意的是，UX 设计和 UI 设计都需要交互设计，而交互设计会引导用户的感受和行为。

综上所述，UX 设计与 UI 设计的区别如下。

- 在产品开发过程中，UX 设计通常是第一位的，其次是 UI 设计。
- UX 设计师绘制出用户体验的基本框架，而 UI 设计师则用视觉和交互元素进行填充。
- UX 设计是识别和解决用户问题的，而 UI 设计是创建直观和美观的交互界面。

6.8 数据设计

数据设计就是将需求分析阶段定义的数据对象（E-R 图、数据字典）转换为设计阶段的数据结构和数据库。具体包括以下两个方面。

1）程序级的数据结构设计：采用（伪）代码的方式定义数据结构（数据的组成、类型、默认值等信息）。

2）应用级的数据库设计：采用物理级的 E-R 图表示。

数据库是存储在一起的相关数据的集合，这些数据是结构化的（这里不考虑非结构化的数据），无有害的或不必要的冗余，并为多种应用服务；数据的存储独立于使用它的程序；对数据库插入新数据，或修改和检索原有数据均能按一种公用的和可控制的方式进行。

数据库的主要特点如下。

1）实现数据共享。

2）减少数据的冗余度。

3）确保数据的独立性。

4）数据实现集中控制。

5）实现数据一致性和可维护性，以确保数据的安全性和可靠性。

6）故障恢复。

数据库的基本结构分 3 个层次，反映了观察数据库的 3 种不同角度，如图 6-27 所示。

1）物理数据层：它是数据库的最内层，是物理存储设备上实际存储的数据的集合。这些数据是原始数据，是用户加工的对象，由内部模式描述的指令操作处理的位串、字符和字组成。

图 6-27　数据库的基本结构

2）概念数据层：它是数据库的中间一层，是数据库的整体逻辑表示；指出了每个数据的逻辑定义及数据间的逻辑联系，是存储记录的集合。它所涉及的是数据库所有对象的逻辑关系，而不是它们的物理情况，是数据库管理员概念下的数据库。

3）逻辑数据层：它是用户所看到和使用的数据库，表示了一个或一些特定用户使用的数据集合，即逻辑记录的集合。

数据库不同层次之间的联系是通过映射进行转换的。

数据库设计是指根据用户的需求，在某一具体的数据库管理系统上，设计数据库的结构和建立数据库的过程。一般来说，数据库的设计过程大致可分为以下 5 个步骤。

1）需求分析：调查和分析用户的业务活动和数据的使用情况，弄清所用数据的种类、范围、数量，以及它们在业务活动中交流的情况，确定用户对数据库系统的使用要求和各种约束条件等，形成用户需求规约。

2）概念设计：对用户要求描述的现实世界（可能是一个工厂、一个商场或者一所学校等），通过对其中信息的分类、聚集和概括，建立抽象的概念数据模型。这个概念模型应反映现实世界各部门的信息结构、信息流动情况、信息间的互相制约关系，以及各部门对信息储存、查询和加工的要求等。所建立的模型应避开数据库在计算机上的具体实现细节，用一种抽象的形式表示出来。以扩充的实体-关系模型（E-R 模型）方法为例，第一步，明确现实世界各部门所含的各种实体及其属性、实体间的关系以及对信息的制约条件等，从而给出各部门内所用信息的局部描述（在数据库中称为用户的局部视图）；第二步，将前面得到的多个用户的局部视图集成为一个全局视图，即用户要描述的现实世界的概念数据模型。

3）逻辑设计：主要工作是将现实世界的概念数据模型设计成数据库的一种逻辑模式，即适应于某种特定数据库管理系统所支持的逻辑数据模式。与此同时，可能还需为各种数据处理应用领域产生相应的逻辑子模式。这一步设计的结果就是所谓的"逻辑数据库"。

4）物理设计：根据特定数据库管理系统所提供的多种存储结构和存取方法等依赖于具体计算机结构的各项物理设计措施，对具体的应用任务选定最合适的物理存储结构（包括文件类型、索引结构和数据的存放次序与位逻辑等）、存取方法和存取路径等。这一步设计的结果就是所谓的"物理数据库"。

5）验证设计：在上述设计的基础上，收集数据并具体建立一个数据库，运行一些典型的应用任务来验证数据库设计的正确性和合理性。

一般情况下，一个大型数据库的设计过程往往需要经过多次循环反复。当设计的某步发现问题时，可能就需要返回到前面去进行修改。因此，在做上述数据库设计时就应考虑到今后修改设计的可能性和方便性。

在进行概念设计时，经常使用的建模工具是之前介绍的 E-R 图。通过对需求分析中数据部分的分析，为数据实体、属性和关系之间建立模型。因此，数据库设计的前两个部分经常在需求分析阶段完成，得到的 E-R 图既是需求分析阶段的重要模型，也是在设计过程中数据库设计的基础。

在逻辑设计中，需要把 E-R 模型转换成逻辑模型，经常使用到的逻辑模型是关系模型。关系模型于 1970 年由美国 IBM 公司 San Jose 研究室的研究员 E. F. Codd 提出，是目前主要采用的数据模型。

从用户的角度来看，关系模型中数据的逻辑结构是一张二维表，它由行和列组成。下面来介绍一些基本概念。

- 关系：一个关系对应通常所说的一张表。
- 元组：表中的一行即为一个元组，也称为记录。
- 属性：表中的一列即为一个属性，给每一个属性起一个名称即属性名。
- 主键：表中的某个属性组，它可以唯一确定一个元组。
- 域：属性的类型和取值范围。
- 分量：元组中的一个属性值。
- 关系模式：对关系的描述。

E-R 模型向关系模型的转换，实际上就是把 E-R 图转换成关系模式的集合，需要用到两条规则。

规则 1（实体类型的转换）：将每个实体类型转换成一个关系模式，实体的属性即为关系模式的属性，实体标识符即为关系模式的键。

规则 2（二元关系类型的转换）：

- 若实体间的联系是 1:1，则隐含在实体对应的关系中。
- 若实体间的联系是 1:N，则隐含在实体对应的关系中。
- 若实体间的联系是 M:N，则直接用关系表示。

下面以图 6-28 所示的 E-R 模型为例进行讲解。

根据规则 1，建立"学生"关系，属性分别为"学号""姓名""年龄"和"性别"，其中标识符"学号"为键。

根据规则 1，建立"课程"关系，属性分别为"课程号""课程名""教师名"，其中标识符"课程号"为键。

根据规则 2，"学生"和"课程"为多对多关系，建立"选课"关系，属性为"学号""课程号"和"成绩"，其中"学号"和"课程号"共同作为键，分别对应"学生"关系和"课程"关系。

图 6-28　某系统 E-R 模型

为一个给定的逻辑数据模型选取一个最适合应用环境的物理结构的过程，就是数据库的物理设计。包括设计关系表和日志等数据库文件的物理存储结构、为关系模式选择存取方法等。

数据库常用的存取方法包括：索引方法、聚簇索引方法和 Hash 方法。

在物理设计过程中，要熟悉应用环境，了解所设计的应用系统中各部分的重要程度、处理频率、对响应时间的要求，并把它们作为物理设计过程中平衡时间和空间效率时的依据；要了解外存设备的特性，如分块原则、块因子大小的规定、设备的 I/O 特性等；要考虑存取时间、空间效率和维护代价间的平衡。

6.9　过程设计

本节讲述过程设计中用到的程序流程图、N-S 图、PAD 图，以及结构化语言。

6.9.1　程序流程图

流程图是对过程、算法和流程的一种图形表示，它对某个问题的定义、分析或解法进行描述，用定义完善的符号来表示操作、数据和流向等概念。

根据国家标准 GB/T 1526—1989 的规定，流程图分为数据流程图、程序流程图、系统流程图、程序网络图和系统资源图 5 种。这里主要介绍程序流程图。

程序流程图也称为程序框图，是一种比较直观、形象地描述过程的控制流程的图形工具。它包含 5 种基本的控制结构：顺序型、选择型、先判定型循环（while…do）、后判定型循环（do…while）和多分支选择型。

程序流程图中使用的基本符号如图 6-29 所示。程序流程图的 5 种基本控制结构的图符如图 6-30 所示。

利用基本符号和控制结构图符，就可以画出简单的程序流程图了。某程序段的程序流程图如图 6-31 所示。

程序流程图的主要优点如下。

- 采用简单规范的符号，画法简单。
- 结构清晰，逻辑性强。
- 便于描述，容易理解。

图 6-29　程序流程图的基本符号

图 6-30 程序流程图的控制结构   图 6-31 程序流程图示例

程序流程图的主要缺点如下。

- 不利于逐步求精的设计。
- 图中可用箭头随意地对控制进行转移，与结构化程序设计精神相悖。
- 不易于表示系统中所含的数据结构。
- 当目标系统比较复杂时，流程图会变得很繁杂、不清晰。

6.9.2 N–S 图

N–S 图是由 Nassi 和 Shneiderman 提出的，又被称为盒图，是一种符合结构化程序设计原则的图形工具。N–S 图的基本控制结构如图 6-32 所示。

可见，N–S 图用类似盒子的矩形以及矩形之间的嵌套来表示语句或语句序列。N–S 图内部没有箭头，因此，它所表示的控制流程不能随便进行转移。N–S 图的主要特点可以归纳为如下几个。

- 不允许随意地控制转移，有利于严格的结构化程序设计。
- 可以很方便地确定一个特定控制结构的作用域，以及局部数据和全局数据的作用域。
- 可以很方便地表示嵌套关系以及模块之间的层次关系。

用 N–S 图表示算法，思路清晰，结构良好，容易设计，因而可有效地提高程序设计的质量和效率。例如，求一组数组中的最大数，数组表示为 A(n)，n = 1,2,…,n 的自然数，其算法由程序流程图转换为 N–S 图的示例如图 6-33 所示。

图 6-32 N–S 图的基本控制结构

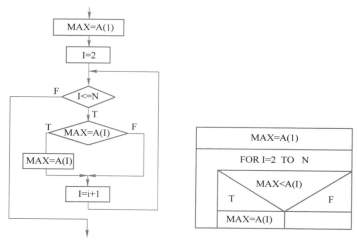

图 6-33 程序流程图转换为 N-S 图

6.9.3 PAD 图

PAD 图（Problem Analysis Diagram）也称问题分析图，它是由日本日立公司于 1973 年发明的。PAD 图基于结构化程序设计思想，用二维树形结构的图来表示程序的控制流及逻辑结构。

在 PAD 图中，一条竖线代表一个层次，最左边的竖线是第一层控制结构，随着层次的加深，图形不断地向右展开。PAD 图的基本控制结构如图 6-34 所示。

PAD 图为常用的高级程序设计语言的各种控制语句提供了对应的图形符号，它的主要特点如下。

- PAD 图表示的程序结构的执行顺序是自最左边的竖线的上端开始，自上而下，自左向右。
- 用 PAD 图表示的程序，结构清晰、层次分明。
- 支持自顶向下、逐步求精的设计方法。
- 只能用于结构化的程序设计。
- PAD 图不仅可以表示程序逻辑，还能表示数据结构。

图 6-33 所示的流程图可转换成 PAD 图，如图 6-35 所示。

图 6-34 PAD 图的基本控制结构

图 6-35 图 6-33 所示流程图的 PAD 图

6.9.4　过程设计语言

过程设计语言（Procedure Design Language，PDL），也称程序描述语言（Program Description Language），或称结构化的英语或伪代码，是一种用于描述模块算法设计和处理细节的语言，它采用英语的词汇和结构化程序设计语言的语法，描述处理过程怎么做，类似编程语言。

一方面，PDL 具有严格的关键字外部语法，用于定义控制结构和数据结构；另一方面，PDL 表示实际操作和条件的内部语法又是灵活自由的，可以适应各种软件项目的需要。因此，可以说 PDL 是一种"混杂"语言，它使用一种语言（通常是某种自然语言）的词汇同时又使用另一种语言（某种结构化的程序设计语言）的语法。PDL 与实际的编程语言的区别是，PDL 中内嵌有自然语言语句，所以 PDL 是不能进行编译的。

PDL 应具有下述特点。

1）所有关键字都有固定的语法，以提供结构化控制结构、数据说明和模块化的特征。为了使结构清晰和可读性好，一般在所有可能嵌套使用的控制结构的头和尾都有关键字。

2）描述处理过程的自然语言没有严格的语法限制。

3）数据说明的机制既包括简单的数据结构（如纯量和数组），又包括复杂的数据结构（如链表或层次的数据结构）。

4）具有模块定义和调用机制，以表示过程设计语言的程序结构。

PDL 作为一种设计工具有如下一些优点。

1）可以作为注释直接插在源程序中间作为程序的文档，并可以同编程语言一样进行编辑和修改等，有助于程序的维护并保证程序和文档的一致性，提高了文档的质量。

2）提供的机制比图形要全面，有助于保证软件详细设计与编码的质量。

3）可自动生成代码，提高了效率。

PDL 的缺点是：不如图形工具形象直观；描述复杂的条件组合与动作间的对应关系时，不如判定表清晰简单。

下面的例子是使用 PDL 语言描述了在数组 A(1)~A(10)中找最大数的算法。

```
N = 1
WHILE N <= 9 DO
IF A(N) <= A(N+1) MAX = A(N+1);
ELSE MAX = A(N) ENDIF;
N = N+1;
END WHILE;
```

6.10　软件设计评审

一旦所有模块的设计文档完成之后，就可以对软件设计进行评审。在评审过程中，应着重评审软件需求是否得到满足，软件结构的质量、接口说明、数据结构说明、实现和测试的可行性和可维护性等。此外，还应确认该设计是否覆盖了所有已确定的软件需求，软件设计成果的每一组成部分是否可追踪到某项需求，即是否满足需求的可追踪性。

6.11　结构化设计实例

【例】研究下面给出的伪码程序，要求：

1）画出它的程序流程图。

2）它是结构化的还是非结构化的？请说明理由。

3）若它是非结构化的，则①把它改造成仅用 3 种控制结构的结构化程序。②写出这个结构化设计的伪代码。

4）找出并改正程序逻辑中的错误。

```
COMMENT:PROGRAM SEARCHES FOR FIRST N REFERENCES
            TO A TOPIC IN AN INFORMATION RETRIEVAL
            SYSTEM WITH T TOTAL ENTRIES
            INPUT N
            INPUT KEYWORD(S) FOR TOPIC
            I = 0
            MATCH = 0
            DO WHILE I < = T
                I = I+1
                IF WORD = KEYWORD
                    THEN MATCH = MATCH+1
                        STORE IN BUFFER
                END
                IF MATCH = N
                    THEN GOTO OUTPUT
                END
            END
            IF N = 0
                THEN PRINT "NO MATCH"
                OUTPUT: ELSE CALL SUBROUTINE TO PRINT BUFFER
                INFORMATION
            END
```

【解析】根据伪代码可以看出，本程序的主要目的是在与话题相关的文件中搜索与关键字匹配的次数，如果达到 N 次，那么就结束。之后判断 MATCH 的大小，等于 0 说明无匹配，如果位于 0~N，打印即可。了解程序的功能之后，即可依次完成下列要求。

1）流程图如图 6-36 所示。I 是控制搜索次数的计数器，MATCH 是控制搜索成功次数的计数器。

2）此程序是非结构化的，它有一个 GOTO 语句，并且是从一个循环体内转到循环体外的一个条件语句。

3）改造后的结构化程序如下。

```
INPUT N,T                          //输入 N 和 T
INPUT KEYWORD(S) FOR TOPIC         //输入有关话题的关键字
OPEN FILE                          //打开文件
I = 0
MATCH = 0
DO WHILE I≤T                       //循环—最多可做 T+1 次
    I = I+1
    READ A WORD OF FILE TO WORD    //从文件里读一个字到变量 WORD
    IF WORD = KEYWORD
        THEN MATCH = MATCH+1
        IF MATCH = N THEN EXIT     //搜索到了 N 个关键字,就跳出循环
        END IF
```

```
        END IF
    END DO
    IF MATCH = 0
        THEN PRINT "NO MATCH"              //若 MATCH = 0 就输出"NO MATCH"
        ELSE PRINT "共搜索到"MATCH"个匹配的关键字"   //否则输出信息(没有相匹配的)
    END IF
```

图 6-36 流程图

4）改正程序的错误。

① 语句 "IF WORD = KEYWORD" 里的变量 "WORD" 没有预先赋值。

② 程序中没有预先输入 T 的值。

③ 倒数第 5 行 IF N = 0 应该是 IF MATCH = 0。

习题

1. 判断题

（1）判定表的优点是容易转换为计算机实现，缺点是不能够描述组合条件。 （ ）

（2）面向数据结构的设计方法一般都包括下列任务：确定数据结构特征；用顺序、选择和重复 3 种基本形式表示数据等步骤。 （ ）

（3）模块独立性要求高耦合低内聚。 （ ）

（4）软件设计说明书是软件概要设计的主要成果。 （ ）

（5）软件设计中设计详审和设计本身一样重要，其主要作用是避免后期付出高代价。 （ ）

（6）划分模块可以降低软件的复杂度和工作量，所以应该将模块分得越小越好。 （ ）

（7）结构化设计方法是一种面向数据结构的设计方法，强调程序结构与问题结构相对应。 （ ）

2. 选择题

（1）面向数据流的软件设计方法可将（ ）映射成软件结构。

A. 控制结构 　　　　B. 模块 　　　　　　C. 数据流 　　　　　　D. 事物流

（2）模块的独立性是用内聚性和耦合性来度量的，其中内聚性是（ ）。

A. 模块间的联系程度 B. 信息隐藏程度 　　C. 模块的功能强度 　D. 接口的复杂程度

（3）Jackson 方法根据（ ）来导出程序结构。

A. 数据流图 　　　　B. 数据间的控制结构 C. 数据结构 　　　　D. IPO 图

（4）为了提高模块的独立性，模块之间最好是（ ）。

A. 公共环境耦合 　　B. 控制耦合 　　　　C. 数据耦合 　　　　D. 特征耦合

（5）在面向数据流的软件设计方法中，一般将信息流分为（ ）。

A. 数据流和控制流 　B. 变换流和控制流 　C. 事务流和控制流 　D. 变换流和事务流

3. 简答题

（1）请简述软件设计与需求分析的关系。

（2）请简述软件设计的目标和任务。

（3）请简述在软件设计的过程中需要遵循的规则。

（4）软件设计如何分类？分别有哪些活动？

（5）什么是模块和模块化？软件设计为什么要模块化？

（6）请简述结构化设计的优点。

（7）请简述面向数据流的设计方法的主要思想。

（8）请简述用户界面设计应该遵循的原则。

（9）改进的 Jackson 图与传统的 Jackson 图相比有哪些优点？

（10）为什么说"高内聚、低耦合"的设计有利于提高系统的独立性？

4. 应用题

（1）请将图 6-37 所示的"订购图书"具有边界的数据流图映射成结构图。

（2）请将图 6-38 所示的二维表格用 Jackson 图表示出来。

图 6-37 "订购图书"具有边界的数据流图

学生名册			
表头	性别	年龄	学号
…	…	…	…

图 6-38 二维表格

（3）如果要求两个正整数的最小公倍数，请用程序流程图、N–S 图和 PAD 图分别表示出求解该问题的算法。

第 7 章

面向对象方法与 UML

本章首先讲述面向对象的基本概念，然后引出面向对象软件工程方法的特征与优势，接着讲述面向对象的实施步骤，最后介绍统一建模语言（UML）及 UML 的 9 种图。

本章目标

- ❑ 掌握面向对象的基本概念。
- ❑ 理解面向对象软件工程方法的特征与优势。
- ❑ 掌握面向对象的实施步骤。
- ❑ 了解统一建模语言（UML）。
- ❑ 熟悉 UML 的 9 种图。

7.1 面向对象的软件工程方法

本节讲述面向对象的基本概念、面向对象的软件工程方法的特征与优势，以及面向对象的实施步骤。

7.1.1 面向对象的基本概念

哲学的观点认为，现实世界是由各种各样的实体组成的，每种对象都有自己的内部状态和运动规律，不同对象间的相互联系和相互作用就构成了各种不同的系统，并进而构成整个客观世界。同时，人们为了更好地认识客观世界，把具有相似内部状态和运动规律的实体综合在一起称为类。类是具有相似内部状态和运动规律的实体的抽象，进而人们抽象地认为客观世界是由不同类的事物间相互联系和相互作用所构成的一个整体。计算机软件的目的就是为了模拟现实世界，使各种不同的现实世界系统在计算机中得以实现，进而为人们工作、学习、生活提供帮助。这种思想就是面向对象的思想。

下面介绍面向对象中的几个基本概念。

1）面向对象：按人们认识客观世界的系统思维方式，采用基于对象的概念建立模型，模拟客观世界分析、设计和实现软件的办法。通过面向对象的理念，计算机软件系统能与现实世界中的系统一一对应。

2）对象：指现实世界中各种各样的实体。它可以指具体的事物，也可以指抽象的事物。在面向对象概念中，把对象的内部状态称为属性，把运动规律称为方法或事件。如某架载客飞机作为一个具体事物，是一个对象。它的属性包括型号、运营公司、座位数量、航线、起飞时间、飞行状态等，而它的行为包括整修、滑跑、起飞、飞行、降落等。

用 C++理解类
与对象

3）类：指具有相似内部状态和运动规律的实体的集合。类的概念来自于人们认识自然、认识社会的过程。在这一程中，人们主要使用两种方法：由特殊到一般的归纳法和由一般到特殊的演绎法。人们从一个个具体的事物中把共同的特征抽取出来，形成一个一般的概念，这就是"归类"；在演绎的过程中，人们又把同类的事物，根据不同的特征分成不同的小类，这就是"分类"。对于一个具体的类，它有许多具体的个体，这些个体叫作"对象"。类的内部状态是指类集合中对象的共同状态。类的运动规律是指类集合中对象的共同运动规律。例如，所有的飞机可以归纳成一个类，它们共同的属性包括型号、飞行状态等，它们共同的行为包括起飞、飞行、降落等。

4）消息：消息是指对象间相互联系和相互作用的方式。一条消息主要由 5 部分组成：发送消息的对象、接收消息的对象、消息传递办法、消息内容和反馈。

5）类的特性：类的定义决定了类具有以下 5 个特性。

① 抽象：类的定义中明确指出类是一组具有内部状态和运动规律对象的抽象。抽象是一种从一般的观点看待事物的方法，它要求人们集中于事物的本质特征，而非具体细节或具体实现。面向对象鼓励人们用抽象的观点来看待现实世界，也就是说，现实世界是一组抽象的对象——类组成的。例如，人们从各种飞机中寻找出它们共同的属性和行为，并定义飞机这个类的过程，就是抽象。

② 继承：继承是不同抽象级别之间的关系。类的定义主要用两种方法：归纳和演绎。由一些特殊类归纳出来的一般类称为这些特殊类的父类，特殊类称为一般类的子类。同样，父类可以演绎出子类。父类是子类更高级别的抽象。子类可以继承父类的所有内部状态和运动规律。在计算机软件开发中采用继承性，提供了类的规范的等级结构，通过类的继承关系，使公共的特性能够共享，提高了软件的重用性。例如战斗机，就可以作为飞机的子类，它集成飞机所有的属性和行为，并具有自己的属性和行为。

用 C++理解继承
与组合

③ 封装：对象间的相互联系和相互作用过程主要通过消息机制得以实现。对象之间并不需要过多地了解对方内部的具体状态或运动规律。面向对象的类是封装良好的模块，类定义将其说明与实现显式地分开，其内部实现按其具体定义的作用域提供保护。类是封装的最基本单位。封装防止了程序相互依赖而带来的变动影响。在类中定义的接收对方消息的方法称为类的接口。

④ 多态：多态性是指同名的方法可在不同的类中具有不同的运动规律。在父类演绎为子类时，类的运动规律也同样可以演绎，演绎使子类的同名运动规律或运动形式更具体，甚至子类可以有不同于父类的运动规律或运动形式。不同的子类可以演绎出不同的运动规律。例如，同样是飞机父类的起飞行为，对于战斗机子类和直升机子类具有不同的实际表现。

用 C++理解虚函
数与多态

⑤ 重写：重写是子类对父类的允许访问的方法的实现过程进行重新编写，返回值和形参都不能改变。即外壳不变，核心重写。重写的好处在于子类可以根据需要，定义特定于自己的行为。也就是说，子类能够根据需要实现父类的方法。发生方法重写的两个方法返回值、方法名、参数列表必须完全一致（子类重写父类的方法）。注意：方法重写与方法重载不同，方法的重载是方法的参数个数、种类或顺序不同，方法名相同。

6）包：现实世界中不同对象间的相互联系和相互作用构成了各种不同的系统，不同系统间的相互联系和相互作用构成了更庞大的系统，进而构成了整个世界。在面向对象概念中把这些系统称为包。

7）包的接口类：在系统之间相互作用时为了蕴藏系统内部的具体实现，系统通过设立接口界面类或对象来与其他系统进行交互，让其他系统只看到是这个接口界面类或对象，这个类在面向对象中称为接口类。

7.1.2　面向对象的软件工程方法的特征与优势

1. 面向对象的软件工程方法的特征

面向对象的软件工程方法是较流行的软件工程方法，它主要有以下几个方面的特征。

- 将数据和操作封装在一起，形成对象。对象是构成软件系统的基本构件。
- 将特征相似的对象抽象为类。
- 类之间可以存在继承或被继承的关系，形成软件系统的层次结构。
- 对象之间通过发送消息进行通信。
- 将对象的私有信息封装起来。外界不能直接访问对象的内部信息，而必须是发送相应的消息后，通过有限的接口来访问。

面向对象的方法最重要的特点就是把事物的属性和操作组成一个整体，从问题域中客观存在的事物出发来识别对象，并建立由这些对象所构成的系统。

2. 面向对象的软件工程方法的优势

1）符合人类的思维习惯。通常人类在认识客观世界的事物时，不仅要考虑事物会有哪些属性，还要考虑事物能完成哪些操作，也就是说，静态的属性及动态的动作特征都是组成事物的一部分，它们组合起来才能完整地表达一个事物。而面向对象的软件工程方法最重要的特点就是把事物的属性和操作组成一个整体，以对象为核心，更符合人类的思维习惯。此外，面向对象的软件工程方法更加注重人类在认识客观世界时循序渐进、逐步深化的特点。用面向对象的软件工程方法进行软件开发的过程，是一个主动地多次反复迭代的过程，而不是把整个过程划分为几个严格的顺序阶段。

2）稳定性好。传统的软件工程方法基于功能分析和功能分解。当软件功能发生变化时，很容易引起软件结构的改变。而面向对象的软件工程方法则是基于对象的概念，用对象来表示与待解决的问题相关的实体，以对象之间的联系来表示实体之间的关系。当目标系统的需求发生变化时，只要实体及实体之间的关系不发生变化，就不会引起软件系统结构的变化，而只需要对部分对象进行局部修改（如从现有的类中派生出新的子类）就可以实现系统功能的扩充。因此，基于对象的软件系统的稳定性比较好。

3）可重用性好。面向对象技术采用了继承和多态的机制，极大地提高了代码的可重用性。从父类派生出子类，一方面重用了父类中定义的数据结构和代码，另一方面提高了代码的可扩展性。

4）可维护性好。由于利用面向对象软件工程方法开发的软件系统稳定性好、可复用性好，而且采用了封装和信息隐藏机制，易于对局部软件进行调整，所以系统的可维护性比较好。

基于以上这些优点，面向对象的软件工程方法广受人们的青睐。

7.1.3　面向对象的实施步骤

在软件工程中，面向对象方法的具体实施步骤如下。

（1）面向对象分析

从问题陈述入手，分析和构造所关心的现实世界问题域的模型，并用相应的符号系统表示。模型必须是简洁、明确地抽象目标系统必须做的事，而不是如何做。面向对象分析的分析步骤如下。

1）确定问题域，包括定义论域、选择论域，以及根据需要细化和增加论域。

2）区分类和对象，包括定义对象、定义类和命名。

3）区分整体对象以及组成部分，确定类的关系及结构。

4）定义属性，包括确定属性、安排属性。

5）定义服务，包括确定对象状态、确定所需服务、确定消息联结。

6）确定附加的系统约束。

（2）面向对象设计

面向对象设计与传统的以功能分解为主的设计有所不同，具体设计步骤如下。

1）应用面向对象分析，对用其他方法得到的系统分析的结果进行改进和完善。

2）设计交互过程和用户接口。

3）设计任务管理，根据前一步骤确定是否需要多重任务，确定并发性，确定以何种方式驱动任务，设计子系统以及任务之间的协调与通信方式，确定优先级。

4）设计全局资源，确定边界条件，确定任务或子系统的软、硬件分配。

5）对象设计。

（3）面向对象实现

使用面向对象语言实现面向对象设计相对比较容易。如果用非面向对象语言实现面向对象设计时，注意要保留程序的面向对象结构。

（4）面向对象测试

对面向对象实现的程序进行测试，包括模型测试、类测试、交互测试、系统（子系统）测试和验收测试等。

7.2　统一建模语言

本节对 UML 进行概述，讲述 UML 的应用范围、图及"4+1"视图。

7.2.1　UML 简述

统一建模语言（Unified Modeling Language，UML）是一种通用的可视化建模语言，可以用来描述、可视化、构造和文档化软件密集型系统的各种构件。它由信息系统和面向对象领域的 3 位著名方法学家 Grady Booch、James Rumbaugh 和 Ivar Jacobson 提出。它记录了与被构建系统有关的决策和理解，可用于对系统的理解、设计、浏览、配置、维护及控制系统的信息。这种建模语言已经得到了广泛的支持和应用，并且已被 ISO 组织发布为国际标准。

UML 是一种标准的图形化建模语言，它是面向对象分析与设计的一种标准表示。它不是一种可视化的程序设计语言，而是一种可视化的建模语言；它不是工具或知识库的规格说明，而是一种建模语言规格说明，是一种表示的标准；它不是过程，也不是方法，但允许任何一种过程和方法使用它。

UML 用来捕获系统静态结构和动态行为的信息。其中，静态结构定义了系统中对象的属性和方法，以及这些对象间的关系；动态行为则定义了对象在不同时间和状态下的变化，以及对象间的相互通信。此外，UML 可以将模型组织为包的结构组件，使得大型系统可分解成易于处理的单元。

UML 是独立于过程的，它适用于各种软件开发方法、软件生命周期的各个阶段、各种应用领域，以及各种开发工具。UML 规范没有定义一种标准的开发过程，但它更适用于迭代式的开发过程。它是为支持大部分面向对象的开发过程而设计的。

UML 不是一种程序设计语言，但用 UML 描述的模型可以和各种编程语言相联系。可以使用代码生成器将 UML 模型转换为多种程序设计语言代码，或者使用逆向工程将程序代码转换成 UML。把正向代码生成和逆向工程这两种方式结合起来就可以产生双向工程，使得 UML 既可以在图形视图下工作，也可以在文本视图下工作。

7.2.2　UML 的应用范围

在统一软件开发
过程中使用 UML

UML 以面向对象的方式来描述系统。最广泛的应用是对软件系统进行建模，但它同样适用于许多非软件系统领域的系统。理论上来说，任何具有静态结构和动态行为的系统都可以使用 UML 进行建模。当 UML 应用于大多数软件系统的开发过程时，它从需求分析阶段到系统完成后的测试阶段都能起到重要作用。

在需求分析阶段，可以通过用例捕获需求。通过建立用例模型来描述系统的使用者对系统的功能要求。在分析和设计阶段，UML 通过类和对象等主要概念及其关系建立静态模型，对类、用例等概念之间的协作进行动态建模，为开发工作提供详尽的规格说明。在开发阶段，将设计的模型转化为编程语言的实际代码，指导并减轻编码工作。在测试阶段，可以用 UML 图作为测试依据，例如，用类图指导单元测试，用构件图和协作图指导集成测试，用用例图指导系统测试等。

7.2.3　UML 的图

UML 主要用图来表达模型的内容，而图又由代表模型元素的图形符号组成。学会使用 UML 的图，是学习、使用 UML 的关键。这里只是概括地介绍 UML 的图，后面还将结合实例更详细地讲述 UML 的图。

UML 的主要内容可以由下列 5 类图（共 9 种图形）来定义。

1. 用例图

用例是对系统提供的功能（即系统的具体用法）的描述。用例图从用户的角度描述了系统功能，并指出各个功能的参与者。

2. 静态图

静态图用于描述系统的静态结构，属于这类图的有类图、对象图和包图。

类图不仅定义系统中的类，表示类之间的关系，如关联、依赖、聚合等，也包括类的内部结构（类的属性和操作）。类图描述的是一种静态关系，在系统的整个生命周期都是有效的。

对象图是类图的实例，几乎使用与类图完全相同的标识。它们的不同点在于，对象图显示类的多个对象实例，而不是实际的类。一个对象图是类图的一个实例。由于对象存在生命周期，因此对象图只能在系统的某一时间段存在。一般说来，对象图没有类图重要，它主要用来帮助对类图的理解。

包图由包或类组成，表示包与包之间的关系。包图用于描述系统的分层结构。

3. 行为图

行为图用于描述系统的动态模型和组成对象间的交互关系，属于这类图的有状态图和活动图。其中，状态图用于描述类的对象所有可能的状态，以及事件发生时状态的转移条件。通常，状态图是对类图的补充。在使用上并不需要为所有的类画状态图，仅为那些有多个状态而且其行为受外界环境的影响从而发生改变的类画状态图。而活动图用于描述满足用例要求所要进行的活动以及活动间的约束关系，有利于识别并行活动。活动图是状态图的一个变种。

4. 交互图

交互图用于描述对象间的交互关系，属于这类图的有顺序图和协作图。其中，顺序图显示对象之间的动态合作关系，它强调对象之间消息发送的顺序，同时显示对象之间的交互。协作图用于描述对象间的协作关系，协作图跟顺序图相似，也显示对象间的动态合作关系。除显示信息交换外，协作图还显示对象及它们之间的关系。如果强调时间和顺序，则使用顺序图；如果强调上下文关系，则使用协作图。

5. 实现图

实现图提供了关于系统实现方面的信息，属于这类图的有构件图和部署图。其中，构件图描述代码构件的物理结构及各构件之间的依赖关系。一个构件可能是一个资源代码构件、一个二进制构件或一个可执行构件。构件图有助于分析和理解构件之间的相互影响程度。部署图用于定义系统中软/硬件的物理体系结构。它可以显示实际的计算机和设备（用节点表示），以及它们之间的连接关系，也可显示连接的类型及构件之间的依赖性。在节点内部，放置可执行构件和对象以显示节点跟可执行软件单元的对应关系。

当采用面向对象技术设计系统时，首先是描述需求；其次根据需求建立系统的静态模型，以构造系统的结构；接着是描述系统的行为。其中，前两步中所建立的模型都是静态的，包括用例图、类图（包含包）、对象图、构件图和部署图 5 个图，是 UML 的静态建模机制。在最后一步中所建立的模型或者可以执行，或者表示执行时的时序状态或交互关系，它包括状态图、活动图、顺序图和协作图 4 个图，是 UML 的动态建模机制。因此，UML 的主要内容也可以归纳为静态建模机制和动态建模机制两大类。

本书将构件图和部署图从静态建模机制提取出来，组成描述物理架构的机制。

7.2.4　UML "4+1" 视图

UML 用模型来描述系统的静态特征结构及动态特征行为，从不同的角度为系统建模，形成不同的视图。每个视图代表完整系统描述中的一个对象，表示这个系统中的一个特定的方面，每个视图由一组图组成，每张图强调系统中某一方面的信息。

在 UML 中，存在 "4+1" 视图，如图 7-1 所示。

- 用例视图（又称场景视图）：即 "4+1" 中的 1，它用于描述系统的参与者与功能用例之间的关系，反映系统的最终需求和交互

图 7-1　UML "4+1" 视图

设计。在 UML 中通常由用例图表示。所有其他视图都是从用例视图派生而来的。该视图把系统的基本需求捕获为用例，并提供构造其他视图的基础。

- 逻辑视图：用于描述系统的功能需求，即系统给用户提供哪些服务，以及描述系统软件功能拆解后的组件关系、组件约束和边界，反映系统整体组成与系统构建的过程。在 UML 中由类图来表示。

- 过程视图（又称处理视图、运行视图、进程视图）：用于描述系统软件组件之间的通信时序，数据的输入输出。在 UML 中通常由顺序图、协作图、状态图和活动图来表示。过程视图对于分析系统的性能、并发性、分布性、可伸缩性、吞吐量、容错能力等质量属性具有重要的作用。在建模过程中，把系统中的可执行线程和进程作为活动类。其实，它是逻辑视图面向进程的变体，包含所有相同的制品。

- 实现视图（又称开发视图）：用于描述系统组装和配置管理，对组成基于系统的物理代码的文件和构件进行建模。它同样展示了构件之间的依赖，展示一组构件的配置管理以定义系统的版本。它关注软件开发环境下实际模块的组织，反映系统开发的实施过程。在 UML 中由组件图来表示。

- 部署视图（又称物理视图）：用于描述系统的拓扑结构、分布、移交和安装。建模过程把构件物理地部署到一组物理的、可计算节点上，如计算机和外设上。它允许建模横跨分布式系统节点上的构件的分布。开发出的软件系统，最终是要运行在物理或软件环境上。物理环境可能是服务器、个人计算机、移动终端等物理设备；软件环境可以是虚拟机、容器、进程或线程。部署视图就是对这个部署信息进行描述。在 UML 中通常由部署图表示。

7.3 静态建模机制

任何建模语言都以静态建模机制为基础，UML 也不例外。UML 的静态建模机制包括用例图、类图、对象图和包图等。

7.3.1 用例图

用例图是从用户的角度描述系统的功能，由用例（Use Case）、参与者（Actor）及它们的关系连线组成。

用例是从用户角度描述系统的行为，它将系统的一个功能描述成一系列的事件，这些事件最终对操作者产生有价值的观测结果。参与者

用例的特征

（也称为操作者或执行者）是与系统交互的外部实体，可能是使用者，也可能是与系统交互的外部系统、基础设备等。用例是一个类，它代表一类功能而不是使用该功能的某一具体实例。

在 UML 中，参与者使用人形符号表示，并且具有唯一的名称；用例使用椭圆表示，也具有唯一的名称。参与者和用例之间使用带箭头的实线连接，由参与者指向用例。如果参与者和用户之间的实线连接不带箭头，表示参与者为次参与者。

正确识别系统的参与者尤为重要。以图书管理系统中学生借书事务为例，学生将书带到总借还台，由图书管理员录入图书信息，完成学生的借书事务。在这个场景中，图书管理员是参与者，而学生不是，因为借书事务本身是由图书管理员来完成的，而不是由学生完成的。但如果学生可以自助借书，或者可以在网上借书，那么学生也将是参与者，因为这两种场景中学生直接与图书管理系统进行了交互。

在分析系统的参与者时，除了考虑操作者是否与系统交互之外，还要考虑参与者是否在系统的边界之外，只有在系统边界之外的参与者才能称为参与者，否则只能是系统的一部分。初学者常把系统中的数据库识别为系统的参与者。对于多数系统来说，数据库是用来存储系统数据的，是系统的一部分，不应该被识别为参与者。可能的例外是，一些遗留系统的数据库存储着新系统需要导入或者处理的历史数据，或者系统产生的数据导出到外部数据库中以供其他系统使用，这时的数据库应该被视为系统的参与者。

在分析用例名称是否合适之时，一个简单有效的方法是将参与者和其用例连在一起读，看是否构成一个完整场景或句子。例如"用户查询航班"和"游客注册"都是一个完整的场景，而"游客图书"就不是一个完整场景或句子。

绘制机票预订
系统的用例图

参与者之间可以存在泛化关系，类似的参与者可以组成一个层级结构。在"机票预定系统"的例子中，"用户"是"游客"和"注册用户"的泛化，"游客"有"注册"的用例，"注册用户"有"登录"的用例，而"用户"不仅包含"游客"和"注册用户"的全部用例，还具有自己特有的"查询航班"用例，如图 7-2 所示。信用评价系统是副参与者，所以其指向用例的实线不带箭头。另外，用例的名称可放在用例符号椭圆的内部，也可以放在椭圆的外部。

图 7-2　"机票预定系统"的部分用例

用例之间的关系有 3 种，包括"包含"（Include）、"扩展"（Extend）和"泛化"（Generalization）。

根据 3 种不同的用例关系，用例间的连线也有 3 种。"包含"关系使用带箭头的虚线表示，虚线上标有"<<include>>"，方向由基用例指向包含用例；"扩展"关系也使用带箭头的虚线表示，虚线上标有"<<extend>>"，方向由扩展用例指向基用例；"泛化"关系使用带三角形箭头的实线表示，方向由子用例指向父用例。

（1）包含关系

如果系统用例较多，不同的用例之间存在共同行为，可以将这些共同行为提取出来，单独组成一个用例。当其他用例使用这个用例时，它们就构成了包含关系。例如，图7-3中，用例"借书"和"信息查询"之间就是包含关系。

（2）扩展关系

在用例的执行过程中，可能出现一些异常行为，也可能会在不同的分支行为中选择执行，这时可将异常行为与可选分支抽象成一个单独的扩展用例，这样扩展用例与主用例之间就构成了扩展关系。一个用例常有多个扩展用例。例如，图7-3中用例"超期罚款"和"还书"之间是扩展关系。

（3）泛化关系

用例之间的泛化关系描述用例的一般与特殊关系，不同的子用例代表了父用例的不同实现。用例之间的泛化关系往往令人困惑。由于在用例图中很难显式地表达子用例到底"继承"了父用例的哪些部分，并且子用例继承父用例的动作序列很有可能会导致高耦合的产生，因此本书建议读者尽量不使用用例的泛化关系，更不应该使用多层的泛化。

图7-3所示为一个图书管理系统的用例图。从这个图中可以看到，用例"借书"和"还书"都具有"信息查询"的功能，所以，"信息查询"是这两个用例的共同行为，可以将它单独组成一个用例"信息查询"，"信息查询"与"借书"和"还书"是包含关系；用例"超期罚款"是"还书"用例的一种特殊情况（异常行为），所以这两种用例是扩展的关系。

图7-3　图书管理系统的用例图

7.3.2　类图和对象图

类图使用类和对象描述系统的结构，展示了系统中类的静态结构，即类与类之间的相互关系。类之间有多种联系方式，如关联（相互连接）、依赖（一个类依赖于或使用另一个类）、泛化（一个类是另一个类的特殊情况）。一个系统有多幅类图，一个类也可以出现在几幅类图中。

对象图是类图的实例，它展示了系统在某一时刻的快照。对象图使用与类图相同的符号，只是在对象名下面加上下画线。

绘制机票预订
系统的类图

在 UML 中，类图用具有两条分隔线的矩形表示。顶层分隔表示类的名称，中间层表示属性，底层表示操作。对象图通常只有对象名称和属性。通常情况下，类名称的开头字母用大写，对象名称的开头字母用小写，对象名引用时常常后面跟着类名。如图 7-4 所示，Student、Librarian 和 Book 是图书管理系统中的 3 个示例类。其中，Book 类包含 3 个属性（id、name、author），以及两个操作（getInfo 和 edit）。其中，属性或操作前面的加号表示属性或操作是公有（Public）的；如果是减号，则表示属性或操作是私有的（Private）。属性或操作的可见性见表 7-1。图 7-5 表示图 7-4 的一个对象图，图中包含 john、jim 和 se 三个对象，其中 se 对象是 Book 类的对象。因为 Book 类包含 3 个属性，所以 se 对象中也对应地包含 3 个属性值。对象的属性类型表示属性的取值范围。如果类定义时没有指明属性的类型，例如，因为类型不是系统中已定义的基本类型，则对该属性的决策可以推迟到对象创建之时。这样可以允许开发者在设计类时将注意力更多地放在系统功能的设计上，并在系统功能修订的时候，将细节变化的程度降到最低。

图 7-4　图书管理系统的示例类图

表 7-1　属性和操作的可见性

符　号	种　类	语　义
+	Public（公有的）	能访问该类的类都能访问该属性
#	Protected（受保护的）	该类和其继承类都能访问该属性
–	Private（私有的）	只有该类能访问该属性
~	Package（包的）	在同一个包中的类都能够访问该属性

图 7-5　图书管理系统的示例对象图

类与类之间的关系有关联、依赖、泛化、实现和导航性等。

（1）关联

关联关系表达了模型元素间的一种语义关系，是对具有共同的结构特性、行为特性、关系和语义的链的描述。UML 中使用一条直线表示关联关系，直线两端上的数字表示重数。在图 7-4 中，一名学生可以同时借阅多本书，但一本书只能同时被一名学生借阅，关系是一对多；而一名图书管理员可以管理多本图书，一本图书也可以被多个管理员管理，关系是多对多。

关联关系还分为二元关联、多元关联、受限关联、聚合关联和组合关联等。

二元关联指两个类之间的关联，图 7-4 中展示的就是二元关联。

多元关联指 3 个或 3 个以上类之间的关联。三元关联使用菱形符号连接关联类，图 7-6

表示的就是三元关联关系。

受限关联用于一对多或多对多的关联。如果关联时需要从多重数的某一端中指定一个对象来限定，可以通过使用限定符来指定特定对象。例如，一名学生可以借多本书，但这多本书可以根据书的书号不同来区分，这样就可以通过限定符"书号"来限定这些图书中的某一本图书，如图 7-7 所示。

图 7-6 三元关联

图 7-7 受限关联

聚合和组合表示整体与部分的关联，有时也称之为"复合"关系。聚合的部分对象可以是任意整体对象的一部分，例如，"目录"与该目录下的"文件"，班级与该班级的学生等。组合则是一种更强的关联关系，代表整体的组合对象拥有其子对象，具有很强的"物主"身份，具有管理其部分对象的特有责任，如"窗口"与窗口中的"菜单"。聚合关联使用空心菱形表示，菱形位于代表整体的对象一端；组合关联与聚合关联表示方式相似，但使用实心菱形。聚合和组合的关联关系如图 7-8 和图 7-9 所示。

图 7-8 聚合关联　　　　　　　　　图 7-9 组合关联

关联类是一种充当关联关系的类，和类一样具有自己的属性和操作。关联类使用虚线连接自己和关联符号。关联类依赖于连接类，没有连接类时，关联类不能单独存在。图 7-10 所示的关联类关系中，一次借阅，学生可以借阅一本书，借阅类就是该例子中的关联类。实际上，任何关联类都可以表示成一个类和简单关联关系，但常采用关联类的表示方式，以便更加清楚地表示关联关系。

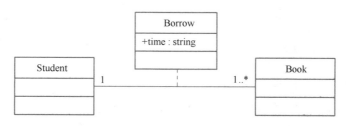

图 7-10 关联类实例

重数是关联关系中的一个重要概念，表示关联链的条数。图 7-8 中，链的两端的数字"1"和符号"＊"表示的就是重数。重数可以是一个任意的自然数集合，但实际使用中，大于 1 的重数常用"＊"号代替。所以，实际使用的重数多为 0、1 和符号"＊"。一对一关联的两端重数都是 1；一对多关联的一端的重数是 1，另一端是"＊"；多对多关联的两端重数都常表示为"＊"。

（2）依赖

依赖关系表示的是两个元素之间语义上的连接关系。对于两个元素 X 和 Y，如果元素 X 的变化会引起另一个元素 Y 的变化，则称元素 Y 依赖于 X。其中，X 被称为提供者，Y 被称为客户。依赖关系用一个指向提供者的虚线箭头来表示，如图 7-11 所示。

对于类图而言，主要有以下需要使用依赖的情况。

● 客户类向提供者类发送消息。

● 提供者类是客户类的属性类型。

● 提供者类是客户类操作的参数类型。

图 7-11　依赖关系

（3）泛化

泛化关系描述类的一般与特殊关系，是一般描述与特殊描述之间的一种分类学关系。特殊描述常建立在一般描述基础之上。例如，会员是 VIP 会员的一般描述，会员就是 VIP 会员的泛化，会员是一般类，VIP 会员是特殊类；学生是本科生的一般描述，学生就是本科生的泛化，学生是一般类，本科生是特殊类。特殊类是一般类的子类，而特殊类还可以是另一个特殊类的子类。例如，本科一年级学生就是本科生的更特殊描述，后者是前者的泛化。泛化的这种特点构成泛化的分层结构。泛化关系使用带空心三角形箭头的实线表示，方向由特殊类指向一般类。

在面向对象的分析与设计时，可以把一些类的公共部分（包括属性与操作）提取出来作为它们的父类。这样，子类继承了父类的属性和操作，子类中还可以定义自己特有的属性和操作。子类不能定义父类中已经定义的属性，但可以通过重写的方式重定义父类的操作，这种方式称为方法重写。当操作被重写时，在子类的父类引用中调用操作方法，子类会根据重写定义调用该操作在子类中的实现，这种行为称为多态。重写的操作必须和父类操作具有相同的接口（操作名、参数、返回类型）。例如，三角形、四边形、六边形都属于多边形，而四边形中又包含矩形，它们的关系如图 7-12 所示。多边形中的"显示"操作是一个抽象操作，而三角形和六边形中具体化和重写了这个操作，因为父类多边形自身的"显示"操作并不能确定图形如何显示，也不适用于子类的显示，所以子类必须根据自己的特定形状重新定义"显示"操作。在四边形中定义了父类多边形中没有的"计算面积"操作，在子类矩形中重写了该操作，因为子类包含特有的属性"长"和"宽"，可以用于矩形的面积计算。

泛化关系有两种情况。在最简单的情况下，每个类最多能拥有一个父类，这称为单继承。而在更复杂的情况中，子类可以有多个父类并继承了所有父类的结构、行为和约束。这被称为多重继承（或多重泛化），其表示如图 7-13 所示。

（4）实现

实现关系表示一个模型连接到另一个模型。通常情况下，后者是行为的规约（如接口），前者要求必须至少支持后者的所有操作。如果前者是类，后者是接口，则该类是

图 7-12　类的泛化和继承关系

接口的实现。

实现与泛化很相似，区别是，泛化是针对同层级元素之间的连接，通常是在同一模型内，而实现是针对不同语义层上的元素的连接，通常是在不同模型内。例如，子类与父类关系是泛化，类与接口关系是实现。再如，定义"图形"接口，类"圆"则是该接口的实现，如图 7-14 所示。

图 7-13　多重继承　　　　　　　　　　　图 7-14　实现关系

图 7-15 展示了一个学生在学校上课的类图。

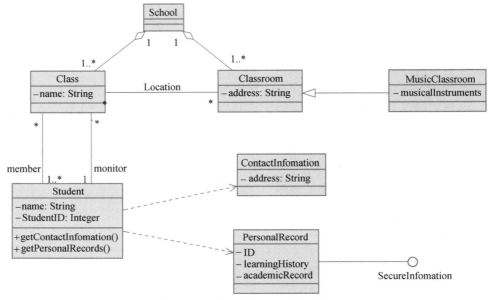

图 7-15　学生在学校上课的类图

（5）导航性

导航性（navigation）是一个布尔值，用来说明运行时刻是否可能穿越一个关联。对于二元关联，当对一个关联端（目标端）设置了导航性，就意味着可以从另一端（源端）指定类型的一个值得到目标端的一个或一组值（取决于关联端的多重性）。对于二元关联，只有一个关联端上具有导航性的关联关系称为单向关联（Unidirectional Association），通过在关联路径的一侧添加箭头来表示；在两个关联端上都具有导航性的关联关系称为双向关联（Bidirectional Association），关联路径上不加箭头。使用导航性可以降低类间的耦合度，这也是好的面向对象分析与设计的目标之一。图 7-16 显示了一种导航性的使用场景，表示一个订单可以获

图 7-16　导航性

取到该订单的一份产品列表，但一个产品却无法获取哪些订单包括了该产品。

7.3.3　包图

图 7-17　包的图形表示

包是一种对元素进行分组的机制。如果系统非常复杂，常包含大量的模型，为了利于理解以及将模型独立出来用于复用，对这些元素进行分组组织，从而作为一个个集合进行整体命名和处理。包的图形表示如图 7-17 所示。

包中的元素需要与其他包或类中的元素进行交互，交互过程的可访问性包括以下几种。

- Public（公有访问）（+）：包中元素可以被其他包的元素访问。
- Private（私有访问）（−）：包中元素只能被同属于一个包的内含元素访问。
- Protected（保护访问）（#）：包中元素只能被此包或其继承包内的元素访问。

包的一些特征如下。

- 包是包含和管理模型内容的一般组织单元，任何模型元素都可以包含其中。
- 一个模型元素只能存在于一个包中，包被撤销时，其中的元素也被撤销。
- 包可以包含其他包，构成嵌套层次结构。
- 包只是一个概念化的元素，不会被实例化，在软件运行中不会有包存在其中。

例如，可以将"检查信用等级"与"修改信用等级"用例添加到"信用评价"包中，将"登录"与"注册"添加到"登录注册"包中，将"设定航班操作"添加到"后台操作"包中，将其余用例添加到"核心业务"包中。这样，就可以创建一个包图来显式地显示出系统包含的包，如图 7-18 所示。

图 7-18　"机要预订系统"组织用例的包图

7.4　动态建模机制

系统中的对象在执行期间的不同时间点如何通信以及通信的结果如何，就是系统的动态行为。也就是说，对象通过通信相互协作，以及系统中的对象在系统生命期中改变状态，是系统的动态行为。UML 的动态建模机制包括顺序图、协作图、状态图和活动图。

7.4.1　顺序图

绘制机票预订系统的顺序图

顺序图描述了一组对象的交互方式，它表示完成某项行为的对象和这些对象之间传递消息的时间顺序。顺序图由对象（参与者的实例也是对象）、生命线、控制焦点（激活期）和消息等组成。生命线是一条垂直的虚线，表示对象的存在时间；控制焦点是一个细长的矩形，表示对象执行一个操作所经历的时间段；消息是作用于控制焦点上的一条水平带箭头的实现，表示消息的传递。图 7-19 所示为一个顺序图，其中内容做了标识。

图 7-20 展示了基本的消息类型。一般使用顺序图描述用例的事件流，标识参与这个用例的对象，并以服务的形式将用例的行为分配到对象上。通过对用例进行顺序图建模，可以细化用例的流程，以便发现更多的对象和服务。

图 7-19　顺序图

顺序图可以结合以下步骤进行绘制。

1）列出启动该用例的参与者。

2）列出启动用例时参与者使用的边界对象。

3）列出管理该用例的控制对象。

4）根据用例描述的所有流程，按时间顺序列出分析对象之间进行消息传递的序列。

绘制顺序图需要注意以下问题。

- 如果用例的事件流包含基本流和若干备选流，则应当对基本流和备选流分别绘制顺序图。
- 如果备选流比较简单，可以合并到基本流中。
- 如果事件流比较复杂，可以在时间方向上将其分成多个顺序图。
- 实体对象一般不会访问边界对象和控制对象。

简单消息 →	调用 →	返回 ⇢
<<create>> →	<<destroy>> →	
创建	销毁	

图 7-20

基本的消息类型如图 7-20 所示。

图 7-21 所示为用户登录的顺序图，连线按时间的先后从 1 至 6 进行排列。

图 7-21　用户登录的顺序图

7. 4. 2　协作图

协作图又称通信图或合作图，用于显示系统的动作协作，类似顺序图中的交互片段，但协作图也显示对象之间的关系（上下文）。在实际建模中，顺序图和协作图的选择需要根据工作的目标而定。如果重在时间或顺序，那么选择顺序图；如果重在上下文，那么选择协作图。顺序图和协作图都显示对象之间的交互。

绘制机票预订
系统的协作图

协作图显示多个对象及它们之间的关系，对象间的箭头显示消息的流向。消息上也可以附带标签，表示消息的其他信息，如发送顺序、显示条件、迭代和返回值等。开发人员熟识消息标签的语法之后，就可以读懂对象之间的通信，并跟踪标准执行流程和消息交换顺序。但是，如果不知道消息的发送顺序，那么就不能使用协作图来表示对象关系。图 7-22 所示为某个系统"登录"交互过程的一个简要协作图。

图 7-22　协作图示例

在图 7-22 中，一个匿名的 User 类对象首先向登录界面对象输入了用户信息，接着登录界面对象向用户数据对象请求验证用户信息是否正确并得到请求的返回验证结果，最后登录界面对象根据返回的结果向 User 类对象反馈对应的登录结果。

7. 4. 3　状态图

状态图由状态机扩展而来，用来描述对象对外部对象响应的历史状态序列，即描述对象所有可能的状态，以及哪些事件将导致状态的改变。包括对象在各个不同状态间的跳转，以及这些跳转的外部触发事件，即从状态到状态的控制流。状态图侧重于描述某个对象的动态行为，是对象的生命周期模型。并不是所有的类都需要画状态图。有明确意义的状

绘制机票预订
系统的状态图

态、在不同状态下行为有所不同的类才需要画状态图。状态图在第 5. 3. 3 小节中已经介绍，这里不再赘述。

图 7-23 所示为某个网上购物系统中订单类的一个简单状态图。

图 7-23　订单类的状态图示例

注：图中的菱形表示选择节点。

7.4.4　活动图

活动图是 UML 中一种重要的用于表达系统动态特性的图。活动图的作用是描述一系列具体动态过程的执行逻辑，展现活动和活动之间转移的控制流，并且它采用一种着重逻辑过程的方式来叙述。

绘制机票预订系统的活动图

活动图可以看作特殊的状态图，用于对计算流程和工作建模（后者是对对象的状态建模）。活动图的状态表示计算过程中所处的各种状态。活动图的开始标记和结束标记与状态图相同，活动图中的状态称为动作状态，也使用圆角矩形表示。动作状态之间使用箭头连接，表示动作迁移，箭头上可以附加警戒条件、发送子句和动作表达式。活动图是状态图的变形，根据对象状态的变化捕获动作（所完成的工作和活动）和它们的结果，表示了各动作及其之间的关系。如果状态转换的触发事件是内部动作，可用活动图描述；当状态的触发事件是外部事件时，常用状态图表示。

在活动图中，判定符号用菱形表示，可以包含两个或更多附加有警戒条件的输出迁移。迁移根据警戒条件是否为真来选择迁移节点。

在活动图中，使用分叉节点和结合节点来表示并发。

分叉节点是从线性流程进入并发过程的过渡节点，它拥有一个进入控制流和多个离开控制流。不同于判断节点，分叉节点的所有离开流程是并发关系，即分叉节点使执行过程进入多个动作并发的状态。分叉节点在活动图中表示为一根粗横线，粗横线上方的进入箭头表示进入并发状态，离开粗横线的箭头指向的各个动作将并行发生，分叉节点的表示法如图 7-24 所示。

图 7-24　分叉节点和结合节点

　　结合节点是将多个并发控制流收束回同一流程的节点标记，功能上与合并节点类似。但要注意结合节点与合并节点的关键区别：合并节点仅仅代表形式上的收束，在各个进入合并节点的控制流间不存在并发关系，所以也没有等待和同步过程；但结合节点的各个进入控制流间具有并发关系，它们在系统中同时运行。在各个支流收束时，为了保证数据的统一性，先到达结合节点的控制流都必须等待直到所有的流程全部到达这个结合节点后才继续进行，转移到离开控制流所指向的动作开始运行。活动图中的结合节点也用一根粗横线来表示，粗横线上方有多条进入箭头，下方有且仅有一条离开箭头，结合节点的表示法如图 7-24 所示。

　　活动图可以根据活动发生位置的不同划分为若干个矩形区，每个矩形区称为一个泳道，泳道有泳道名。把活动划分到不同的泳道中，能更清楚地表明动作在哪里执行（在哪个对象中等）。

　　一个动作迁移可以分解成两个或更多导致并行动作的迁移，多个来自并行动作的迁移也可以合并为一个迁移。需要注意的是，并行迁移上的动作必须全部完成才能进行合并。

　　活动图中也可以包含对象，对象使用矩形表示，可作为活动的输入或输出（用虚线箭头连接），表示对象受特定动作的影响。此外，活动图还可以描述系统的活动场景。

　　下面举例说明。一个考试的全过程如下所示。

　　1）教师出卷。

　　2）学生作答。

　　3）教师批卷。

　　4）教师打印成绩单。

　　5）学生领取成绩单。

　　在这个过程中可以发现，每一个过程的主语都是该动作的执行者，那么在这个简单的过程中可以分"教师"和"学生"两个泳道，把动作与负责执行它的对象用这种形如二维表的方式进行关联，如图 7-25 所示。

图 7-25　使用泳道描述考试活动

7.5　描述物理架构的机制

　　系统架构分为逻辑架构和物理架构两大类。逻辑架构完整地描述了系统的功能，把功能分配到系统的各个部分，详细说明它们是如何工作的。物理架构详细地描述了系统的软件和硬件，描述软件和硬件的分解。在 UML 中，用于描述逻辑架构的图有用例图、类图、对象图、状态图、活动图、协作图和顺序图；用于描述物理架构的图有构件图和部署。

7.5.1 组件图

组件图根据系统的代码组件显示系统代码的物理结构。其中，组件可以是源代码组件、二进制组件或者可执行组件。组件包含了其实现的一个或多个逻辑类信息，因此也就创建了从逻辑视图到组件视图的映射。根据组件视图中组件之间的关系，可以轻易地看出当某一个组件发生变化时，哪些组件会受到影响。图7-26所示的组件图中，"Student"组件依赖于"Common"组件，"Librarian"组件也依赖于"Common"组件，这样，如果"Common"组件发生变化，就会同时影响到"Student"组件和"Librarian"组件。依赖关系本身还具有传递性，如"Common"组件依赖于"DataBase"组件，所以"Student"和"Librarian"组件也依赖于"DataBase"组件（依赖关系使用一条虚线箭头来表示）。

绘制机票预订系统的构件图

图 7-26 某图书管理系统组件图示例

组件图只将组件表示成类型，如果要表示实例，必须使用部署图。

7.5.2 部署图

部署图用于显示系统中硬件和软件的物理结构，可以显示实际中的计算机和设备（节点），以及它们之间的互连关系。在部署图中的节点内，已经分配了可以执行的组件和对象，以显示这些软件单元具体在哪个节点上运行。部署图也显示了各组件之间的依赖关系。

部署图是对系统实际物理结构的描述，不同于用例图等从功能角度的描述。对一个明确定义的模型，部署图可以实现完整的导航：从物理部署节点到组件，再到实现类，然后是该类对象参与的交互，最后到达

绘制机票预订系统的部署图

具体的用例。系统的各种视图合在一起，从不同的角度和细分层面完整地描述整个系统。某图书管理系统的物理结构部署图如图7-27所示，整体上划分为数据库（DataBase Server）、应用系统（Library App Server）和客户端（Client Node）3个节点。数据库节点中包含"Data-Base"的相关组件，应用系统节点中包含"Common""Student"和"Librarian"等组件，客户端节点中包含各种客户端组件。

部署图中的组件代表可执行的物理代码模块（可执行组件的实例），逻辑上可与类图中的包或类相对应。所以，部署图可显示运行时各个包或类在节点中的分布情况。通常，节点至少要具备存储能力，而且常具有处理能力。运行时，对象和组件可驻留在节点上。

图 7-27　某图书管理系统物理结构部署图

7.6　面向对象方法与 UML 实例

【例 7-1】某银行储蓄系统的需求说明如下。

1）开户：客户填写开立账户申请表，然后交由工作人员验证并输入系统。系统会建立账户记录，并提示客户设置密码（若客户没做设置，则会有一个默认密码）。如果开户成功，系统会打印一本存折给客户。

2）密码设置：开户时客户即可设置密码。此后，客户在经过身份验证后，还可修改密码。

3）存款：客户可填写存款单，然后交由工作人员验证并输入系统。系统将建立存款记录，并在存折上打印该笔存款记录。

4）取款：客户可按存款记录逐笔取款，由客户填写取款单，然后交由工作人员验证并输入系统。系统首先会验证客户身份，根据客户的账户和密码，对客户身份进行验证。如果客户身份验证通过，则系统将根据存款记录累计利息，然后注销该笔存款，并在存折上打印该笔存款的注销与利息累计。

请根据以上信息绘制出系统的用例图。

【解析】首先确定系统的参与者包括工作人员与客户两个。工作人员作为客户与系统交互的代理有申请开户、存款及取款用例。打印存折用例作为申请开户的扩展用例存在。客户有输入密码及设置密码用例，两者分别作为取款用例以及申请开户用例的包含用例存在。某银行储蓄系统的用例图如图 7-28 所示。

【例 7-2】在一个习题库下，各科教师可以在系统中编写习题及标准答案，并将编写的习题和答案加入题库中，或者从题库中选取一组习题组成向学生布置的作业，并在适当的时间公布答案。学生可以在系统中完成作业，也可以从题库中选择更多的习题练习。教师可以通过系统检查学生的作业，学生可以在教师公布答案后对自己的练习进行核对。阅读这一情境，分析出该系统所包括的实体类并适当添加属性，绘制出分析类图。

【解析】根据题意可以抽象出系统的实体类包括教师、习题、习题答案、作业题板、练习题板及学生。作业题板与练习题板可以泛化为题板抽象类。根据描述对各个类添加适当的属性。在各个类之间按照文字描述建立关联关系。教师与习题之间构成一对多关系，教师与作业题板构成一对多关系，习题与习题答案之间构成一对一关系，习题与题板之间构成多对多关系且这一关联关系可以描述为聚合关系，学生与作业题板构成多对多关系，学生与练习题板构成一对多关系。习题库的类图如图 7-29 所示。

图 7-28 某银行储蓄系统的用例图

图 7-29 习题库的类图

习题

1. 判断题

（1）UML 是一种建模语言，是一种标准的表示，是一种方法。   （   ）

（2）类图用来表示系统中类及类与类之间的关系，它是对系统动态结构的描述。

 （   ）

（3）在面向对象的软件开发方法中，每个类都存在其相应的对象，类是对象的实例，
对象是生成类的模板。   （   ）

（4）顺序图用于描述对象是如何交互的，并且将重点放在消息序列上。   （   ）

（5）继承性是父类和子类之间共享数据结构和消息的机制，这是类之间的一种关系。

 （   ）

（6）多态性增强了软件的灵活性和重用性，允许用更为明确、易懂的方式去建立通用

软件，多态性和继承性相结合使软件具有更广泛的重用性和可扩充性。　　　（　　）

（7）类封装比对象封装更具体、更细致。　　　（　　）

（8）用例之间有扩展、使用、组合等几种关系。　　　（　　）

（9）活动图显示动作及其结果，着重描述操作实现中所完成的工作，以及用例实例或类中的活动。　　　（　　）

（10）UML 语言支持面向对象的主要概念，并与具体的开发过程相关。　　　（　　）

（11）部署图描述了系统硬件的物理拓扑结构，以及在此结构上执行的软件。　（　　）

2. 选择题

（1）在面向对象技术中，对象是类的实例。对象有 3 种成分：（　　）、属性和方法（或操作）。

A. 标识　　　　B. 继承　　　　C. 封装　　　　D. 消息

（2）以下不是面向对象的特征的是（　　）。

A. 多态性　　　B. 继承性　　　C. 封装性　　　D. 过程调用

（3）汽车有一个发动机，汽车和发动机之间的关系是（　　）关系。

A. 组装　　　　B. 整体部分　　C. 分类　　　　D. 一般具体

（4）（　　）是把对象的属性和操作结合在一起，构成一个独立的对象，其内部信息对外界是隐藏的，外界只能通过有限的接口与对象发生联系。

A. 多态性　　　B. 继承　　　　C. 消息　　　　D. 封装

（5）面向对象的主要特征除了对象唯一性、封装、继承外，还有（　　）。

A. 兼容性　　　B. 完整性　　　C. 可移植性　　D. 多态性

（6）关联是建立（　　）之间关系的一种手段。

A. 操作　　　　B. 类　　　　　C. 功能　　　　D. 属性

（7）面向对象软件技术的许多强有力的功能和突出的优点，都来源于把类组织成一个层次结构的系统，一个类的上层可以有父类，下层可以有子类。具有这种层次结构的系统的一个重要性质是（　　），一个子类获得其父类的全部描述（数据和操作）。

A. 兼容性　　　B. 继承性　　　C. 复用性　　　D. 多态性

（8）所有的对象可以成为各种对象类，每个对象类都定义了一组（　　）。

A. 说明　　　　B. 类型　　　　C. 过程　　　　D. 方法

（9）通过执行对象的操作改变对象的属性，但它必须通过（　　）的传递。

A. 操作　　　　B. 消息　　　　C. 信息　　　　D. 继承

（10）UML 是软件开发中的一个重要工具，它主要应用于（　　）。

A. 基于螺旋模型的结构化方法　　B. 基于需求动态定义的原型化方法

C. 基于数据的数据流开发方法　　D. 基于对象的面向对象的方法

（11）（　　）是从用户使用系统的角度描述系统功能的图形表达方法。

A. 类图　　　　B. 活动图　　　C. 用例图　　　D. 状态图

（12）（　　）描述了一组交互对象间的动态协作关系，它表示完成某项行为的对象和这些对象之间传递消息的时间顺序。

A. 类图　　　　B. 顺序图　　　C. 状态图　　　D. 协作图

3. 简答题

（1）请简述面向对象的基本概念。

（2）与面向结构化开发过程相比，为什么面向对象能更真实地反映客观世界？

（3）什么是面向对象技术？面向对象方法的特点有哪些？

（4）什么是类？类与传统的数据类型有什么关系？

（5）与传统的软件工程方法相比，面向对象的软件工程方法有哪些优点？

（6）UML 的作用和优点有哪些？

（7）如何着手从自然语言描述的用户需求中画出用例图？

（8）用例脚本有何作用？

（9）类间的外部关系有几种类型？每种关系表达了什么语义？

4. 应用题

（1）某市进行招考公务员工作，分行政、法律、财经 3 个专业。市人事局公布所有用人单位招收各专业的人数，考生报名，招考办公室发放准考证。考试结束后，招考办公室发放考试成绩单，公布录取分数线，针对每个专业，分别将考生按总分从高到低进行排序。用人单位根据排序名单进行录用，发放录用通知书给考生，并给招考办公室留存备查。请根据以上情况进行分析，画出顺序图。

（2）某学校领书的工作流程为：学生班长填写领书单，班主任审查后签名，然后班长拿领书单到书库领书。书库保管员审查领书单是否有班主任签名，填写是否正确等。不正确的领书单退回给班长；如果填写正确则给予领书并修改库存清单。当某书的库存量低于临界值时，登记需订书的信息，每天下班前为采购部门提供一张订书单。用用例图、顺序图和活动图来描述领书过程。

（3）当手机开机时，它处于空闲状态，当用户使用电话呼叫某人时，手机进入拨号状态。如果呼叫成功，即电话接通，手机就处于通话状态；如果呼叫不成功，例如，对方线路有问题或关机，则拒绝接听，这时手机停止呼叫，重新进入空闲状态。手机在空闲状态下被呼叫，手机进入响铃状态；如果用户接听电话，手机处于通话状态；如果用户未做出任何反应，可能他没有听见铃声，手机一直处于响铃状态；如果用户拒绝来电，手机回到空闲状态。

请按以上描述绘制出使用手机的状态图。

第8章

面向对象分析

本章首先讲述面向对象的分析过程和原则；然后，阐述面向对象建模，包括如何建立对象模型、动态模型以及功能模型。

本章目标

☐ 理解面向对象分析的过程和原则。
☐ 掌握面向对象建模的 3 种模型。

8.1 面向对象分析方法

本节讲述面向对象分析过程和原则。

8.1.1 面向对象分析过程

面向对象的分析主要以用例模型为基础。开发人员在收集到的原始需求的基础上，通过构建用例模型，从而得到系统的需求；然后通过对用例模型的完善，使得需求得到改善。用例模型不仅包括用例图，还包括与用例图相关的文字性描述。因此，在绘制完用例图后，还要对每个用例的细节做详细的文字性说明。所谓用例，是指系统中的一个功能单元，可以描述为参与者与系统之间的一次交互。用例常被用来收集用户的需求。

首先要找到系统的操作者，即用例的参与者。参与者是在系统之外，透过系统边界与系统进行有意义交互的任何事物。"在系统之外"是指参与者本身并不是系统的组成部分，而是与系统进行交互的外界事物。这种交互应该是"有意义"的交互，即参与者向系统发出请求后，系统要给出相应的回应。而且，参与者并不限于人，也可以是时间、温度等。例如，目标系统需要每隔一段时间就进行一次系统更新，那么时间就是参与者。

可以把参与者执行的每一个系统功能都看作一个用例。可以说，用例描述了系统的功能，涉及系统为了实现一个功能目标而关联的参与者、对象和行为。识别用例时，要注意用例是由系统执行的，并且用例的结果是参与者可以观测到的。用例是站在用户的角度对系统进行的描述，所以描述用例要尽量使用业务语言而不是技术语言。关于用例模型的详细创建方法，本章的实例部分会进行介绍。有关用例图的详细内容，请参见 7.3.1 小节。

确定了系统的所有用例之后，就可以开始识别目标系统中的对象和类了。把具有相似属性和操作的对象定义为一个类。属性定义对象的静态特征，一个对象往往包含很多属性。例如，教师的属性可能有姓名、年龄、职业、性别、身份证号、籍贯、民族和血型等。目标系统不可能关注对象的所有属性，而只是考虑与业务相关的属性。例如，在"教学信息管理"系统中，可能就不会考虑教师的籍贯、民族和血型等属性。操作定义了对象的行为，并以某种方式修改对象的属性值。

通常，先找出所有的候选类，再从候选类中剔除那些与问题域无关的、非本质的类。有一种查找候选类的方法，这种方法可以分析书写的需求陈述，将其中的名词作为候选类，将描述类的特征的形容词等作为属性，将动词作为类的服务的候选项，之后，剔除其中不必要的、不正确的、重复等的内容，以此确定类、对象以及其相互的关系。

目标系统的类可以划分为边界类、控制类和实体类。

- 边界类代表了系统及其参与者的边界，描述参与者与系统之间的交互。它更加关注系统的职责，而不是实现职责的具体细节。通常，界面控制类、系统和设备接口类都属于边界类。边界类示意图如图 8-1 所示。
- 控制类代表了系统的逻辑控制，描述一个用例所具有的事件流的控制行为，实现对用例行为的封装。通常，可以为每个用例定义一个控制类。控制类示意图如图 8-2 所示。
- 实体类描述了系统中必须存储的信息及相关的行为，通常对应于现实世界中的事物。实体类如图 8-3 所示。

图 8-1　边界类示意图　　　　图 8-2　控制类示意图　　　　图 8-3　实体类示意图

确定了系统的类和对象之后，就可以分析类之间的关系了。对象或类之间的关系有依赖、关联、聚合、组合、泛化和实现。

1）依赖关系是"非结构化"的和短暂的关系，表明某个对象会影响另外一个对象的行为或服务。

2）关联关系是"结构化"的关系，描述对象之间的连接。

3）聚合关系和组合关系是特殊的关联关系，它们强调整体和部分之间的从属性，组合是聚合的一种形式，组合关系对应的整体和部分具有很强的归属关系和一致的生命期。例如，计算机和显示器属于聚合关系，大雁和其翅膀就属于组合关系。

4）泛化关系与类间的继承类似。

5）实现关系是针对类与接口的关系。

有关类图和对象图的详细内容，请参看第 7.3.2 小节。明确了对象、类和类之间的层次关系之后，需要进一步识别出对象之间的动态交互行为，即系统响应外部事件或操作的工作过程。一般采用顺序图将用例和分析的对象联系在一起，描述用例的行为是如何在对象之间分布的。也可以采用协作图、状态图或活动图。有关顺序图、协作图、状态图和活动图的详细内容，请参看第 7.4.1 小节 ~ 第 7.4.4 小节。

最后，需要将需求分析的结果用多种模型图表示出来，并对其进行评审。由于分析的过程是一个循序渐进的过程，合理的分析模型需要多次迭代才能得到。面向对象需求分析的过程如图 8-4 所示。

图 8-4　面向对象需求分析的过程

8.1.2　面向对象分析原则

面向对象分析的基础是对象模型。对象模型由问题域中的对象及其相互的关系组成。首先要根据系统的功能和目的对事物抽象其相似性，抽象时可根据对象的属性、服务来表达，也可根据对象之间的关系来表达。

面向对象分析的原则如下。

1. 定义有实际意义的对象

特别要注意的是，一定要把在应用领域中有意义的、与所要解决的问题有关系的所有事物作为对象，既不能遗漏所需的对象，也不能定义与问题无关的对象。

2. 模型的描述要规范、准确

强调实体的本质，忽略无关的属性。对象描述应尽量使用现在时态、陈述性语句，避免模糊的、有二义性的术语。在定义对象时，还应描述对象与其他对象的关系及背景信息等。

例如，在学校图书馆图书流通管理系统中，"学生"对象的属性可包含学号、姓名、性别、年龄、借书日期、图书编号、还书日期等。还可以定义"学生"类的属性——所属的"班级"。新生入学时，在读者数据库中，以班级为单位，插入新生的读者信息；当这个班级的学生毕业时，可以从读者数据库中删除该班的所有学生。但是这个系统中，没有必要把学生的学习成绩、家庭情况等作为属性。

3. 共享性

面向对象技术的共享有不同级别。例如，同一类共享属性和服务、子类继承父类的属性和服务；在同一应用中的共享类及其继承性；通过类库实现在不同应用中的共享等。

同一类的对象有相同的属性和服务。对不能抽象为某一类的对象实例，要明确地排斥。

例如，学生进校后，学校要将学生分为若干个班级，"班级"是一种对象类，"班级"通常有编号。同一年进校，学习相同的专业，同时学习各门课程，一起参加各项活动的学生，有相同的班长、相同的班主任，班上学生按一定的顺序编排学号等。同一年进校、不同专业的学生不在同一班级。同一专业、不是同一年进校的学生不在同一班级。有时，一个专业，同一届学生人数较多，可分为几个班级，这时，不同班级的编号不相同。例如，2018年入学的软件工程系（代号11）云计算专业（代号12）的1班，用1811121作为班级号，2018年入学的云计算专业2班用1811122作为班级号。

4. 封装性

所有软件构件都有明确的范围及清楚的外部边界。每个软件构件的内部实现和界面接口分离。

8.2　面向对象建模

在面向对象分析中，通常需要建立3种形式的模型，分别是描述系统数据结构的对象模型、描述系统控制结构的动态模型，以及描述系统功能的功能模型。这3种模型都与数据、控制、操作等相关，但每种模型描述的侧重点却不同。这3种模型从3个不同但又密切相关的角度模拟目标系统，它们各自从不同侧面反映了系统的实质性内容，综合起来则全面地反映了对目标系统的需求。一个典型的软件系统通常包括的内容可描述为：它使用数据结构（对象模型），执行操作（动态模型），以及完成数据值的变化（功能模型）。

在面向对象分析中，解决的问题不同，这3种模型的重要程度也不同。一般来说，解决任何一个问题，都需要从客观世界实体及实体间相互关系抽象出具有价值的对象模型；当问题涉及交互作用和时序时（如用户界面及过程控制等），则需要构造动态模型；当解决运算量很大的问题时（如高级语言编译、科学与工程计算等），则需要构造功能模型。动态模型和功能模型中都包含了对象模型中的操作（即服务或方法）。在整个开发过程中，这 3 种模型一直都在发展和完善。在面向对象分析过程中，需要构造出完全独立于实现的应用域模型；在面向对象设计过程中，需要将求解域的结构逐渐加入到模型中；在实现阶段，需要将应用域和求解域的结构都编成程序代码并进行严格的测试验证。

下面分别介绍如何建立这 3 种模型。

8.2.1 建立对象模型

面向对象分析首要的工作是建立问题域的对象模型。这个对象模型描述了现实世界中的"类与对象"，以及它们之间的关系，表示了目标系统的静态数据结构。静态数据结构对具体细节依赖较少，比较容易确定。当用户的需求有所改变时，静态数据结构相对来说比较稳定。所以，在面向对象分析中，都是先建立对象模型，再建立动态模型和功能模型。对象模型为建立动态模型和功能模型提供了实质性的框架。

大型系统的对象模型一般由 5 个层次组成：主题层（也称为范畴层）、类与对象层、结构层、属性层和服务层，如图 8-5 所示。

图 8-5　复杂问题的对象模型的 5 个层次

这 5 个层次对应着在面向对象分析过程中建立对象模型的 5 项主要活动：划分主题、找出类与对象、识别结构、定义属性和定义服务。实际上，这 5 项活动没有必要按顺序来完成，也没有必要完成一项活动以后再开始另外一项活动。虽然这 5 项活动的抽象层次不同，但是在进行面向对象分析时没有必要严格遵守自顶向下的原则。这些活动可指导分析人员从高的抽象层（如问题域的类及对象）过渡到越来越低的抽象层（结构、属性和服务）。一般来说，需要先构造出模型的子集，再逐步扩充和完善，反复迭代，直到将模型完全建立起来。

1. 划分主题

（1）主题

在开发大型复杂系统的过程中，为了降低复杂程度，分析人员往往将系统进一步划分成几个不同的主题，也就是将系统包含的内容分解成若干个范畴。

在面向对象的分析中，主题就是将一组具有较强联系的类组织在一起形成的类的集合。主题一般具有以下几个特点。

1）主题是由一组具有较强联系的类形成的集合，但主题自身并不是一个类。

2）一个主题内部的类之间往往具有某种意义上的内在联系。

3）主题的划分一般没有固定的规则，如果侧重点不同可能会得到不同的主题划分。

主题的划分主要有以下两种方式。

1）自底向上的划分方式。首先建立类，然后将关系较密切的类组织为一个主题。如果主题数量还是很多，这时可将联系较强的小主题组织为大主题。通常，系统中最上层的主题数为 7±2。小型系统或中型系统经常会用到自底向上划分主题这种方式。

2）自顶向下的划分方式。首先分析系统，确定几个大的主题，每个主题相当于一个子系统。对这些子系统分别进行面向对象分析，将具有较强联系的类分别分配到相应的子系统中。最后，将各个子系统合并为一个大的系统。大型系统经常会用到自顶向下划分主题这种方式。

在开发很小的系统时，也许根本就没有必要引入主题层；对于含有较多类的系统，则常常先识别出类与对象及其关联，然后划分主题；对于规模较大的系统，则首先由分析人员大概地识别类与对象及其关联，然后初步划分主题，经进一步分析，对系统结构有更深入的了解之后，则可进一步修改或精炼主题。

一般来说，应该按照问题域而不是用功能分解的方法来确定主题。此外，应该按照使不同主题内的类相互间依赖和交互最少的原则来确定主题。主题可以使用 UML 中的包来展现。

例如，"小型网上书店系统"可以划分为如下主题：登录注册、浏览图书、会员购书、订单管理和图书管理。

（2）主题图

主题划分的最终结果可以形成一个完整的类图和一个主题图。

主题图一般有如下 3 种表示方式。

1）展开方式：将关系较密切的类画在一个框内，框的每个角标注主题号，框内是详细的类图，标注出每个类的属性和服务，以及类之间的详细关系，这就是主题图的展开方式。

2）压缩方式：将每个主题号及主题名分别写在一个框内，这就是主题图的压缩方式。

3）半展开方式：将每个框内主题号、主题名及该主题中所含的类全部列出，这就是主题图的半展开方式。

主题图的压缩方式是为了展示系统的总体情况，而主题图的展开方式是为了展示系统的详细情况。

下面以商品销售管理系统的主题图为例进行说明。

商品销售系统是商场管理的一个子系统，要求具有如下功能：为每种商品编号，以及记录商品的名称、单价、数量和库存的下限等；营业员（收款员）接班后要登录和售货，以及为顾客选购的商品输入购物清单、商品计价、收费、打印购物清单及合计；交班时要进行结账和交款。此系统能够帮助供货员发现哪些商品的数量已达到安全库存量，还是即将脱销需要及时供货。账册用来统计商品的销售量、进货量和库存量，结算资金，以及向上级报告；上级可以发送信息，例如要求报账和查账，以及增删商品种类或变更商品价格等。

通过上述分析，可确定如下的类：营业员、销售事件、账册、商品、商品目录、供货员和上级系统接口等，并将它们的属性和服务标识在图中。这些类之间的所有关系也可在图中标出，这样就可得出一个完整的类图，如图 8-6a 所示。在图 8-6a 中"账册"类与"销售事件"类之间的关系是一种聚合关系，"商品目录"类与"商品"类之间的关系也是一种聚合关系。

分析此系统，可将其中类之间关系比较密切的画在一个框里。例如，营业员、销售事件和账册关系比较密切；商品和商品目录关系比较密切；供货员和上级系统接口与营业员之间的关系较远，但是供货员与上级系统接口有一个共同之处，都可以看成是系统与外部的接口。这里将关系较密切的类画在一个框内，在框的每个角标注上主题号，就得到了此系统展开方式的主题图，如图 8-6a 所示。如果将每个主题号及主题名分别写在一个框内，就得到了此系统压缩方式的主题图，如图 8-6b 所示。将主题号、主题名及该主题中所含的类全部列出，就得到了此系统半展开方式的主题图，如图 8-9c 所示。

a)

1.销售记录	2.商品信息	3.外部接口

b)

1.销售记录	2.商品信息	3.外部接口
营业员 销售事件 账册	商品目录 商品	上级系统接口 供货员

c)

图 8-6　商品销售系统

a）商品销售管理系统展开方式的主题图　　b）商品销售管理系统压缩方式的主题图

c）商品销售管理系统半展开方式的主题图

　　主动对象是一组属性和一组服务的封装体，其中至少有一个服务不需要接收消息就能主动执行（称为主动服务）。商品销售管理系统中营业员就是一个主动对象，它的主动服务就是登录；上级系统接口也是主动对象，它可以对商场各部门发送消息，进行各种管理。

　　2. 确定类与对象

　　建立对象模型首先要确定类和对象。分析人员需要找出候选的类和对象，然后进行筛选，通过区分实体类、边界类和控制类来检查对象模型的完整性。

　　候选的类和对象如下。

1）可感知的物理实体，如汽车、书、桌子等。

2）人或组织的角色，如经理、管理员、供应处等。

3）应该记忆的事件，如取款、飞行、演出等。

4）两个或多个事件的相互作用，如购买、结婚等。

5）需要说明的概念，如保险政策、政策法律等。

此外，更简单的非正式的分析方法是，将需求描述中的名词作为类和对象的候选者，然后筛选去掉不正确或无关的类和对象。

在筛选过程中，主要依据下列标准来删除不正确或不必要的类和对象。

1）冗余：如果两个类表达同样的信息，则应选择更合理的那个。

2）无关：系统只需要包含与本系统密切相关的类或对象。

3）笼统：将系统中笼统的名词类或对象去掉。

4）属性：系统中如果某个类只有一个属性，则可以考虑将它作为另一个类的属性。

5）操作：需求陈述中如果有一些既可做动词也可做名词的词汇，应该根据本系统的要求，正确决定把它们作为类还是类中的操作。

6）实现：分析阶段不应过早地考虑系统的实现问题，所以应该去掉只和实现有关的候选的类或对象。

3. 确定关联

有关如何确定类的相互关系这方面的内容，已在第 7.3.2 小节中详细介绍过，这里不再赘述。

4. 确定属性

属性的确定既与问题域有关，也和目标系统的任务有关。应该仅考虑与具体应用直接相关的属性，不考虑那些超出所要解决的问题范围的属性。在分析过程中，应该首先找出最重要的属性，再逐渐把其余属性增添进去。在面向对象分析阶段，不要考虑那些纯粹用于实现的属性。

标识属性的启发性准则如下。

1）每个类至少包含一个属性。

2）属性取值必须适合类的所有实例。例如，属性"红色的"并不属于所有的汽车，有的汽车的颜色不是红色的，这时可建立汽车的泛化结构，将不同的汽车划分为"红色的汽车"和"非红色的汽车"这两个子类中。

3）出现在泛化关系中的类所继承的属性必须与泛化关系一致。

4）系统的所有存储数据必须定义为属性。

5）类的导出属性应当略去。例如，属性"北京"是由属性"出生地"导出，所以它不能作为基本属性存在。

6）在分析阶段，如果某属性描述了类的外部不可见状态，应将该属性从分析模型中删去。

需要注意以下一些问题。

1）误把对象当作属性。

2）误把关联类的属性当作对象的属性。

3）误把内部状态当成属性。

4）过于细化。

5）存在不一致的属性。

6）属性不能包含一个内部结构。

7）属性在任何时候只能有一个在其允许范围内的确切的值。

实际上，属性应放在哪一个类中还是很明显的。通用的属性应放在泛化结构中较高层的类中，而特殊的属性应放在较低层的类中。

实体-关系图中的实体可能对应于某一个类。这样，实体的属性就会简单地成为类的属性。如果实体（如学校）不只对应于一个类，那么这个实体的属性必须分配到分析模型的不同的类中。

下面举一个例子来说明如何确定属性和方法。

一个多媒体商店的销售系统要处理两类媒体文件：图像文件（imageFile）和声音文件（audioFile）。每个媒体文件都有名称和唯一的编码，而且文件包含作者信息和格式信息，声音文件还包含声音文件的时长（以 s 为单位）。假设每个媒体文件可以由唯一的编码所识别，系统要提供以下功能。

1）可以添加新的特别媒体文件。

2）通过给定的文件编码查找需要的媒体文件。

3）删除指定的媒体文件。

4）统计系统中媒体文件的数量。

5）考虑类 imageFile 和 audioFile 应该具有哪些恰当的属性和方法（服务）。

根据上述问题，分析如下。

根据类（媒体文件）所具有的信息，imageFile 应该具有 id（唯一的编码）、author（作者信息）和 format（格式信息），此外为了方便文件处理，还应该具有 source（文件位置）属性。这些属性都有相应的存取方法。考虑到添加/删除功能，imageFile 类还应该有带参数的构造方法和一个按 id 删除的方法。考虑到查找功能，需要有一个 findById()方法。为了实现统计功能，需要一个类方法 count()。

audioFile 的属性除了 imageFile 具有的属性之外，还需要有一个 double 类型的 duration 属性用来描述时长，duration 也有其相应的存取方法。audioFile 的方法和 imageFile 的方法基本相同，差别在于构造函数的参数列表需要在 audioFile 基础上加上 duration 属性、getDuration()方法和 setDuration()方法。

类 imageFile 和类 audioFile 具体的属性和方法如图 8-7 和图 8-8 所示。

图 8-7　类 imageFile 的属性和方法

图 8-8　类 audioFile 的属性和方法

5. 确定服务

"对象"（类）是由描述其属性的数据，以及可以对这些数据施加的操作（即方法或服务），封装在一起构成的独立单元。如果要建立完整的对象模型，既需要确定类中应该定义的属性，又需要确定类中应该定义的服务。由于动态模型和功能模型更明确地描述了每个类中应该提供哪些服务，所以需要等到建立了这两种模型之后，才能最终确定类中应有的服务。实际上，在确定类中应有的服务时，既要考虑该类实体的常规行为，又要考虑在本系统中特殊需要的服务。

识别类的操作时要特别注意以下几类。

1) 只有一个或很少操作的类。也许这个类是合法的，但也许可以和其他类合并为一个类。

2) 没有操作的类。没有操作的类也许没有存在的必要，其属性可归于其他类。

3) 有太多操作的类。一个类的操作应当限制在一定的数量内，如果操作太多将导致维护复杂，应尽量将此类进行分解。

具体例子可参看前述例子中的类 imageFile 和类 audioFile。

8.2.2　建立动态模型

对象模型建立后，就需考察对象和关系的动态变化情况，即建立动态模型。

建立动态模型首先要编写脚本，从脚本中提取事件，设想（设计）用户界面，然后画出 UML 的顺序图或活动图，最后画出对象的状态转换图。

1. 编写脚本

脚本的原意是指表演戏剧或话剧、拍摄电影或电视剧等所依据的本子，里面记载了台词、故事情节等。在建立动态模型过程中，脚本是系统执行某个功能的一系列事件，脚本描述用户（或其他外部设备）与目标系统之间的一个或多个典型的交互过程，以便对目标系统的行为有更具体的认识。

脚本通常起始于一个系统外部的输入事件，结束于一个系统外部的输出事件，它可以包括发生在这个期间的系统所有的内部事件（包括正常情况脚本和异常情况脚本）。

编写脚本的目的是保证不遗漏系统功能中重要的交互步骤，有助于确保整个交互过程的正确性和清晰性。

例如，下面陈述的是客户在 ATM 上取款（功能）的脚本。

1) 客户将卡插入 ATM。

2) ATM 显示欢迎消息并提示客户输入密码。

3) 客户输入密码。

4) ATM 确认密码是否有效。如果无效则执行子事件流 a。如果与主机连接有问题，则执行异常事件流 e。

5) ATM 提供以下选项：存钱、取钱和查询。

6) 用户选择取钱选项。

7) ATM 提示输入所取金额。

8) 用户输入所取金额。

9) ATM 确定该账户是否有足够的金额。如果余额不够，则执行子事件流 b。如果与主机连接有问题，则执行异常事件流 e。

10）ATM 从客户账户中减去所取金额。

11）ATM 向客户提供要取的钱。

12）ATM 打印清单。

13）ATM 退出客户的卡，脚本结束。

子事件流 a 执行下列操作。

a1：提示用户输入无效密码，请求再次输入。

a2：如果 3 次输入无效密码，系统自动关闭，退出客户银行卡。

子事件流 b 执行下列操作。

b1：提示用户余额不足。

b2：返回 5），等待客户重新选择。

异常事件流 e 的描述省略。

2. 设想（设计）用户界面

在面向对象分析阶段不能忽略用户界面的设计。在这个阶段，用户界面的细节并不太重要，重要的是在这种界面下的信息交换方式。应该快速建立用户界面原型，供用户试用与评价。面向对象方法的用户界面设计和传统方法的用户界面设计基本相同，请参见第 6.7.2 小节。

图 8-9 所示为初步设计出的某测试平台的一个用户界面。

图 8-9　初步设计出的某测试平台的一个用户界面

3. 画 UML 顺序图或活动图

尽管脚本为建立动态模型奠定了必要的基础，但是，用自然语言书写的脚本往往不够简明，而且在阅读时偶尔会产生二义性。为了有助于建立动态模型，通常在画状态图之前先画出顺序图或活动图。

有关如何画顺序图或活动图的具体内容，请参见第 7.4.1 小节或第 7.4.4 小节。

4. 画状态图

有关如何画状态图的具体内容，请参见第 5.3.3 小节和第 7.4.3 小节。

8.2.3　建立功能模型

功能模型表明了系统中数据之间的依赖关系，以及有关的数据处理功能，它由一组数据流图组成。数据流图中的处理对应于状态图中的活动或动作，数据流对应于对象图中的对象或属性。

建立功能模型的步骤如下。

1. 确定输入和输出值

有关这一部分的内容，请参见第 5.3.1 小节。

2. 画数据流图

功能模型可用多张数据流图来表示。有关这一部分的内容，请参见第 5.3.1 小节。

在面向对象分析中，数据源一般是主动对象，它通过生成或使用数据来驱动数据流。数据终点接收数据的输出流。数据流图中的数据存储是被动对象，本身不产生任何操作，只响应存储和访问数据的要求。输入箭头表示增加、更改或删除所存储的数据，输出箭头表示从数据存储中查找信息。

3. 定义服务

在第 8.2.1 小节中已经指出，需要等到建立了动态模型和功能模型之后，才能最终确定类中应有的服务，因为这两个模型更明确地描述了每个类中应该提供哪些服务。

类的服务与对象模型中的属性和关联的查询有关，与动态模型中的事件有关，与功能模型的处理有关。通过分析，可将这些服务添加到对象模型中去。

类的服务主要有以下几种。

（1）对象模型中的服务

对象模型中的服务都具有读和写属性值。

（2）从事件导出的服务

在状态图中，事件可以看作是信息从一个对象到另一个对象的单向传送，发送消息的对象可能需要等待对方的答复，而对方可答复也可不答复事件。这种状态的转换、对象的答复等所对应的就是操作（服务）。所以，事件对应于各个操作（服务），同时还可启动新的操作（服务）。

（3）来自状态动作和活动的服务

状态图中的活动和动作可能是操作，应该定义成对象模型的服务。

（4）与数据流图中处理框对应的操作

数据流图中的每个处理框都与一个对象（也可能是若干个对象）上的操作相对应。应该仔细对照状态图和数据流图，以便更正确地确定对象应该提供的服务，将其添加到对象模型的服务中去。

需要强调的是，结构化分析中功能模型使用的数据流图与面向对象分析中功能模型使用的数据流图是有差别的，主要是数据存储的含义可能不同。在结构化分析的功能模型中，数据存储几乎都是作为文件或数据库来保存；而在面向对象分析的功能模型中，类的属性也可以是数据存储。所以，面向对象分析的功能模型中包含两类数据存储，一个是类的数据存储，另一个是不属于类的数据存储。面向对象分析的功能模型建立的方法与 5.3.1 节所述一致。

8.2.4 3 种模型之间的关系

通过面向对象分析得到的这 3 种模型分别从不同的角度描述了所要开发的系统。这 3 种模型之间互相补充，对象模型定义了做事情的实体，动态模型表明了系统什么时候做，而功能模型表明了系统该做什么。这 3 种模型之间的关系如下。

1）动态模型描述了类实例的生命周期或运行周期。

2）动态模型的状态转换驱使行为发生，这些行为在用例图中被映射成用例，在数据流图中被映射成处理，它们同时与类图中的服务相对应。

3）功能模型中的用例对应于复杂对象提供的服务，简单的用例对应于更基本的对象提供的服务。有时一个服务对应多个用例，有时一个用例对应多个服务。

4）功能模型数据流图中的数据流，通常是对象模型中对象的属性值，也可能是整个对象；数据流图中的数据存储，以及数据的源点或终点，通常是对象模型中的对象。

5）功能模型中的用例可能会产生动态模型中的事件。

6）对象模型描述了数据流图中的数据流、数据存储以及数据源点或终点的结构。

建立这几种模型，分析人员需要与用户和领域专家密切协商和配合，共同提炼和整理用户需求，最终的模型需得到用户和领域专家的确认。在分析过程中，可能需要先构建原型模型，这样与用户交流会更有效。

面向对象的分析就是用对象模型、动态模型和功能模型描述对象及其相互关系。

8.3 面向对象分析实例

【例 8-1】 请用面向对象方法分析"图书馆信息管理系统"。

【解析】 由于不同的"图书馆信息管理系统"具有不同的功能，这里只是做一些假设。

1. 建立用例模型

在"图书馆信息管理系统"中，参与者主要有 3 类：读者、工作人员及管理员。读者能够利用该系统进行图书信息的查阅、图书的预约、续借等操作。工作人员可以对读者信息进行管理、对图书的信息进行管理，同时还能完成借书、还书的操作。管理员可对整个系统的数据进行维护和管理。"图书馆信息管理系统"的用例图如图 8-10 所示。

图 8-10 "图书馆信息管理系统"用例图

对于借书和还书用例，有些人可能认为它们是由"读者"来完成的，实际上"读者"只是把要借阅或要还的图书拿到图书馆的借还台，然后由"工作人员"来完成借/还操作。所以借书和还书的用例应该隶属于工作人员。

当然，这张用例图只是初始的用例图，它大致描述了目标系统的功能，但是还存在一些问题，会在后续的步骤中对这个用例模型进行优化和完善。

使用说明场景是对需求更精细的描述，它配合用例图，对用例详细的活动步骤及路径等信息进行记录。使用说明场景的描述可以包括以下几个方面：用例编号、用例名称、用例描述、前置条件、后置条件、活动步骤、扩展点和异常处理。前置条件是指用例执行前必须满足的条件。后置条件是用例执行结束后系统的状态。活动步骤是描述在一般情况下系统的执行步骤，各个活动的组织顺序。如果某用例有多个执行步骤，可在扩展点中阐述。异常处理主要描述系统如何处理异常的发生。

以"续借图书"用例为例，其使用说明场景如图 8-11 所示。

用例编号：UC1。

用例名称：续借图书。

用例描述：在所借图书到期之前，如想继续阅读，读者可以进行图书续借，延长图书的借阅时间。

前置条件：读者登录系统，并通过了身份验证。

后置条件：图书的借阅时间被延长。

活动步骤：

1. 读者登录系统。

2. 读者查找到已借图书。

3. 续借该图书。

扩展点：

1. 如果读者身份验证失败，则用例结束。

2. 如果查询条件错误，则查询失败。

3. 如果借阅规则不允许，则续借失败。

图 8-11　"续借图书"用例的使用说明场景

2. 优化用例模型

优化用例模型是指在重新获取需求的基础上，对原有的用例模型做出修改，使之更能恰当地表现需求。需求的获取是无法一步到位的，所以用例模型也需要不断完善。

在"图书馆信息管理系统"的初始用例图中就存在着一些问题。首先，对于"信息查询"用例，有"读者"和"工作人员"两个参与者，但是这两种身份的用户进行信息查询的权限是不一样的。读者只能对个人信息进行查询，而工作人员不仅能查询所有读者的信息，而且能查询图书的信息。此外，对于"信息管理"用例，工作人员管理的信息包括读者信息和图书信息，由于这两种信息管理的方式和性质完全不同，所以把它们放在一个用例中也是不合适的。

经过修改，"图书馆信息管理系统"的用例图如图 8-12 所示。

优化用例模型除了对用例进行优化外，还要对用例之间的关系进行定义。用例之间的关系有包含、扩展和泛化。当某些步骤在多个用例中重复出现，且单独形成价值时，可以将这些步骤提取出来，单独形成一个可供其他用例使用的用例，从而使用例模型得到简化。这时用例之间的关系就是包含（include）。例如，在工作人员进行借书或还书的操作时，首先都要查询到相关图书的信息，这时就可以把信息查询作为被借书和还书用例包含的用例。扩展（extend）关系将在某些情况下才发生的路径提取出来单独形成用例，简化了基本路径。在本案例里，在还书用例中，可能会遇到图书已经超期的情况，这时就需要对读者进行超期罚款。因为超期罚款只是在某些情况下才会出现的，所以可以把它从还书用例中提取出来，作为还书用例的扩展用例。考虑用例间的关系之后，"图书馆信息管理系统"的用例图可以得到进一步的改善，如图 8-13 所示。

图 8-12　第一次改善后的"图书馆
信息管理系统"用例图

图 8-13　添加用例关系后的"图书馆
信息管理系统"用例图

3. 确定候选对象

通过分析用例模型，仔细阅读使用场景文档，可以从中提取出目标系统的对象。可以从使用说明场景描述中找出相应的名词和名词性短语，作为候选的业务对象。例如，"续借图书"用例的使用说明场景描述：在所借图书到期之前，如想继续阅读，读者可以进行图书续借，延长图书的借阅时间。该描述中出现的名词或名词性短语有图书、读者和借阅时间。由于借阅时间属于图书的属性，所以从"续借图书"用例中得到的候选对象是读者和图书。

4. 确定结构关系

对象或类之间的关系有依赖、关联、聚合、组合、泛化和实现。依赖关系是"非结构化"的、短暂的关系，表明某个对象会影响另外一个对象的行为或服务。关联关系是"结构化"的关系，描述对象之间的连接。关联关系通过多重性表达式来表示对象之间的对应关系，例如，一个读者可以借阅多本图书，也可以不借阅图书，那么读者与图书之间的多重性表达式就是 1..*。关联关系还具有导航性。导航性是指可使用关联关系从一个关联类访问目标类。例如，"读者信息控制类"可以访问"读者实体类"，那么导航性可以表示为图 8-14 所示的形式。

读者信息控制类　　　　　　读者

图 8-14　关联关系的导航性

聚合关系和组合关系是特殊的关联关系，它们强调整体和部分之间的从属性，组合是聚合的一种形式，组合关系对应的整体和部分具有很强的归属关系和一致的生命期。泛化关系与类间的继承类似。实现关系是针对类与接口的关系。

在"图书馆信息管理系统"中，只用到了关联关系。

5. 确定属性

一个对象往往包含很多属性，如读者的属性可能有姓名、年龄、年级、性别、学号、身份证号、籍贯、民族和血型等。目标系统不可能关注到对象的所有属性，而只是考虑与业务相关的属性。例如，在"图书馆信息管理"系统中，可能不会考虑读者的民族和血型等属性。

确定属性的办法通常是在用例的使用说明场景中寻找一些与对象相关的形容词，以及无法归类为对象的名词。例如，"续借图书"用例的使用说明场景描述中，借阅时间就是图书的一个属性。

有时候并不能从用例的使用说明场景中找到对象的所有属性，这种情况下就应该对每一个对象考虑以下问题：对象包含了什么信息；对象需要将哪些信息长久保存下来；对象能够以哪些状态存在；不同的对象之间通信时需要哪些信息；等等。回答这些问题的过程能够帮助系统分析人员找到遗漏的对象属性。

6. 确定服务

服务是对象必须执行的特定的行为。例如，图书续借就是目标系统提供给读者的服务。将服务分配给相关的对象，则该对象是动作的接收者或者该动作的负责人。

确定服务的方法是在用例的使用说明场景中寻找动词。例如，从"工作人员查询读者信息"中可以得到候选服务——查询信息；再如，从"读者检索到相应的图书后进行预约"中可以得到候选服务——查询图书、预约图书。

7. 建立对象模型

面向对象的需求阶段需要完成的模型包括动态模型、静态模型和数据模型。在动态模型中，人们多采用顺序图和交互图的表示方式。在静态模型中，人们多采用类图（即对象模型）的表示方式，对于复杂的系统还会采用包图的表示方式。对于数据模型，人们可以在实体-关系图的基础上得到目标系统的物理数据表。除了这 3 种模型外，需求阶段还要完成用户界面，以及功能模型的设计。下面以"续借图书"用例为例绘制它的顺序图和类图，设计实体-关系图，并完成其用户界面的设计。

首先要分析与该用例相关的实体类、控制类和边界类。"续借图书"用例如图 8-15 所示。

图 8-15　"续借图书"用例

经过分析得到与该用例相关的类如图 8-16 所示。

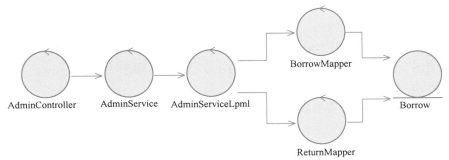

图 8-16　"续借图书"用例相关的类

151

分析过程中所涉及的概念可以给对应类添加相关属性，得出"续借图书"用例的类图，如图 8-17 所示。

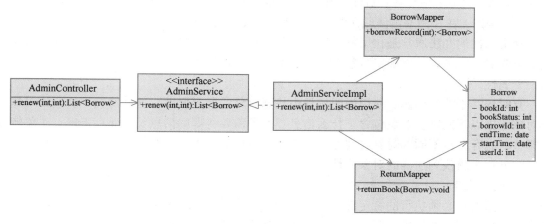

图 8-17　"续借图书"用例的类图

8. 建立实体-关系图

在"续借图书"的 Borrow 实体类表中，引用了外键 uesrId 和 bookId，即涉及 User 和 Book，这两个实体类有这样的关系：一个 User 可以借阅多本 Book，而一个 Book 在同一时间段内只能被一个 User 借阅，所以 User 和 Book 之间的多重性表达式是 1⋯n，实体-关系图如图 8-18 所示。

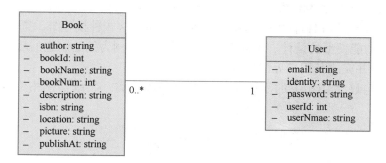

图 8-18　"图书馆信息管理系统"部分实体-关系图

9. 建立动态模型

当用户向 AdminController 发送续借图书的请求后，AdminController 通过 renew() 函数将请求的信息发送给 AdminService，AdminService 是一个接口，故信息流入 AdminServiceImpl 处理，AdminServiceImpl 使用 BorrowMapper 获得对应借阅记录，再使用 ReturnMapper 更新 Borrow 表中相应记录的借阅到期时间。"续借图书"用例的顺序图如图 8-19 所示。

10. 设计用户界面

面向对象的分析阶段还需要设计出目标系统的用户界面。"续借图书"模块的用户界面如图 8-20 所示。

图 8-19　"续借图书"用例的顺序图

图 8-20　"续借图书"模块的用户界面

读者可单击功能栏中的"续借图书栏目",此时会显示"续借图书条目展示",在这里便会列出读者正在借阅的图书,此时读者可以找到自己需要续借的图书,然后单击对应的"续借"按钮完成续借。

由于篇幅有限,这里就不讲述如何建立"图书馆信息管理系统"的功能模型了。

【例8-2】采用面向对象分析方法分析下列需求。

某慈善机构需要开发一个募捐系统,以跟踪和记录向目标群体进行募捐而组织的集体性活动。该系统的主要功能如下所述。

1)管理志愿者。根据募捐任务给志愿者发送加入邀请、邀请跟进、工作任务;管理志愿者提供的邀请响应、志愿者信息、工作时长、工作结果等。

2)确定募捐需求和收集所募捐赠(如资金及物品等)。根据需求提出募捐任务、活动请求和捐赠请求,获取所募集的资金和物品。

3)组织募捐活动。根据活动请求,确定活动时间范围。根据活动时间,搜索可用场馆。然后根据活动时间和地点推广募捐活动,根据相应的活动信息举办活动,从募捐机构获取资金并向其发放赠品;获取和处理捐赠,根据捐赠请求,提供所募集的捐赠。

4)从捐赠人信息表中查询捐赠人信息,向捐赠人发送募捐请求。

【解析】

1. 建立用例模型

根据题中所述,可找出募捐系统中存在两个参与者,即管理员和志愿者,以及12个用例:发送加入邀请,邀请跟进,发布工作任务,响应邀请,接受工作任务,管理志愿者,确定募捐需求,收集所募捐赠,提出募捐任务、活动请求和捐赠请求,组织募捐活动,获取捐赠,处理捐赠。通过分析得出的募捐系统用例图如图8-21所示。

图8-21 募捐系统的用例图

对"响应邀请"用例的使用说明场景描述如下。

用例编号:1。

用例名称:响应邀请。

前置条件:管理员发送邀请。

后置条件:志愿者参与或不参与此次活动。

活动步骤:

1. 志愿者查看邀请。

2. 志愿者反馈给管理员是否参与。

扩展点：无。

异常处理：如果邀请已过期，则无法响应，系统返回邀请失效。

按照这一方法可对其他的用例添加文字性描述。

2. 建立对象模型

经分析可知，系统可划分出进行操作的实体类志愿者和管理员，此外还有进行各种数据处理的系统控制类，以及与系统的数据库进行交互的系统边界类。由于参与者活动会产生相关的数据信息等需要进行存储及管理，所以它们应当作为相关活动的数据类进行分析，包括募捐需求和募捐活动。此处仅做简单的对象划分，详细的划分和设计在设计部分进行。募捐系统的类图如图 8-22 所示。

图 8-22　募捐系统的类图

3. 建立动态模型

经分析可知，本系统主要功能实现有 3 部分：志愿者管理、确定募捐需求和收集所募捐赠、组织募捐活动。下面分别给这 3 个部分的顺序图。

1）志愿者管理：涉及管理员、管理用户界面、系统控制类和志愿者实体类，管理员可以给志愿者发送加入邀请和工作任务，进行邀请跟进，以及管理志愿者提供的邀请响应、志愿者信息、工作时长、工作结果等。志愿者管理主要分为两部分，安排志愿工作和管理志愿者信息。志愿者管理的顺序图如图 8-23 和图 8-24 所示。

2）确定募捐需求和收集所募捐赠：涉及募捐物资联络人（管理员）、募捐需求界面、系统控制类和募捐需求实体类，根据需求提出募捐任务、活动请求和捐赠请求，获取所募集的资金和物品。确定募捐需求和收集所募捐赠需求的顺序图如图 8-25 所示。

3）组织募捐活动：涉及活动组织者（管理员）、组织活动界面、系统控制类和募捐活

图 8-23 志愿者管理——安排志愿工作的顺序图

图 8-24 志愿者管理——管理志愿者信息的顺序图

动实体类及募捐需求实体类。根据活动请求，确定活动时间范围，搜索可用场馆，确定活动信息，推广募捐活动，举办活动后获取和处理捐赠。组织募捐活动的顺序图如图 8-26 所示。

图 8-25　确定募捐需求和收集所募捐赠需求的顺序图

图 8-26　组织募捐活动的顺序图

4. 建立功能模型

募捐系统的 0 层数据流图绘制过程及分析如下。

由题中的关键信息"根据募捐任务给志愿者发送加入邀请、邀请跟进、工作任务；管理志愿者提供的邀请响应、志愿者信息、工作时长、工作结果等"，可知应有一实体为志愿者，根据题中给出的"根据活动时间，搜索场馆，即向场馆发送场馆可用性请求，获得场馆可用性"等关键信息，可知必定有另一个实体为场馆。基于题干中给出的"根据相应的活动信息举办活动，从募捐机构获取资金并向其发放赠品"等关键信息，可知募捐机构也应以实体形式出现。依据题中给出的"从捐赠人信息表中查询捐赠人信息，向捐赠人发送募捐请求"等关键信息，可得出最后一个实体——捐赠人。与志愿者相关的数据流入应有"加入邀请/邀请跟进/工作任务"，数据流出应有"志愿者信息/工作时长/邀请响应/工作结果"；与场馆相关的数据流入应有"场馆可用性请求"，数据流出应有"场馆可用性"；与募捐机构相关的数据流入应有"赠品"，数据流出应有"资金"；与捐赠人相关的数据流入应有"募捐请求/捐赠跟进/致谢"，数据流出应有"捐赠人信息/捐赠"。募捐系统的 0 层数据流图如图 8-27 所示。

图 8-27　募捐系统的 0 层数据流图

对于如何利用面向对象的方法设计此募捐系统，请参看第 10.7 节的【例 10-1】。

习题

1. 判断题

（1）模型是对现实的简化，建模是为了更好地理解所开发的系统。　　　　（　　）

（2）在面向对象的需求分析方法中，建立动态模型是最主要的任务。　　　（　　）

（3）在面向对象分析阶段建立的 3 个模型中，核心的模型是功能模型。　　（　　）

（4）对象模型的描述工具是状态图。　　　　　　　　　　　　　　　　　（　　）

2. 选择题

（1）面向对象模型主要由（　　　）组成。

A. 对象模型、动态模型、功能模型

B. 对象模型、数据模型、功能模型

C. 数据模型、动态模型、功能模型

D. 对象模型、动态模型、数据模型

（2）面向对象分析的首要工作是建立（　　）。

A. 系统的动态模型

B. 系统的功能模型

C. 基本的 E-R 图

D. 问题的对象模型

（3）面向对象的分析方法主要是建立 3 类模型，即（　　）。

A. 系统模型、E-R 模型、应用模型

B. 对象模型、动态模型、功能模型

C. E-R 模型、对象模型、功能模型

D. 对象模型、动态模型、应用模型

（4）在面向对象分析阶段建立的 3 个模型中，核心的模型是（　　）模型。

A. 功能　　　　　　　B. 动态　　　　　　　C. 对象　　　　　　　D. 分析

（5）在面向对象的动态模型中，每张状态图表示（　　）的动态行为。

A. 某一个类　　　　　　　　　　B. 有关联的若干个类

C. 一系列事件　　　　　　　　　D. 一系列状态

（6）在考察系统的一些涉及时序和改变的状况时，要用动态模型来表示。动态模型着重于系统的控制逻辑，它包括两个图：一个是事件追踪图，另一个是（　　）。

A. 顺序图　　　　　　B. 状态图　　　　　　C. 系统结构图　　　　D. 数据流图

（7）对象模型的描述工具是（　　）。

A. 状态图　　　　　　B. 数据流图　　　　　C. 结构图　　　　　　D. 类图

（8）功能模型中所有的（　　）往往形成一个层次结构，在这个层次结构中，一个数据流图的过程可以由下一层数据流图做进一步的说明。

A. 事件追踪图　　　　B. 物理模型图　　　　C. 状态迁移图　　　　D. 数据流图

3. 简答题

（1）请对比面向对象需求分析方法和结构化需求分析方法。

（2）类间的外部关系有几种类型？每种关系表达什么语义？

（3）请简述面向对象分析的原则。

（4）请简述面向对象分析的过程。

（5）什么是动态模型？

（6）什么是对象模型？

（7）什么是功能模型？

4. 应用题

（1）在温室管理系统中，有一个环境控制器，当没有种植作物时它处于空闲状态。一旦种上作物，它就要进行温度控制，定义气候，即在什么时期应达到什么温度。当处于夜晚时，由于温度下降，要调用调节温度过程，以便保持温度；太阳出来时，进入白天状态，由于温度升高，要调用调节温度过程，保持要求的温度。当日落时，进入夜晚状态。当作物收获后，终止气候的控制，则进入空闲状态。

请建立环境控制器的动态模型。

（2）一家图书馆藏有图书、杂志、小册子、电影录像带、音乐 CD、录音图书磁带和报纸等出版物供读者借阅。这些出版物有出版物名、出版者、获得日期、目录编号、书架位置、借出状态和借出限制等属性，并有借出、收回等服务。

请建立上述图书馆馆藏出版物的对象模型。

（3）王大夫在小镇上开了一家牙科诊所，他有一名牙科助手、一名牙科保健员和一名接待员。王大夫需要一个软件系统来管理预约。

当病人打电话预约时，接待员将查阅预约登记表，如果病人申请的就诊时间与已定下的预约时间冲突，则接待员建议一个就诊时间以安排病人尽早得到诊治。如果病人同意建议的就诊时间，接待员将输入约定时间和病人的名字。系统将核实病人的名字并提供记录的病人数据，数据包括病人的病历号等。在每次治疗后，助手或保健员将标记相应的预约诊治已经完成，如果必要的话会安排病人下一次再来。

系统能够按病人姓名和日期进行查询，能够显示记录的病人数据和预约信息。接待员可以取消预约，可以打印出前两天预约尚未就诊的病人清单。系统可以从病人记录中获知病人的电话号码。接待员还可以打印出关于所有病人的每天和每周的工作安排。

请建立上述牙科诊所管理系统的功能模型。

第9章

软件体系结构与设计模式

本章首先对软件体系结构进行概述，包括软件体系结构的概念、软件体系结构建模、软件体系结构的分层模型和软件体系结构的作用；然后，讲述典型的软件体系结构风格，包括数据流风格、调用/返回风格、独立构件风格、虚拟机风格和仓库风格；接着，讲述软件质量属性和分布式系统结构；还介绍了体系结构框架，包括模型–视图–控制器、模型–视图–表示器、J2EE 体系结构框架、PCMEF 框架和 PCBMER 框架；最后，针对软件设计模式做简要阐述。

本章目标

☐ 了解软件体系结构的概念和建模方法。
☐ 熟悉常见的软件体系结构风格。
☐ 了解软件的质量属性。
☐ 了解分布式系统结构。
☐ 了解软件体系结构框架。
☐ 了解软件设计模式。

9.1 软件体系结构概述

体系结构是研究系统各部分组成及相互关系的技术学科。体系结构就相当于一个系统的整体框架的草图，描述系统组成的骨架。同样，软件系统也具有自己的体系结构。

9.1.1 软件体系结构的概念

软件体系结构对于一个软件系统具有至关重要的作用，它的好坏直接决定了软件系统是否能合理高效地运行。可以说，软件体系结构既决定了系统的框架和主体结构，又决定了系统的基本功能及某些细节特征。软件体系结构是构建计算机软件实践的基础。

如图 9-1 所示，软件体系结构包括以下几部分。

1）软件的组成元素（组件）。
2）这些（组件）元素的外部可见特性。
3）这些元素（组件）之间的相互关系。

软件体系结构不仅指定了系统的组织结构和拓扑结

图 9-1　软件体系结构

构，也显示了系统需求和构成系统的元素之间的对应关系，为设计决策提供了支撑。

在建筑学中，建筑师通常用不同种类的蓝图来描述目标建筑物。在软件设计中，开发人员也经常用各种视图来描述目标系统，如功能视图、逻辑视图、结构视图、过程视图、物理视图和部署视图等。目前，UML已经提供了一套软件体系结构视图的标准。

软件体系结构描述的对象是直接构成系统的抽象组件。它由功能各异、相互作用的部件按照层次构成，包含了系统的基础构成单元、单元之间的相互作用关系、在构成系统时它们的合成方法，以及对合成约束的描述。

具体来说，部件包括客户端、服务器、数据库、程序包、过程和子程序等一切软件的组成部分；相互作用的关系可以是过程调用、消息传递、共享内存变量、客户端/服务器的访问协议及数据库的访问协议等。

9.1.2　软件体系结构建模

针对某一具体的软件系统研发项目，需要以某种可视化/形式化的形式将软件体系结构的设计结果加以显式地表达出来，进而支持以下几个方面。

1）用户、软件架构师与开发者等各方人员之间的交流。

2）分析和验证软件体系结构设计的优劣。

3）指导软件开发组进行系统研发。

4）为日后的软件维护提供基本文档。

根据建模侧重点的不同，可以将软件体系结构的模型分为结构模型、框架模型、动态模型、过程模型和功能模型5种。

1）结构模型：这是一个最直观、最普遍的建模方法。这种方法以体系结构的构件、连接件和其他概念来刻画结构，并力图通过结构来反映系统的重要语义内容，包括系统的配置、约束、隐含的假设条件、风格和性质。研究结构模型的核心是体系结构描述语言。

2）框架模型：框架模型与结构模型类似，但它不太侧重描述结构的细节，而更侧重于描述整体的结构。框架模型主要以一些特殊的问题为目标，建立只针对和适应该问题的结构。

3）动态模型：动态模型是对结构模型或框架模型的补充，研究系统的"大颗粒"的行为性质。例如，描述系统的重新配置或演化。动态可能指系统总体结构的配置、建立或拆除通信通道及计算的过程。这类系统常是激励型的。

4）过程模型：过程模型研究构造系统的步骤和过程，因此体系结构是遵循某些过程脚本的结果。

5）功能模型：该模型认为体系结构是由一组功能构件按层次组成，下层向上层提供服务。它可以看作是一种特殊的框架模型。

这5种模型各有所长，也许将5种模型有机地统一在一起，形成一个完整的模型来刻画软件体系结构更合适。例如，第7.2.5小节的UML"4+1"视图就从5个不同的视角包括逻辑视角、过程视角、物理视角、开发视角和场景视角来描述软件体系结构。每一个视角只关心系统的一个侧面，5个视角结合在一起才能够反映系统的软件体系结构的全部内容。

软件体系结构建模可分为4个层次。

1）软件体系结构核心元模型：软件体系结构模型由哪些元素组成，这些组成元素之间按照何种原则组织。

2）软件体系结构模型的多视图表示：从不同的视角描述特定系统的体系结构，从而得到多个视图，并将这些视图组织起来以描述整体的软件体系结构模型。

3）软件体系结构描述语言：在软件体系结构基本概念的基础上，选取适当的形式化或半形式化的方法来描述一个特定的体系结构。

4）软件体系结构文档化：记录和整理上述 3 个层次的描述内容。

9.1.3　软件体系结构的分层模型

在介绍软件体系结构时，一定要介绍分层的概念。分层可以让人们从不同的角度、不同的层面来观察软件系统，方便对软件系统进行描述、分析、设计和使用。软件体系结构的分层模型如图 9-2 所示。

图 9-2　软件体系结构的层次模型

- 计算机硬件层是软件实现的物质基础，如存储器、时钟和高速缓存等。
- 软件/硬件层实现了软件与硬件的分离，既是对软件实现的最底层的描述，也是对硬件实现的操作和控制的描述。
- 基础控制描述层、资源和管理调度层是体系结构构件和连接的内在构成模型。基础控制描述层描述了高级语言支持的所有顺序、选择、循环、过程、函数等程序控制的概念和数组、队列、链表等数据描述概念。资源和管理调度层描述了基于特定操作系统的进程管理、消息通信等机制，协调和控制一系列数据对象和操作。
- 系统结构模式层是软件的上层体系结构，它是最高层次的软件结构概念，其涉及的概念通常有客户机/服务器、解释器、编译器、框架等。
- 应用层是建立在软件概念之上的领域问题描述，它是基于纯粹的应用领域的。

9.1.4　软件体系结构的作用

设计软件的体系结构在设计阶段非常重要。软件体系结构就好比软件系统的骨骼，如果骨骼确定了，那么软件系统的框架就确定了。在设计软件体系结构的过程中，应当完成的工作至少包括以下几项。

1）定义软件系统的基本组件、组件的打包方式以及相互作用的方式。

2）明确系统如何实现功能、性能、可靠性和安全性等各个方面的需求。

3）尽量使用已有的组件，提高软件的可重用性。

软件体系结构在软件开发过程中的作用如下。

（1）规范软件开发的基本架构

体系结构一般说来与需求是密切相关的。明确的需求可以制定明确的软件规格，越明确的规格设计出来的软件架构越清晰。需求的变更也是必须要考虑的，有明确的变更趋势也可以更早地在设计中体现出来。在制定软件规格时要考虑一些核心的技术是否可用。

　　几乎所有的软件开发都需要借鉴别人或组织中其他项目所拥有的经验。一个良好的软件体系结构可以给开发者很多的帮助和参考。良好的体系结构可以规范软件开发过程，少走弯路，事半功倍。

　　（2）便于开发人员与客户的沟通

　　开发人员与系统设计人员、客户以及其他有关人员之间进行有效的沟通和交流，可以达成对某些事物的一致性。如果有明确的需求和规格，那就应该进行详细的结构设计，从用例图，到类图，到关键部分的顺序图、活动图等，越细越好。尽可能多地进行交流，尽量让更多的人了解项目的需求与现实环境，为设计提出建议。结构设计注重体系的灵活性，更多地考虑各种变更的可能性，这是最关键的阶段。但这通常是理想状态，一般来说，客户不会给出太明确的需求。应用软件体系结构的思想和方法可以较好地划分范围、确定时间、规划成本、保证质量。

　　（3）模块化、层次化的设计有利于减少返工、提高效率

　　设计架构上要注意模块的划分，模块越独立越好。尽量把有明确需求的应用划分为独立的模块，模块与模块之间减少交集，一旦某个模块出现问题也不至于影响其他模块。

　　层次化设计就是一层一层地进行分割，是一种一目了然的处理方式。层次体系结构利用分层的处理方式来处理复杂的功能。层次系统由于是上层子系统使用下层子系统的功能，而下层子系统不能够使用上层子系统的功能，下层每个程序接口执行当前的一个简单的功能，而上层通过调用不同的下层子程序，并按不同的顺序来执行这些下层程序，有效地杜绝了不同层次之间不该有的交集，减少了错误的发生，也便于检错。

　　（4）便于系统开发前、后期的筹备与服务

　　利用体系结构的思想开发产品不仅可以规范流程、节省时间，而且还能留下大量的开发文档、产品类型框架及软件开发标准流程等资料，为今后的售前咨询和售后服务提供参考和依据。

　　两种常用的软件体系结构如图 9-3 和图 9-4 所示。

 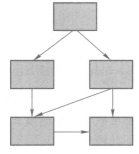

图 9-3　树形结构　　　　　　　　　　图 9-4　网状结构

9.2　典型的软件体系结构风格

　　所谓软件体系结构风格，是描述某一特定应用领域中系统组织方式的惯用模式。

　　1）软件体系结构风格反映了领域中众多系统所共有的结构和语义特性，并指导如何将各个模块和子系统有效地组织成一个完整的系统。

　　2）软件体系结构风格定义了用于描述系统的术语表和一组指导构件系统的规则。

软件体系结构风格包含 4 个关键要素。

1）提供一个词汇表。

2）定义一套配置规则。

3）定义一套语义解释规则。

4）定义对基于这种风格的系统进行的分析。

根据以上 4 要素，Garlan 和 Shaw 对通用软件体系结构风格进行分类，而且每种体系结构风格还具有各自的应用领域和优缺点。

9.2.1　数据流风格

数据流风格的主要特点是：数据到达即被激活处理工作，无数据时不工作。一般来说，数据的流向是有序的。在纯数据流系统中，处理之间除了数据交换，没有任何其他的交互。其主要研究近似线性的数据流，或在限度内的循环数据流，包括批处理序列和管道/过滤器。数据流风格示意图如图 9-5 所示。

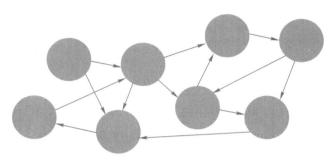

图 9-5　数据流风格示意图

9.2.2　调用/返回风格

调用/返回风格的主要特点是：各个构件通过调用其他构件和获得返回参数来进行交互，配合完成功能。其主要包括主程序/子程序、面向对象风格和层次结构。调用/返回风格示意图如 9-6 所示。

9.2.3　独立构件风格

独立构件风格的主要特点是：事件的触发者并不知道哪些构件会被这些事件影响，相互保持独立，这样不能假定构件的处理顺序，甚至不知道哪些过程会被调用；各个构件之间彼此无连接关系，各自独立存在，通过对事件的发布和注册实现关联。其主要包括进程通信和事件系统。独立构件风格示意图如图 9-7 所示。

图 9-6　调用/返回风格示意图　　　　图 9-7　独立构件风格示意图

9.2.4 虚拟机风格

虚拟机风格创建了一种虚拟的环境,将用户与底层平台隔离开来,或者将高层抽象和底层实现隔离开来。其主要包括解释器、基于规则的系统。虚拟机风格示意图如9-8所示。

9.2.5 仓库风格

仓库是存储和维护数据的中心场所。在仓库风格中存在两类构件:表示当前数据的状态的中心数据结构和一组对中心数据进行操作的独立构件。其主要包括数据库系统、超文本系统和黑板系统。仓库风格示意图如图9-9所示。

图9-8 虚拟机风格示意图   图9-9 仓库风格示意图

除此之外,常见的软件体系结构风格还有 C/S 风格、B/S 风格、模型-视图-控制器(MVC)风格、点对点(P2P)风格及网格(Grid)风格等。

9.3 软件质量属性

软件质量属性是指软件系统在其生命周期过程中所表现出的各种特征。质量属性既和软件体系结构有关,也和具体实现有关。但软件设计是保证软件质量的重要阶段,而软件体系结构是获取许多质量属性的基础,因此在软件体系结构设计时就应考虑到这些质量属性,并在软件体系结构层次上进行评估。

质量属性可以分为3类,即系统属性、商业属性和构架属性,如图9-10所示。

系统属性按运行时是否可见又分为以下两类。

1)运行时可观察到的:包括性能、安全性、可用性和易用性。

2)运行时不可观察到的:包括可修改性、可移植性、可测试性、可集成性和可重用性。

商业属性包括投放市场时间、成本和预计的系统生命周期长短。

构架属性包括软件体系结构本身的概念完整性、正确性和可构建性。

图9-10 软件质量属性

在软件体系结构设计时，除了要考虑系统要实现的功能外，还应充分考虑系统所要求的各类质量属性。

9.4　分布式系统结构

在 20 世纪 90 年代之前，计算机主要采用集中式结构，主流应用基本都是使用大型机/小型机计算模型。这种计算模型是通过一台物理宿主机，连接多个非智能终端来完成应用程序。在多用户环境中，用户的交互、数据处理等全部由宿主机完成，终端只负责显示和输入。由于数据的爆炸性增长，对宿主机的要求越来越高，部署成本也随之升高，高昂的成本使得一般人根本无条件使用，严重阻碍了计算机的普及。

20 世纪 90 年代之后，个人计算机开始出现，其相对低廉的使用成本使其得到了迅猛的发展。随着网络技术的成熟，个人计算机和工作站的分布式组网结构，永久地改变了大型机/小型机计算模型，从而产生了分布式计算模型。如今，只有在一些有密集数据处理要求、分布式系统不能胜任的地方，如数据中心、银行核心业务等，大型机/小型机计算模型还占据牢固的统治地位。

目前，硬件技术的发展有两个主要趋势。

1）多处理器的计算机系统正在更广泛地进入小型办公场所，如基于 x96/x64 结构的 Window NT、UNIX/Linux、macOS 等，甚至移动设备（如高端智能手机）都已经有多核产品在市场上流行。

2）这些设备通过网络互联在一起，形成无数的物理局域网或虚拟局域网（如 VPN）。

分布式计算模型主要具有以下优点。

- 资源共享。分布式系统允许硬件、软件等资源共享使用。
- 经济型。分布式系统的使用成本要远低于大型机/小型机系统。
- 性能和可扩展性。通过越来越多的设备互连，以及高效的任务分配，分布式系统的性能正在接近甚至超越大型机/小型机系统的性能。而且，分布式系统天生的高可扩展性是大型机/小型机系统望尘莫及的。
- 固有分布性。有些应用是固有分布的，如遵循客户机/服务器模型的数据库应用程序，这类应用只能部署在分布式系统中。
- 健壮性。多数情况下，分布式系统中某些节点的崩溃并不会危及整个系统（但中心节点，如文件服务器等例外，但这时通常会采用热备份系统及时接管工作）。

9.4.1　多处理器体系结构

多处理器系统是分布式系统的最简单模型。该系统同时运行许多进程，这些进程分布在不同的处理器上，可以极大地提高系统的性能。

由于大型实时系统对响应时间要求很高，多采用多处理器体系结构。大型实时系统需要实时采集信息，并利用采集到的信息进行决策，然后发送信号给执行机构。虽然，信息采集、决策和执行可以在一个处理器上统一调度完成，但多处理器的并行计算比单处理器的分时片计算能够极大地提高系统的性能，而且可靠度也相对较高。

9.4.2　客户机/服务器体系结构

客户机/服务器（Client/Server，C/S）体系结构是为了共享不对等的资源而提出来的，是20世纪90年代成熟起来的技术。C/S体系结构定义了客户机如何与服务器连接，以将数据和应用系统分布到多个处理器上。

C/S体系结构有3个主要的组成部分。

- 服务器。负责给其子系统提供服务，如数据库服务器提供数据存储和管理服务，文件服务器提供文件管理服务，搜索服务器提供数据检索服务等。
- 客户机。通常是独立的子系统，通过向服务器请求约定的资源获取数据。一台服务器可以同时为许多客户机提供服务。
- 网络。连接服务器和客户机。有时客户机和服务器位于同一台物理主机上，但多数情况下它们分布在不同的主机上。网络可以有各种形式，包括有线和无线等。

在C/S体系结构中，客户机可以通过远程调用获取服务器提供的服务，因此，客户机必须知道服务器的地址和它们提供的服务。

C/S系统的设计必须考虑应用系统的逻辑结构。在逻辑上，通常将应用系统划分为3层，即数据管理层、应用逻辑层和表示层。数据管理层主要处理数据存储和管理操作，一般由成熟的关系型数据库来承担这部分工作。应用逻辑层处理与业务相关的逻辑。表示层处理用户界面以及用户的交互。在集中式系统中，不需要将这些清楚地分离，但在分布式系统中，不同层常被部署在不同的主机上，因此必须严格地分离不同层。

图9-11是典型的C/S分布式结构，各类客户机设备通过有线或无线的Internet或Intranet连接到服务器，而服务器则通过以太网连接数据库和文件服务器及其他外设。

C/S体系结构通常有两层或三层，也可根据需要划分为更多层。

两层C/S结构一般有两种形态。

1）瘦客户机模型。在瘦客户机模型中，数据管理和应用逻辑都在服务器端执行，客户机只负责表示部分。

图9-11　C/S体系结构

瘦客户机模型的好处是业务核心逻辑都在服务器端执行，安全性相对较高；但缺点是，所有的负荷都放在了服务器端，无疑加重了服务器端的负担，而且也增大了通信的网络流量，也不能发挥客户机的计算能力。最初的浏览器其实就是瘦客户机的变种（当然，JavaScript等应用也正在将越来越多的计算处理转移到客户机）。

2）胖客户机模型。在这种模型中，服务器只负责对数据的管理。客户机上的软件实现应用逻辑，以及与系统的交互。胖客户机模型能够充分利用客户机的处理能力，在分布处理上比瘦客户机模型高效得多。但另一方面，随着企业应用规模的日益增大，软件的复杂度在不断提高，胖客户机模型逐渐暴露出以下缺点。

① 开发成本高。C/S体系结构对客户机的软/硬件配置要求较高，尤其是软件的不断升级，对硬件处理能力要求不断提高，增加了整个系统的成本，同时使得客户机越来越臃肿。

② 用户界面风格不一，使用繁杂，不利于推广使用。

③ 软件移植困难。采用不同开发工具和平台开发的软件之间一般不兼容，所以难以移

植到其他平台上运行。有时不得不因此开发针对另一平台的版本。

④ 软件维护和升级困难。由于应用程序安装在客户机上，需要维护时，必须升级和维护所有的客户机。

两层 C/S 结构中，一个需要重点考虑的问题是将 3 个逻辑层（数据管理层、应用逻辑层和表示层）映射到两个系统。如果使用瘦客户机模型，则存在伸缩性和性能问题；如果使用胖客户机模型，则可能存在系统管理上的问题。

三层 C/S 结构就避免了这个问题，将数据管理层和应用逻辑层分别放在两个物理层或物理主机上，表示层仍然保留在客户机上。对于三层 C/S 结构，各层的功能或职责如下。

1）表示层。表示层是应用系统的用户界面部分，担负着用户与应用程序之间的对话功能。例如，检查用户的输入，以及显示应用的输出等。通常采用图形界面的方式呈现。

2）应用逻辑层。应用逻辑层为应用系统的主体，包含全部的业务逻辑。例如，数据处理、用户管理、与其他系统交互，以及记录系统日志等。通常是应用服务器。

3）数据层。数据层一般只负责数据的存取、管理和维护（如备份等）。通常是关系型数据库服务器。

三层 C/S 结构的优点如下。

1）通过合理地划分三层结构，使之在逻辑上保持相对独立性，提高系统的可维护性和可扩展性。

2）能更灵活地选用相应的平台和应用系统，使之在处理负荷能力上与处理特性上分别适应各层的要求，并且这些平台和组成部分可以具有良好的可升级性和开放性。

3）应用的各层可以独立地并行开发，每层可以根据自己的特点选用合适的开发语言。

4）安全性相对较高。因为应用层屏蔽了客户直接访问数据库的权利，使得未授权用户或黑客难以绕过应用层直接获取敏感数据，为数据的安全管理提供了系统结构级的支持。

但三层结构必须细心地设计通信模块（通信方法、通信频度和数据流量等），一旦通信成为瓶颈，那么应用服务器和数据服务器的性能再高也无法发挥出来。这和如何提高各层的独立性一样是三层结构设计的核心问题。

浏览器/服务器（Browser/Server，B/S）结构是三层应用结构的一种实现，其具体结构为浏览器/Web 服务器/数据库服务器。B/S 结构利用不断成熟的 WWW 浏览器技术，结合多种脚本语言，用通用的浏览器就可以实现原来需要复杂的专用软件才能实现的强大功能，尤其是近年来流行的 JavaScript，以及基于其上的 Ajax 等技术。而且，越来越多的浏览器开始支持 HTML 5 标准。B/S 结构能实现的功能越来越接近甚至可以跟 C/S 结构相媲美。

B/S 结构有一些 C/S 结构所无法企及的优势。

- 基于 B/S 体系结构的软件，系统安装、修改和维护全部在服务器端进行。用户使用时，仅需要一个浏览器（而且浏览器如今已成为各类操作系统标配的一部分）即可使用全部功能，实现了"零客户端"，升级维护十分容易。
- B/S 结构提供了异种机、异种网、异种应用服务的联机、联网和统一服务的开放性基础。

9.4.3　分布式对象体系结构

在客户机/服务器模型中，客户机和服务器的地位是不同的。客户机必须知道服务器的存在，以及其提供什么样的服务。而服务器无须知道客户机的存在（HTTP 本身就是一个无状态协议）。在设计系统时，设计者必须考虑服务在何处以何种方式提供，而且系统的伸缩性也必须要考虑，尤其当大量客户机同时访问系统时，如何平衡负载。

分布式系统设计的更一般方法是去掉客户机与服务器之间的差异，用分布式对象体系结构来设计系统。分布式对象的实质是在分布式异构环境下建立应用程序系统框架和对象构件，将应用服务分割成功能独立的构件，各个构件可以放在同一台或不同的多台服务器上运行。构件之间的通信最通常的设计方法是通过一个中间件通信，类似计算机中主板上的数据总线。中间件一般称为软件总线或对象请求代理，它的作用是在对象之间提供一个无缝接口。分布式对象体系结构如图 9-12 所示。

图 9-12　分布式对象体系结构

分布式对象体系结构的应用目的主要是为了降低服务器负荷、共享网络的资源、平衡分配计算任务到不同的主机，以及提高系统的协同处理能力。分布式对象体系结构的基础是构件。构件是独立的代码封装体，可以是一个简单的对象，也可以是对象的组合体。当前，主流分布式对象体系结构规范有 OMG 的 CORBA、Microsoft 的 .NET、Sun 公司的 J2EE。

9.4.4　对等端体系结构

对等端体系结构可以视为客户机/服务器体系结构和分布式对象体系结构的融合。它没有严格的客户机和服务器的划分，所有分布的对等端根据需要既能充当服务器，又能充当客户机。但在有些情况下，对等端体系结构仍然需要设计一个端节点服务器，用于存储端节点信息。在通信之时，对等端首先连接到端节点服务器上，下载可用的对等端节点信息。之后的通信就是根据这些端节点信息连接到其他对等端请求信息，这时，该节点常充当客户机，其他被请求的端充当服务器。

对等端体系结构常常用于数据共享类系统的设计。例如，多数下载软件使用的 P2P（Peer-to-Peer）模式，下载开始时，首先从服务器请求资源列表，然后连接到列表中的资源上请求数据分包。如果有很多节点拥有资源，就能同时从这些节点上请求分包。所以理论上，P2P 模式通信速度的上限就是请求节点网络速度的上限。P2P 模式还有一种变种，有时网络中不存在拥有资源的对等节点，或数量很少，这时端节点服务器也能充当对等端，这样的体系结构叫作 P2SP 模式。

对等端体系结构也用于设计一些难以存在稳定服务器的特殊环境中使用的系统。例如，利用车载网络传输数据，所有车辆的位置都是无法提前精确预测的，此时的通信节点只能通过自组织的方式进行连接。

9.4.5　代理

代理可以用于构件包含隔离组件的软件系统，软件通过远程服务调用进行交互。代理者负责协调通信，如转发请求和传递结果或异常等。

OMG 基于面向对象技术，给出了以对象请求处理（ORB）为中心的分布式应用体系结构，如图 9-13 所示。

图 9-13　以 ORB 为中心的分布式应用体系结构

在 OMG 的对象管理结构中，ORB 是核心通信机制，以实时互操作性为主要目标，处理对象之间的消息交互。

在 ORB 上有 4 个对象接口。

- 对象服务：定义加入 ORB 的系统级服务，如安全性、命名和事务处理，与应用领域无关。
- 公共设施：定义应用程序级服务。
- 领域接口：面向特定领域接口。
- 应用接口：面向指定的外界应用，一般是供应商或用户借助 ORB、公共对象服务及公共设施而开发的特定产品。

9.5　体系结构框架

本节讲述体系结构框架，包括模型-视图-控制器、模型-视图-表示器、J2EE 体系结构框架、PCMEF 框架和 PCBMER 框架。

9.5.1　模型-视图-控制器

模型-视图-控制器（Model-View-Controller，MVC）模型由 Trygve Reenskaug 博士在 20世纪 70 年代提出，并最早在面向对象编程语言 Smalltalk-80 中实现。

MVC 强调将用户的输入、数据模型和数据表示方式分开设计，一个交互式应用系统由模型、视图和控制器 3 部分组成，分别对应内部数据、数据表示和输入/输出控制部分。MVC 模型处理流程图如图 9-14 所示。

图 9-14　MVC 模型处理流程图

- 模型：模型对象代表应用领域中的业务实体和业务逻辑规则，是整个模型的核心，独立于外在的显示内容和显示形式。模型对象的变化通过事件通知视图和控制器对象。采用了发布者/订阅者方式，模型是发布者，视图和控制器是订阅者。对于模型来说，并不知道自己对应的视图和控制器；但控制器可以通过模型提供的接口改变模型对象，接口内封装了业务数据和行为。

- 视图：视图对象代表 GUI 对象，以用户熟悉和需要的格式表现模型信息，是系统与外界的交互接口。视图订阅模型可以感知模型的数据变化，并更新自己的显示。视图对象也可以包含子视图，用于显示模型的不同部分。在多数的 MVC 实现技术中，视图和控制器常常是一一对应的。
- 控制器：控制器对象处理用户的输入，并给模型发送业务事件，再将业务事件解析为模型应执行的动作；同时，模型的更新与修改也将通过控制器来通知视图，保持视图与模型一致。

MVC 的整个处理流程为：系统拦截到用户请求，根据相应规则（多数采用路由技术），将用户请求交给控制器，控制器决定用哪个模型来处理用户的请求；模型根据业务逻辑处理完毕后将结果返回给控制器；然后，控制器将数据提交给视图；视图把数据组装之后，呈现给用户。其中，模型处理所有的业务逻辑和规则，视图只负责显示数据，控制器负责用户的请求，这样将业务和表现层分离，以便业务代码可以被用于任何相似的业务中，视图代码也可以根据需要随意替换。相比于传统将业务逻辑和视图混合在一起的实现方式，MVC 可以最大化地重用代码，且灵活性极高。

自 1979 年以后，MVC 模式逐渐发展成为受欢迎的应用程序模式之一。这种减少复杂度及分割应用程序责任的能力极大地支持开发人员构建可维护性更高的应用程序，这正是人们希望通过 ASP. NET MVC 能够发展并构建的能力。

MVC 应用非常广泛，既可以应用于本地系统，也可以用于分布式系统，但 MVC 的最大用武之处在当今的 Web 应用上。尤其是 2004 年美国人 David 使用 Ruby 语言构建使用 MVC 模式的 Rails 开发框架以来，越来越多的基于 MVC 的框架涌现出来。

如今，主流的 MVC 框架有基于 Ruby 的 Rails、基于 Python 的 Django、基于 Java 的 Structs/Spring 和 JSF、基于 PHP 的 Zend、基于 . NET 的 MonoRail，以及另一个被视为最具潜力的微软的架构 ASP. NET MVC。

9.5.2　模型-视图-表示器

模型-视图-表示器（Model-View-Presenter，MVP）是近年较流行的一种体系结构。从名字上就可以看出，MVP 与 MVC 十分类似，事实也确实如此。甚至有程序员开玩笑说 MVP 不过是将 MVC 中的 C 换成了字母 P，这种说法一定程度上确实有理。

MVP 与 MVC 的主要差异体现在"请求在何处访问系统"，以及"各部分如何联系在一起"。MVP 模型处理流程图如图 9-15 所示。

图 9-15　MVP 模型处理流程图

1）用户直接与视图进行交互（图中步骤 1）。

2）视图通过引发一个事件，通知表示器有事件发生（图中步骤 2），然后表示器访问视图通过其 IView 接口公开的属性（图中步骤 3）。这些属性是视图实际 UI 元素的包装器。

3）此后表示器调用模型（图中步骤 4），再返回结果（图中步骤 5）。

4）表示器转换数据，然后设置 UI 的值，该操作通过 IView 接口完成（图中步骤 6）。

5）视图将最终页面显示给用户。

MVP 中的视图比 MVC 中的视图更加"被动"，视图引发事件，但是由表示器读取并设置 UI 的值。事实上，MVP 模式设计的目的就是为了增强 MVC 模式，以尝试使视图更加被动，以便更换视图更加容易。

但 MVP 模式存在的问题是视图和表示器之间的联系比 MVC 模式中更加复杂，每个视图都有自己的接口，并且视图的接口特定于页面的内容，所以难以委托框架来创建视图，而必须由程序员手工完成创建。这也是微软等公司采用 MVC 实现框架，而不采用 MVP 的原因。

9.5.3　J2EE 体系结构框架

MVC 是很多现代体系结构框架的基础，主要应用于企业和电子商务系统中。J2EE 的核心体系结构框架是在 MVC 框架的基础上进行扩展得到的，如图 9-16 所示。J2EE 模型是分层结构，中间是 3 层（表示层、业务层和集成层）包含应用的构件，客户层和资源层处于应用的外围。

图 9-16　J2EE 的核心体系结构框架

- 客户层：用户与系统交互的入口。该层可以是各种类型的客户端，如 C/S 客户端、浏览器和移动设备等。
- 资源层：资源层可以是企业的数据库、电子商务解决方案中的外部系统，或者 SOA 服务。数据可以采用分布式方式部署在多个服务器上。
- 表示层：也称为 Web 层或服务器端表示层，是用户和应用之间的桥梁。在基于 Web 的应用系统中，表示层由用户界面代码和运行在 Web 服务器或应用服务器上的应用程序组成。参考 MVC 框架，表示层包括视图和控制器部分。
- 业务层：包含业务逻辑和应用逻辑。负责确认和执行企业范围内的业务规则和事务，并管理从资源层加载到应用程序中的业务对象。参考 MVC 框架，业务层包括模型部分。
- 集成层。负责建立和维护与数据源的连接。例如，通过 JDBC 与数据库通信，利用 Java 消息服务（JMS）与外部系统联合等。

在企业与电子商务系统的开发和集成中，产生了多种经过较大调整、关注不同复杂度的 J2EE 技术。这些技术支持 MVC 的实现，如 Struts。有些技术还扩展了企业服务，如 Spring 框架技术和应用服务器（如 JBoss、Websphere 应用服务器）。在应用服务器中，与 JMS 实现集成则将应用领域扩展到了电子商务。

9.5.4 PCMEF 框架

表示–控制–中介–实体–基础（Presentation–Control–Mediator–Entity–Foundation，PCMEF）是一个垂直层次的分层体系结构框架。每一层可以包含子包的包。PCMEF 框架包含 4 层：表示层、控制层、领域层和基础层。领域层包含两个预定义的包：实体（Entity）和中介（Mediator）。参考 MVC 框架，表示层对应 MVC 中的视图，控制层对应 MVC 中的控制器，领域层的实体对应 MVC 中的模型。MVC 中没有与中介和基础层对应的部分，因为 MVC 本身只是上层框架，中介和基础层多使用底层框架实现。

PCMEF 框架中包的依赖性主要是向下依赖，如图 9-17 所示。表示层依赖于控制层，控制层依赖于领域层，中介层依赖于实体和基础层。

图 9-17　PCMEF 框架结构图

- 表示层：该层包含定义 GUI 对象的类。在微软操作系统中，很多表示类是 MFC（微软基础类）的子类。在 Java 环境中，表示类可以建立在 Java Swing 基础类库上。用户通过表示层与系统通信。因此，包含主函数的类常处于表示层中。
- 控制层：用于处理表示层的请求，负责大多数程序逻辑、算法、业务计算，以及维护用户会话等。
- 领域层：该层包含代表"业务对象"的类，很多实体类是容器类。领域层的实体包用于处理控制请求，中介包用于创建协调实体类和基础类的通信信道。协调工作主要有两个目的：一方面是为了隔离包，这样当一个发生变化时不会直接影响到另一个；其次，当需要从数据库中读取新的实体对象时，控制类不需要直接与基础类通信。
- 基础层：基础层负责 Web 服务与数据库的所有通信，管理应用程序所需的所有数据。

9.5.5 PCBMER 框架

表示–控制器–Bean–中介–实体–资源（Presentation–Controller–Bean–Mediator–Entity–Resource，PCBMER）是现在主流使用的 PCMEF 框架的扩展，划分为 6 个层次，如图 9-18 所示。PEBMER 遵循了当前体系结构设计中广泛认可的发展趋势。

和 PCMEF 类似，在 PCBMER 体系中，各层也用包来表示并具有向下依赖关系。例如，表示层依赖于控制器层和 Bean 层，控制器层向下依赖于 Bean 层、中介层和实体层等。但在 PCBMER 框架中，各层之间并不是严格线性依赖的，一个上层可以依赖多个相邻下层。

- 表示层：表示呈现给用户的 UI 对象。当 Bean 层改变时，表示层负责维护表示层上数据的一致性，所

图 9-18　PCBMER 框架结构图

以表示层依赖于 Bean 层。这种依赖可以两种方式实现，使用拉模型直接调用方法（信息传递）来实现，也可使用推模型（或推拉模型）通过消息传递及事件处理来实现。

- Bean 层：表示那些预定呈现给用户界面的数据类和对象。除了用户输入外，Bean 数据由实体对象（实体层）创建。由于 Bean 层不依赖于其他层，所以 PCBMER 框架并没有指定或核准对 Bean 对象的访问是通过消息传递还是事件处理。
- 控制器层：表示应用逻辑，控制器响应来自表示层的 UI 请求，UI 请求可以是菜单的选择、按钮的按下，或者 HTTP 请求的 get 或 post。
- 中介层：用于建立实体类和资源类媒介的通信管道，管理业务处理，强化业务规则，实例化实体层的业务对象。中介的用途主要有两个：一个是隔离了实体层和资源层，这样当二者中的一个发生改变时，不会直接影响到另一个；其次是当控制器发出数据请求但不确定数据已经加载还是尚未读取时，中介在控制器层和实体/资源层之间充当媒介。中介层还常用于管理应用程序的高速缓冲存储器。
- 实体层：用户响应控制器和中介层。实体层由描述"业务对象"的类组成，在程序的空间中存储从数据库取回的对象数据，或者为了存入数据库而创建对象，多用容器类实现。
- 资源层：负责所有与外部持久数据资源的通信，如建立数据库连接和 SOA 服务，创建持久数据查询，以及启动数据库事务等。

现在很多大型商务平台的开发都使用这种框架。例如在基于 .NET 平台的系统中，常使用 ASP.NET MVC 构建上层应用，中间使用领域驱动技术设计业务层，底层则使用 LinqToSQL 技术和 EntityFramework 构建，甚至进一步将整个系统封装在 IoC（Inversion of Control，控制反转）容器中，以实现低耦合。

9.6　软件设计模式

所谓模式，就是指解决某一类相似问题的方法论。某个模式描述了一个在人们日常生活中不断出现的问题，然后描述了该问题的解决方案的核心。人们可以使用已有的解决方案来解决新出现的问题。模式应用在不同的领域中，在软件设计领域中，也出现了很多设计模式。

每种设计模式都包含 4 个要素，如图 9-19 所示。

- 模式名称：相当于模式的助记符。
- 问题：描述了模式的使用场景，即模式可以解决的某种设计问题。
- 解决方案：描述了针对特定的设计问题，可以采用怎样的设计方法，包括设计的组成成分、各成分的职责和协作方式，以及各成分之间的相互关系。
- 效果：描述了特定模式的应用对软件灵活性、扩展性和可移植性等各种特性的影响。它对评价设计选择以及对模式的理解非常有益。

目前，比较常用的是由 Erich Gamma、Richard Helm、Ralph Johnson 和 John Vlissides 所提出的 23 种设计模式，它们分为 3 种类型，即创建型模式、结构型模式和行为型模式，如图 9-20 所示。

图 9-19　设计模式的要素　　　　图 9-20　设计模式的分类

9.6.1　工厂模式

创建型模式通过创建对象而不直接实例化对象的过程，使得程序能在判定给定的情况下更加灵活地创建对象。很多时候，创建对象的本意随程序需求的不同而不同，如果将创建过程抽象成一个专门的"创造器"类，那么程序的灵活性和通用性将有很大提高。下面以工厂模式为例，对创建型模式做进一步的介绍。

模式名称：工厂模式。

问题：在软件中，由于需求的变化，一些对象的实现可能会发生变化。为了应对这种"易变对象"的变化，人们提出了工厂模式。

解决方案：为对象的创建提供接口，使子类决定实例化哪一个类。如图 9-21 所示，Produce 方法使类的创建延迟到子类中。

图 9-21　工厂模式

效果：使用工厂模式在类的内部创建对象通常比直接创建对象更加灵活。而且，可以将对象的创建工作延迟到子类中，这对于客户不清楚对象的类型的情况非常有益。

9.6.2　桥接模式

结构型模式提供了不同类或对象之间的各异的静态结构，它描述了如何组合类或对象以获得更大的结构，如复杂的用户界面或报表数据。下面以桥接模式为例，对结构型模式做进一步的介绍。

模式名称：桥接模式。

问题：在软件中，有些类型可能存在多个维度的变化。为了降低变化的发生对系统的影响，可以使用桥接模式。

解决方案：将不变的内容框架用抽象类定义，将变化的内容用具体的子类分别实现。并且，将类的抽象与实现分离，从而使两端都可以独立变化。实际上，一个普通的控制多个电器设备的开关就是桥接的例子，如图 9-22 所示。开关可以是简单的拉链开关，也可以是调光开关。开关的实现，根据其控制的设备的不同也有不同。由开关例子的桥接类图可以进一步抽象出表示桥接模式的示意图，如图 9-23 所示。Abstraction 相当于对某一概念的高级抽象，它包含对 Implementor 的引用。Implementor 是对上述概念实现方式的抽象。RefinedAbstraction 和 ConcreteImplementor 分别代表了具体的概念及其实现方式。

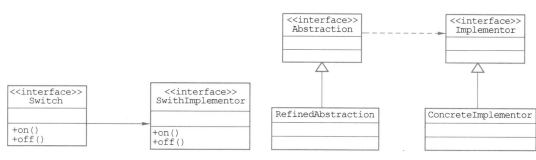

图 9-22　开关的例子　　　　　　　　　图 9-23　桥接模式

效果：桥接模式最大的优点在于使抽象和实现可以独立变化。如果软件系统需要在构件的抽象角色和实现角色之间增加更多的灵活性，那么可以使用该模式。

9.6.3　策略模式

行为型模式定义了系统内对象间通信，以及复杂程序中的流程控制。下面以策略模式为例，对行为型模式做进一步的介绍。

模式名称：策略模式。

问题：在软件中，多个算法之间通常具有相似性。它们的单独实现将增加代码的冗余度，增大系统的开销。

解决方案：把一系列的算法封装为具有共同接口的类，将算法的使用和算法本身分离，如图 9-24 所示。Context 表示算法使用的上下文环境，它含有对算法 Strategy 的引用。Strategy 抽象了所有具体策略，形成了一个共同的接口。ConcreteStrategyX 和 ConcreteStrategyY 代表具体的算法实现。

图 9-24　策略模式

效果： 策略模式降低了代码的耦合度，当软件的业务策略改变时，仅需要少量的修改即可。

9.6.4　其他模式

若想熟悉其他模式，请参见表 9-1，还可阅读有关软件设计模式的图书。

表 9-1　设计模式的定义

分　类	模式名称	定　义
创建型模式	工厂	提供了一个简单的决策层，能够根据提供的数据返回一个抽象基类的多个子类中的一个
	抽象工厂	提供了一个创建并返回一系列相关对象的接口
	单件	在某个类只能有一个实例的前提下，提供了一个访问该实例的全局访问点
	构造器	将对象的构建与表示分离
	原型	先实例化一个类，然后通过该类来创建新的实例
结构型模式	适配器	可以将一个类的接口转换成另一个接口，从而使不相关的类在一个程序里一起工作
	桥接	将抽象部分和实现部分分离
	组合	组合就是对象的集合，可以构建部分-整体层次结构，或构建数据的树形表示
	装饰	可以在不需要创建派生类的情况下改变单个对象的行为
	外观	可以将一系列复杂的类包装成一个简单的封闭接口，从而降低程序的复杂性
	享元	用于共享对象，其中的每个实例都不包含自己的状态，而是将状态存储在外部
	代理	通常用一个简单的对象代替一个比较复杂的、稍后会被调用的对象
行为型模式	责任链	把请求从责任链中的一个对象传递到下一个对象，直到请求被响应
	命令	用简单的对象表示软件命令的执行
	解释器	提供了一个把语言元素包含在程序中的定义
	迭代器	提供了一个顺序访问一个类中一系列数据的方式
	中介者	定义了一个简化对象之间通信的对象
	备忘录	定义了保存一个类的实例的内容以便日后能恢复它的方式
	观察者	可以把一种改动通知多个对象
	状态	允许一个对象在其内部状态改变时修改它的行为
	策略	将算法封装到类里
	模板方法	提供了算法的抽象定义
	访问者	在不改变类的前提下，为一个类添加多种操作

9.7 软件体系结构与设计模式实例

【例】请举例阐述桥接模式。

【解析】设想要用蜡笔绘制一幅图画，为了画不同尺寸的图形，需要准备大、中、小 3 种尺寸的蜡笔。可是，如果需要涂的颜色有 12 种，那么就不得不准备多达 36 种蜡笔。显然，这不利于作画。如果用毛笔来画画，那么就可以准备 3 尺寸的毛笔和有 12 种颜料的调色板来满足需求，如此一来需要准备的物品数少了，作画时找物品也更方便了，效率自然也提高了。

实际上，毛笔比蜡笔作画更方便的本质原因是在毛笔作画中笔和颜色得到了分离，实现了桥接模式的设计模式。桥接（Bridge）是用于把抽象化与实现化解耦，使得两者可以独立变化。这种类型的设计模式属于结构型模式，它通过提供抽象化和实现化之间的桥接结构，来实现两者的解耦。

图 9-25 和图 9-26 所示分别为通过毛笔和蜡笔的设计类图来体现桥接模式。

图 9-25 通过毛笔的设计类图

图 9-26 通过蜡笔的设计类图

可以发现，蜡笔的颜色和蜡笔本身是分不开的，所以就造成必须使用 36 支色彩和大小各异的蜡笔来绘制图画；而毛笔与颜料能够很好地脱耦，各自独立变化，这就简化了操作。

从 UML 类图关系上看，具体蜡笔和抽象蜡笔是继承关系，大量的继承提高了系统的耦合度；而当颜色分离出来后，毛笔和颜色是聚合关系，颜色可以作为颜料实体独立存在。这样一来，就可以使用桥接模式通过增加聚合关系来减少继承关系，降低系统的耦合度。所以，说毛笔的设计模式符合了面向对象设计的低耦合的原则。

代码清单 9-1~代码清单 9-8 为毛笔设计模式的 Java 代码。

代码清单 9-1　Brush. java

```java
//Brush. java
public abstract class Brush {
    protected Color color;

    public void setColor(Color color) {
        this. color = color;
    }

    public void paint() {
        switch(color. getClass(). getName()) {
            case "Red" :
                Red red = (Red) color;
                red. putColorOn();
                break;
            case "Green" :
                Green green = (Green) color;
                green. putColorOn();
                break;
            case "Blue" :
                Blue blue = (Blue) color;
                blue. putColorOn();
                break;
        }
    }
}
```

代码清单 9-2　BigBrush. java

```java
//BigBrush. java
public class BigBrush extends Brush{

    @ Override
    public void paint() {
        super. paint();
        System. out. println("用大号" + color. getClass(). getName() + "毛笔作画");
    }
}
```

代码清单 9-3　MidBrush. java

```java
//MidBrush. java
public class MidBrush extends Brush{

    @ Override
    public void paint() {
        super. paint();
```

```
        System. out. println("用中号" + color. getClass( ). getName( ) + "毛笔作画");
    }
}
```

代码清单 9-4　SmallBrush. java

```
//SmallBrush. java
public class SmallBrush extends Brush{

    @ Override
    public void paint( ) {
        super. paint( );
        System. out. println("用小号" + color. getClass( ). getName( ) + "毛笔作画");
    }
}
```

代码清单 9-5　Color. java

```
//Color. java
public interface Color{
    public void putColorOn( );
}
```

代码清单 9-6　Red. java

```
//Red. java
public class Red implements Color{
    @ Override
    public void putColorOn( ) {
        System. out. println("着上红色");
    }
}
```

代码清单 9-7　Blue. java

```
//Blue. java
public class Blue implements Color{
    @ Override
    public void putColorOn( ) {
        System. out. println("着上蓝色");
    }
}
```

代码清单 9-8　Green. java

```
//Green. java
public class Green implements Color{
    @ Override
    public void putColorOn( ) {
        System. out. println("着上绿色");
    }
}
```

习题

1. 判断题

（1）系统体系结构的最佳表现形式是一个可执行的软件原型。　　　　　　　　　（　　）

（2）软件体系结构的描述是不同项目相关人员之间进行沟通的实现手段。 （　　）

（3）良好的分层体系结构有利于系统的扩展和维护。 （　　）

（4）设计模式是从大量或成功实践中总结出来并且被广泛认可的知识。 （　　）

2. 选择题

（1）程序编译器的体系结构适合使用（　　）。

A. 仓库体系结构 B. 模型–视图–控制器结构

C. 客户机/服务器结构 D. 以上都不是

（2）网站系统是一个典型的（　　）。

A. 仓库体系结构 B. 胖客户机/服务器结构

C. 瘦客户机/服务器结构 D. 以上都不是

（3）在分层体系结构中，（　　）实现与实体对象相关的业务逻辑。

A. 表示层 B. 持久层 C. 实体层 D. 控制层

（4）（　　）可以帮助人们简单、方便地复用已经成功的设计或体系结构设计。

A. 商业构件 B. 设计模式 C. 遗留系统 D. 需求规格说明

（5）（　　）用于封装具体的平台，从而使应用程序可以在不同的平台上运行。

A. 工厂模式 B. 外观模式 C. 观察者模式 D. 以上都不是

3. 简答题

（1）什么是软件体系结构？

（2）软件体系结构的作用体现在哪些方面？

（3）典型的体系结构风格有哪些？它们各自有什么特点？

（4）什么是软件质量属性？

（5）客户机/服务器体系结构有什么特点？

（6）MVC 模型有什么特点？

（7）什么是设计模式？常用的设计模式有哪些？

（8）良好的软件体系结构设计有什么好处？

4. 应用题

请举例阐述策略模式。

第 10 章
面向对象设计

本章首先介绍面向对象设计与结构化设计的不同，以及面向对象设计与面向对象分析的关系；然后介绍面向对象设计的过程、原则和启发规则；接着讲述系统设计，包括系统分解，以及对问题域子系统、人机交互子系统、任务管理子系统和数据管理子系统的设计；最后，对对象设计进行较为详细的阐述，包括设计类中的服务、设计类的关联和对象设计优化。

本章目标

❏ 了解面向对象设计与结构化设计的不同。
❏ 理解面向对象设计与面向对象分析的关系。
❏ 理解面向对象设计的过程、原则和启发规则。
❏ 熟悉面向对象系统分解方法。
❏ 熟悉面向对象问题域、人机交互、任务管理和数据管理各子系统的设计方法。
❏ 掌握对象设计的方法。

10.1 面向对象设计与结构化设计

与结构化的设计相比，面向对象的设计更符合复杂的、随机性较强和考虑并发性的系统软件设计，而不适合逻辑性很强的系统软件设计。结构化软件设计一般从系统功能入手，按照需求将系统功能分为若干个子功能模块。但是，用户的需求是在不断变化的，需求的改变往往会对功能模块产生影响，从而对整个系统产生影响。而面向对象的设计基于类、对象、封装和继承等概念，相比之下，需求的变化对系统的局部影响并不容易扩展到全局。因此，面向对象设计方法比结构化设计方法更具有优势，使用范围更广。

由于在类中封装了属性和方法，因此在面向对象的类设计中已经包含了面向过程中的过程设计。此外，与面向过程中的数据设计所不同的是，面向对象设计中的数据设计并不是独立进行的，面向对象设计中的类图相当于数据的逻辑模型，可以很容易地转换成数据的物理模型。

10.2 面向对象设计与面向对象分析的关系

设计阶段的任务是及时将分析阶段得到的需求转变成符合各项要求的系统实现方案。与面向过程的方法不同的是，面向对象的方法不严格区分需求分析和软件设计。实际上，面向对象的需求分析和面向对象的设计活动是一个反复迭代的过程，从分析到设计的过渡，是一个逐渐扩充、细化和完善分析阶段所得到的各种模型的过程。从严格的意义上来讲，从面向对象分析到面向对象设计不存在转换问题，而是同一种表示方法在不同范围的运用。面向对象设计也不仅是对面向对象分析模型进行细化。

面向对象分析到面向对象设计是一个平滑的过渡，即没有间断，没有明确的分界线。面向对象分析建立系统的问题域对象模型，而面向对象设计是建立求解域的对象模型。都是建模，但两者必定性质不同，分析建模可以与系统的具体实现无关，设计建模则要考虑系统的具体实现环境的约束，例如要考虑系统准备使用的编程语言、可用的软构件库（主要是类库），以及软件开发人员的编程经验等约束问题。

10.3 面向对象设计的过程与原则

本节讲述面向对象设计的过程和原则。

10.3.1 面向对象设计的过程

面向对象设计的过程一般有以下几个步骤。

1. 建立软件体系结构环境图

在软件体系结构设计开始的时候，设计应该定义与软件进行交互的外部实体，如其他系统、设备和人员等，以及交互的特性。通常在分析建模阶段可以获得这些信息，并使用软件体系结构环境图对环境进行建模，描述系统的出入信息流、用户界面和相关的支持处理。一旦建立了软件体系结构的环境图，描述出所有的外部软件接口，设计人员就可以通过定义和求精实现软件体系结构的构件来描述系统的结构。这个过程可一直迭代，直到获得一个完善的软件体系结构。在设计的初始阶段，设计人员用软件体系结构环境图对软件与外部实体交互的方式进行建模。图10-1所示为软件体系结构的环境图。

如图10-1所示，与目标系统（即开发软件体系结构的系统）交互的系统可以表示为如下几个。

- 上级系统：将目标系统作为某些高层处理方案的一部分。
- 下级系统：被目标系统所使用，并且为完成目标系统的功能提供必要的数据和处理。
- 同级系统：在对等的基础上相互作用。例如，信息要么由目标系统和同级系统产生，要么被目标系统和同级系统使用。
- 参与者：指通过产生和使用所需的信息，实现与目标系统交互的实体，如人、设备等。

每个外部实体都通过某一接口（实体的小矩形）与目标系统进行通信。

图10-2所示是一个工资支付系统的体系结构环境图。

图10-1 软件体系结构环境图示例   图10-2 工资支付系统的体系结构环境图

2. 软件体系结构设计

软件体系结构环境图建立之后，且对所有的外部软件接口都进行了描述，就可以进行软件体系结构设计了。软件体系结构设计可以自底向上进行，如将关系紧密的对象组织成子系统或层；也可以自顶向下进行，通过分解功能来解决问题，尤其是使用设计模式或遗留系统时，会从子系统的划分入手；还可以自中向上/下进行，先开始做系统中较容易做的，再向相应的高层或底层扩展。至于选择哪一种方式，需要根据具体的情况来确定。当没有类似的软件体系结构作为参考时，常常会使用自底向上的方式进行软件体系结构设计。多数情况下，使用自顶向下的方式进行软件体系结构设计则更常见。

在自顶向下这种方式下，首先要根据用户的需求选择软件体系结构风格，然后对可选的软件体系结构风格或模式进行分析，以建立最适合用户需求和质量属性的结构。

这里要强调的是，软件体系结构设计这个过程可一直迭代，直到获得一个完善的软件体系结构。有经验的软件设计人员应能按照项目所需的策略进行软件体系结构设计。

3. 设计各个子系统

大多数系统的面向对象模型，在逻辑上都由 4 大部分组成。这 4 大部分对应于组成目标系统的 4 个子系统，它们分别是问题域子系统、人机交互子系统、任务管理子系统和数据管理子系统。当然，在不同的软件系统中，这 4 个子系统的重要程度和规模可能相差很大。规模过大的在设计过程中应该进一步划分成更小的子系统，规模过小的可合并在其他子系统中。某些领域的应用系统在逻辑上可能仅由 3 个（甚至少于 3 个）子系统组成。

4. 对象设计及优化

对象设计是细化原有的分析对象，确定一些新的对象，对每一个子系统接口和类进行准确详细的说明。系统的各项质量指标并不是同等重要的，设计人员必须确定各项质量指标的相对重要性（即确定优先级），以便在优化对象设计时制定折中方案。常见的对象优化设计方法有提高效率的技术和建立良好的继承结构。

10.3.2　面向对象设计的原则

面向对象设计的原则基本遵循传统软件设计应该遵循的基本原理，同时还要考虑面向对象的特点。设计原则具体如下。

1）模块化：在结构化设计中，一个模块通常为一个过程或一个函数，它们封装了一系列的控制逻辑；而在面向对象设计中，一个模块通常为一个类或对象，它们封装了事物的属性和操作。

2）抽象化：类是对一组具有相似特征的对象的抽象。可以说，类是一种抽象的数据类型。同时，对象也是对客观世界中事物的抽象。它用紧密结合的一组属性和操作来表示事物的客观存在。

3）信息隐藏：对于类而言，其内部信息，如属性的表示方法和操作的实现算法，对外界是隐藏的。外界通过有限的接口对类的内部信息进行访问。类的成员都具有相应的访问控制的属性。

4）低耦合：在面向对象的设计中，耦合主要是指对象之间的耦合，即不同对象之间相互关联的紧密程度。低耦合有利于降低由于一个模块的改变而对其他模块造成的影响。

5）高内聚：内聚与耦合密切相关，低耦合往往意味着高内聚。提高模块的内聚性有利于提高模块的独立性。

6）重用性：尽量使用已有的类；构造新类时，需要考虑该类将来被重用的可能。提高类的重用性可以节约资源，精简系统结构。

10.4 面向对象设计的启发规则

面向对象设计的启发规则是人们在长期的基于面向对象思想的软件开发实践中总结出来的经验，有利于提高设计人员进行软件设计的质量。启发规则具体如下。

1）设计结果应该清晰易懂。设计结果清晰易懂可以为后续的软件开发提供便利，同时还能够提高软件的可维护性。要做到这一点，首先应该注意对类、属性或操作的命名。如果名称能与所代表的事物或含义一致，那么开发人员就能很方便地理解特定类、属性或操作的用途。要尽量避免模糊的定义。其次，如果开发团队内已经为软件开发设立了协议，那么开发人员在设计新类时应该尽量遵循已有的协议，从而与整个系统设计保持一致。此外，如果已定义了标准的消息模式，开发人员也应该尽量遵守这些消息模式，尽量减少消息模式的数量。

2）类等级深度应该适当。虽然类的继承与派生有诸多优点，但是不能随意创建派生类。应该使类等级中包含的层次数适当。对于中等规模的系统，类的等级层次数应该保持在 7±2 之间。

3）要尽量设计简单的类。简单的类便于开发和管理。如果一个类过于庞大，势必会造成维护困难、不灵活等问题。为了保持类的简洁，要尽量简化对象之间的合作关系，为每个类分配的任务应该尽量简单。此外，要控制类中包含的属性及提供的操作。

4）使用简单的协议。减少消息的参数个数是减少类间耦合程度的有效手段。一般来说，消息的参数最好控制在 3 个以内，而且要尽量使用简单的数据类型。

5）使用简单的操作（服务）。控制操作中的源程序语句的行数，或语句的嵌套层数，可以简化操作。

6）将设计的变动减至最小。虽然设计的变动是正常情况，但是由于设计的变动会造成资源或时间上的消耗，所以开发人员应该尽量将设计的变动概率降至最低。一般来说，设计的质量越高，出现设计被修改情况的概率就越低，即使需要修改设计，修改的范围也会比较小。

10.5 系统设计

系统设计关注确定实现系统的策略和目标系统的高层结构。设计人员将问题分解为若干个子系统，子系统和子系统之间通过接口进行联系。一般来说，常用的系统设计的步骤如图 10-3 所示。

将系统分解为若干子系统要按照一定的拓扑关系，如树形、星形等。问题域是指与应用问题直接相关的类或对象。对问题域子系统的设计，就是定义这些类或对象的细节。虽然在面向对象的需求分析过程中，已经标识和定义了系统的类与对象，以及它们之间的各种关系，但是，随着对需求理解的加深和对系统认识程度的逐步提高，在面向对象的设计阶段，设计人员还应该对需求分析阶段得到的目标系统的分析模型进行修正和完善。设计人机交互子系统，在第 6.7.2 小节中，已经描述了用户界面设计，在这里也适用。设计任务管理子系统，包括确定各类任务并把任务分配给适当的硬件或软件去执行。设计人员在决定到底采用软件还是硬件的时候，必须综合权衡一致性、成本和性能等多种因素，还要考虑

图 10-3 系统设计的步骤

未来的可扩充性和可修改性。设计数据管理子系统，既需要设计数据格式又需要设计相应的服务。设计数据格式的方法与所使用的数据存储管理模式密切相关，使用不同的数据存储管理模式时，属性和服务的设计方法是不同的。

10.5.1　系统分解

系统分解，即建立系统的体系结构，是设计比较复杂的系统时广泛采用的策略。将系统分解成若干个比较小的部分，再分别设计每个部分。通过面向对象分析得到的问题域精确模型，为设计体系结构奠定了良好的基础，建立了完整的框架。这样做有利于降低设计的难度，有利于设计人员的分工协作，也有利于维护人员对系统的理解和维护。

系统的主要组成部分称为子系统，通常会根据所提供的功能将分析模型中紧密相关的类和关系等设计元素划分成子系统。子系统既不是一个对象也不是一个功能，而是类、关联、操作、事件和约束的集合。

子系统的所有元素共享某些公共的性质，可能都涉及完成相同的功能，可能驻留在相同的产品硬件中，也可能管理相同的类和资源，子系统可通过它提供的服务来标识。在面向对象设计中，这种服务是完成特定功能的一组操作。

一般说来，子系统的数目应该与系统规模基本匹配。各个子系统之间应该具有尽可能简单、明确的接口。接口确定了交互形式和通过子系统边界的信息流，但是无须规定子系统内部的实现算法。因此，设计人员可以相对独立地设计各个子系统。在划分和设计子系统时，应该尽量减少各子系统之间的依赖性。

采用面向对象方法设计软件系统时，面向对象设计模型（即求解域的对象模型）针对与实现有关的因素而开展面向对象分析模型（即问题域的对象模型）的 5 个活动（主题、类与对象、结构、属性和服务），它包括问题域、人机交互、任务管理和数据管理等 4 个部分的设计，即针对这 4 大部分对应于组成目标系统的 4 个子系统——问题域子系统、人机交互子系统、任务管理子系统和数据管理子系统进行设计。如图 10-4 所示，面向对象设计模型从横向看是上述 4 个部分，从纵向看每个部分仍然是 5 个层次。

图 10-4　典型的面向对象设计模型

1）问题域子系统将面向对象分析模型直接拿来，针对实现的要求进行必要的增补和调整，例如，需要对类、结构、属性及服务进行分解和重组。这种分解是根据一定的过程标准来做的，标准包括可重用的设计与编码类，将问题域专用类组合在一起，通过增加一般类来创立约定，提供一个继承性的支撑层次改善界面，提供存储管理，以及增加低层细节等。

2）人机交互子系统包括有效的人机交互所需的显示和输入，这些类在很大程度上依赖于所用的图形用户界面环境，例如 Windows、Visual Studio Code 和 Dev C++，而且可能包括"窗口""菜单""滚动条""按钮"等针对项目的特殊类。

3）任务管理子系统包括任务的定义、通信和协调，以及硬件分配、外部系统及设备约定，可能包括的类有"任务"类和"任务协调"类。

4）数据管理子系统包括永久数据的存取，它隔离了物理的数据管理方法，包括普通文件、带标记语言的普通文件、关系型数据库和面向对象数据库等。可能包括的类有"存储服务"，用于协调每个需永久保存的对象的存储。

只有问题域子系统将面向对象分析模型直接拿来，其他3个子系统则是面向对象分析阶段未曾考虑的，全部在面向对象设计阶段建立。

10.5.2 问题域子系统的设计

问题域子系统也称问题域部分。面向对象方法中的一个主要目标是保持问题域组织框架的完整性和稳定性，这样可以提高分析、设计到实现的追踪性。因为系统的总体框架都是建立在问题域基础上的，所以，在设计与实现过程中无论对细节做怎样的修改，如增加具体类、属性或服务等，都不会影响开发结果的稳定性。稳定性是系统中重用分析、设计和实现结果的关键因素。系统的可扩充性同样也需要稳定性。

问题域子系统可以直接引用面向对象分析所得出的对象模型，该模型提供了完整的框架，为设计问题域子系统打下了良好的基础。面向对象设计应该保持该框架结构。

如果可能的话，应该保持面向对象分析所建立的问题域结构。通常，面向对象设计在分析模型的基础上，从实现角度对问题域模型做一些补充或修改，修改包括增添、合并或分解类和对象、属性及服务、调整继承关系等。如果问题域子系统比较复杂庞大，可将这个系统进一步分解成多个子系统。

1. 为什么要对问题域子系统进行设计

1）对描述系统时遇到的变动因素和稳定因素进行分析，这是面向对象分析方法的基础。系统的需求最容易变动的就是加工（处理）和子加工（子处理），即最易变动的就是服务。

2）与外界的接口，如人机交互、任务管理等，也是容易变动的。

3）数据管理中类的属性和服务有时也在发生变化，而且一些变动往往作用于一种对象。因此，要对变动所产生的影响进行识别、跟踪和评估。

4）系统中最稳定的方面，即最不容易对变动感知的方面，一般是将问题空间当作整体看待的对象。基于问题域的总体结构框架是可以长期保持稳定的，要使系统有条不紊地适应需求的变化，保持总体结构的稳定性就显得格外重要。这种稳定性是一个问题域的分析、设计及实现的结果可以重用的关键，也是保证一个成功系统的可扩充性（即增加和减少其他功能等）所必备的。在图10-5所示的机动车

图10-5 机动车管理系统问题域子系统包含的类（部分）

管理系统的问题域子系统中，每辆车的稳定信息是车辆项、销售项和车主项这几个类。

面向对象分析和面向对象设计结果的稳定性是系统评估的基础，所以，对问题域子系统进行的修改必须经过仔细的检验和验证。

2. 如何对问题域子系统进行设计

在面向对象设计过程中，可能需要对面向对象分析所得出的问题域模型做补充或修改。

（1）调整需求

当用户需求或外部环境发生了变化，或者分析人员对问题域理解不透彻或缺乏领域专家的帮助，以致建立了不能完整、准确地反映用户真实需求的面向对象分析模型时，需要对面向对象分析所确定的系统需求进行修改。

通常，先对面向对象分析模型做简单的修改，再将修改后的模型引用到问题域子系统中。

（2）复用已有的类

设计时应该在面向对象分析结果的基础上实现现有类的复用（重用）。现有类是指面向对象程序设计语言所提供的类库中的类。因此，在设计阶段就要开始考虑复用，为代码复用打下基础。如果确实需要创建新的类，则在设计新类时，必须考虑它的可复用性。

复用已有类的过程如下。

1）选择有可能被复用的已有类，标出这些已有类中对设计无用的属性和服务，尽量复用那些能使无用的属性和服务降到最低程度的类。

2）从被复用的已有类中派生出问题域类。

3）标出问题域类中从已有类继承来的属性和服务，在问题域类内现在已经无须定义它们了。

4）修改与问题域类相关的关联，需要时改为与被复用的已有类相关的关联。

（3）将问题域类组合在一起

在面向对象设计的过程中，通常会通过引入一个根类而将问题域类组合在一起。实际上，这是在没有更先进的组合机制可用时才采用的一种组合方法。另外，这个根类还可以用来建立协议。

（4）增添一般化类以建立协议

在面向对象设计的过程中，一些具体类往往需要有一个公共的协议，即这些类都需要定义一组类似的服务，还有可能定义相应的属性。在这种情况下可以引入一个附加类（如根类），以便建立这个公共的协议。

（5）调整继承层次

当面向对象模型中的一般/特殊结构包括多继承，而使用一种只有单继承和无继承的编程语言时，需要对面向对象模型做一些修改。也就是将多继承转化为单继承，单继承转化为无继承，用单继承和无继承编程语言来表达多继承功能。

1）使用多继承模式。

使用多继承模式时，应该避免出现属性及服务的命名冲突。图 10-6 所示是一种多继

图 10-6　窄菱形模式

承模式的例子，这种模式可以称为窄菱形模式。使用这种模式时出现属性及服务命名冲突的可能性比较大。

另外一种多继承模式可称为广义菱形模式。这种模式的菱形开始于最高的一般类，即通常称为"根类"的地方。使用这种模式时属性和服务命名的冲突比较少，但这种模式需要更多的类来表示面向对象设计。图10-7所示为广义菱形模式。

图 10-7　广义菱形模式

2）使用单继承模式。

对于单继承语言，可用两种方法从多继承结构转换为单继承结构。

① 将多继承进行分解，使用它们之间的映射。这种方法可将多继承模式分为两个层次结构，使这两个层次结构之间映射，即用一个整体/部分结构或者一个实例连接。

② 将多继承展开为单继承。这种方法可将多继承的层次结构展开成为一个单继承的层次结构。这就意味着，有一个或多个一般/特殊结构在面向对象设计中就不再那么清晰了。同时也意味着，有些属性和服务在特殊类中重复出现，造成冗余。

10.5.3　人机交互子系统的设计

1. 为什么要对人机交互子系统进行设计

人机交互系统强调人如何命令系统及系统如何向用户提交信息。人们在使用计算机过程中的感受直接影响到其对系统的接受程度。随着计算机的普及，越来越多的非计算机专业人员开始使用计算机，人机交互系统的友好性直接关系到一个软件系统的成败。虽然设计良好的人机交互系统不可能挽救一个功能很差的软件，但性能很差的人机交互系统将会使一个功能很强的软件变得不可接受。

2. 如何对人机交互系统进行设计

在大型软件系统中，人机交互对象（类）通常是窗口或报告。设计人员至少要考虑以下 3 种窗口。

（1）安全/登录窗口

这种窗口是用户访问系统的必经之路。

（2）设置窗口

这种窗口具有以下功能。

1）辅助创建或初始化系统。例如，用来创建、添加、删除和维护持久对象的窗口。持久对象类似于关系数据库信息系统中的数据记录，如车辆、车主和销售等。

2）管理系统功能。例如，添加和删除授权用户，以及修改用户使用系统的权限等。

3）启动或关闭设备。例如，启动打印机等。

（3）业务功能窗口

这种窗口用来帮助完成那些由企业的信息系统和其用户所进行的业务交互所必要的功能。例如，在机动车管理系统中，那些用于人机交互子系统的登记、设置、车辆维修和安全事故的窗口。

和窗口一样，报告是另一种常用的人机交互对象（类）。报告对象（类）可以包括绝大多数用户需要的信息，例如，登记、车辆维修、安全事故和缴费的报告。

报告通常就是用户对系统的需求。在这种情况下，报告可以加入人机交互子系统中。为了做到这一点，人机交互子系统开始产生表格并且好像一个"存储器"桶，用来存放必要的需求，但它们不是问题域的一部分。图 10-8 就展示了机动车管理系统人机交互子系统的一些窗口和报告。

图 10-8　机动车管理系统中问题域子系统和人机交互子系统所包含的类（部分）

就像问题域子系统的那些类一样，作为人机交互子系统的每个对象（类）可能都需要进行展开，以确定每个类的属性与服务，如图 10-9 所示。

人机交互中，人是最关键的因素。为了考察其软件产品的用户友好性，有些软件企业在新产品上市之前，需要组织一些潜在的用户进行产品试用，并通过详细考察和记录试用者心理和生理的反应，来确定用户对其软件产品是否满意。

图 10-9　机动车管理系统人机交互子系统包含的类（展开）

10.5.4　任务管理子系统的设计

通过面向对象分析建立起来的动态模型，是分析并发性的主要依据。如果两个对象彼此间不存在交互，或者它们同时接收事件，则这两个对象在本质上是并发的。通过检查各个对象的状态图及它们之间交换的事件，能够将若干个非并发的对象归并到一条控制线中。这里所说的控制线，是指一条遍及状态图集合的路径，在这条路径上每次只有一个对象是活动的。在计算机系统中用任务实现控制线。任务又称为进程，若干任务并发执行时叫作多任务。

1. 为什么要对任务管理子系统进行设计

对于某些系统来说，通过划分任务，可以简化系统的总体设计和编码工作。独立的任务可将必须并发执行的行为分离开来。这种并发行为可以在多个独立的处理器上实现，也可以在运行多任务操作系统的单处理器上进行模拟。

尽管从理论上说，不同对象可以并发工作，但是，在实际的系统中，许多对象之间往往存在着相互依赖的关系。另外，在实际使用的硬件中，可能仅由一个处理器支持多个对象。因此，设计工作的一项重要内容就是确定哪些是必须同时动作的对象，哪些是相互排斥的对象。这样就可以进一步设计任务管理子系统了。

2. 如何对任务管理子系统进行设计

常见的任务有事件驱动型任务、时钟驱动型任务、优先任务、关键任务和协调任务等。

任务管理子系统的设计包括确定各类任务并将任务分配给适当的硬件或软件去执行。

1）确定事件驱动型任务。这类任务是指与设备、其他任务、子系统、另一个处理器或其他系统通信的任务。例如，专门提供数据到达信号的任务，数据可能来自于终端也可能来自于缓冲区。

2）确定时钟驱动型任务。这类任务是指每隔一定时间间隔就被触发以执行某些处理的任务。

3）确定优先任务和关键任务。优先任务是指可以满足高优先级或低优先级处理需求的任务。关键任务是指对整个系统的成败起着重要作用的任务，这类任务往往需要较高的可靠性。

4）确定协调任务。当系统中存在 3 个或 3 个以上的任务时，就应该增加一个任务协调器，专门负责任务之间的协同和通信等。

5）审查每个任务。对任务的性质进行仔细审查，去掉人为的、不必要的任务，使系统中包含的任务数保持最少。

6）确定资源需求。设计人员在决定到底是采用软件还是硬件时，必须综合考虑一致性、成本和性能等多种因素，还要考虑未来的可扩充性和可修改性等。

7）定义任务。说明任务的名称，描述任务的功能和优先级等，包含此任务的服务、任务与其他任务的协同方式，以及任务的通信方式等。

下面以设计机动车管理系统的任务管理子系统为例进行详细说明。

图 10-10 所示是机动车管理系统任务管理子系统的类图（部分），机动车管理系统的任务管理子系统的任务描述（部分）见表 10-1。

针对图 10-10 所示的类图，有以下几点需要说明。

图 10-10　机动车管理系统的任务管理子系统的类图（部分）

1）任务主要有人员调度申请、数据库读取、车辆预检和报价评估等。

2）任务的运行状态分为以下几种：未加载资源，已加载资源（可运行），运行中，已完成，资源已取得，已中断。

3）任务的优先级是指多个任务请求同一资源时，优先级高的任务先获得资源。

4）任务的协调策略分以下几种：立即执行，延迟一段时间后执行，在指定时间执行。

5）资源池负责维护所有与任务相关联的资源，并解决资源依赖的问题。资源池具有一些初始资源；资源池发配同一任务的多个依赖资源时，会按照全局统一顺序加载（以避免死锁）；资源池同时会向外界通知它内部某个资源的状态（不存在，正在获取，资源可用，资源失效）。

6）任务协调器可以用注册任务来添加新任务。任务完成之后的资源会被添加到资源池中（从而加载其他任务依赖的资源）。当任务进入可运行状态时，将根据任务的协调策略执行任务。

表 10-1　机动车管理系统任务管理子系统的任务描述（部分）

任务 1
名称：人员调度申请
描述：向人力资源部门申请人员参与车辆预检和车辆维修等环节
依赖资源：外部人力资源调配余量
运行状态：默认为"未加载资源"
产出资源：对应人力资源的对应时间申请证明
优先级：低
协调策略：立即执行

（续）

任务 2

名称：数据库读取

描述：读取数据库中所需信息

依赖资源：数据库连接、一个计算内核独占

运行状态：默认为"未加载资源"

产出资源：数据库中的信息

优先级：中

协调策略：立即执行

任务 3

名称：车辆预检

描述：安排人员进行车辆预检

依赖资源：人力资源的对应时间申请证明

运行状态：默认为"未加载资源"

产出资源：车辆预检报告

优先级：中

协调策略：立即执行

任务 4

名称：报价评估

描述：根据车辆受损情况及车辆本身价值，进行车辆维修的报价

依赖资源：车辆销售信息、车辆预检报告、一个计算内核独占

运行状态：默认为"未加载资源"

产出资源：车辆维修报价

优先级：低

协调策略：立即执行

10.5.5　数据管理子系统的设计

1. 为什么要对数据管理子系统进行设计

数据管理子系统是系统存储或检索对象的基本设施，它建立在某种数据存储管理系统之上，并且隔离了数据存储管理模式（普通文件、关系数据库或面向对象数据库）的影响，但实现细节集中在数据管理子系统中。这样既有利于软件的扩充、移植和维护，又简化了软件设计、编码和测试的过程。

2. 如何对数据管理子系统进行设计

设计数据管理子系统，既需要设计数据格式，又需要设计相应的服务。

（1）设计数据格式

设计数据格式的方法与所使用的数据存储管理模式密切相关，是按照文件系统、关系数据库管理系统或面向对象数据库管理系统的数据管理来进行的。

1）文件系统。首先，定义第一范式表，即列出每个类的属性表，将属性表规范成第一范式，从而得到第一范式表的定义；然后，为每一个第一范式表定义一个文件；接着，测量需要的存储容量和性能；最后，修改原设计的第一范式，以满足存储需求和性能。

需要时，可用某种编码值来表示这些属性，将某些属性组合在一起，而不再分别使用独立的域表示每一个属性。需要时，可将归纳结构的属性压缩在单个文件中，以减少文件数量。尽管这样做增加了处理时间，但是却减少了所需要的存储空间。

2）关系数据库管理系统。在设计关系数据库管理系统时，首先，定义第三范式表，即列出每个类的属性表，将属性表规范成第三范式，从而得出第三范式表的定义；然后，为每个第三范式表定义一个数据库表；接着，测量性能和需要的存储容量；最后，修改先前设计

的第三范式，以满足存储需求和性能。

3）面向对象数据库管理系统。扩展关系数据库可使用与关系数据库管理系统相同的方法。扩展面向对象程序设计语言不需要规范化属性的步骤，因为数据库管理系统本身具有将对象值映射成存储值的功能。

（2）设计相应的服务

如果某个类的对象需要存储起来，用于完成存储对象自身的工作，则在这个类中增加一个属性和服务。无须在面向对象设计模型的属性和服务层中显式地表示此类的属性和服务，应该将它们作为"隐含"的属性和服务，仅需在关于类与对象的文档中描述它们。

使用多重继承机制，可以在某个适当的基类中定义这样的属性和服务。如果某个类的对象需要长期存储，该类就从基类中继承这样的属性和服务。用于"存储自己"的属性和服务，在问题域子系统和数据管理子系统之间构成一座必要的桥梁。这样设计之后，对象将知道怎样存储自己。

数据管理设计是按照文件、关系数据库或面向对象数据库来设计的。

1）使用文件进行数据管理设计。

被存储的对象需要知道打开哪些文件，怎样检索出旧值，怎样将文件定位到正确的记录上，以及怎样用现有的值更新它们。此外，还应该定义一个 ObjectServer（对象服务器）类，并创建它的实例。该类可提供下列服务：通知对象保存自身；创建已存储的对象（查找、读值、创建并初始化对象），以便将这些对象提供给其他子系统使用。

2）使用关系数据库进行数据管理设计。

被存储的对象应该知道怎样访问所需要的行，访问哪些数据库表，怎样检索出旧值，以及怎样使用现有值更新它们。此外，还应该定义一个 ObjectServer（对象服务器）类，并声明它的对象。该类可提供下列服务：通知对象保存自身；检索已存储的对象（查找、读值、创建并初始化对象），以便将这些对象提供给其他子系统使用。

3）使用面向对象数据库进行数据管理设计。

- 扩展的关系数据库途径：方法与使用关系数据库管理系统时的方法相同。
- 扩展的面向对象程序设计语言途径：这种数据库管理系统已经给每个对象提供了"存储自己"的行为，无须增加服务。由于有面向对象数据库管理系统负责存储和恢复这类对象，因此，只需给需要长期保存的对象加个标记。

对象模型的数据管理子系统主要实现以下目标。

1）存储问题域的持久对象（类）。也就是说，对于那些在系统中两次调用之间需要保存的对象，数据管理子系统提供了与操作平台的数据管理系统之间的接口——文件的、关系的、索引的、面向对象的或其他类型的。这样做使得数据管理子系统将系统中的数据存储、恢复和更新与其他部分分离开来，提高了系统的可移植性和可维护性。

2）数据管理子系统为问题域中所有的持久对象封装了查找和存储机制。

当使用对象模型的表示法时，每个问题域的持久类都和数据管理子系统的一个类关联，它们的名称也相似，如图 10-11 所示。

这样看来，数据管理子系统的类似乎和问题域子系统中对应的类相同，但是，需要数据管理子系统的主要原因是保证对象模型在多种硬件、软件和数据管理平台上的可维护性。从理论上来说，对象模型的运行方式就像"即插即用"方式。

图 10-11　机动车管理系统的数据管理子系统包含的类（部分）

对象模型的 4 个部件（子系统）是"分别考虑"系统的不同方面，这种形式使得跨多个硬件、软件和数据管理平台的互操作性得到最大限度的实现。需要考虑的是问题域、人机交互、任务管理和数据管理这 4 个部件之一。需要时，这些部件中的一个或几个都可以用兼容的"即插即用"的部件来代替。

10.6　对象设计

当系统设计完成之后，就可以开始对象设计了。对象设计以问题域的对象设计为核心，其结果是一个详细的对象模型。经过需求分析和系统设计之后，设计人员通常会发现有些内容没有考虑到或考虑不周全。这些没有被考虑到或考虑不周全的内容，会在对象设计的过程中被发现。这个设计过程包括标识新的解决方案对象、调整购买到的商业化构件、对每个子系统接口的精确说明和类的详细说明等。

面向对象分析得出的对象模型，通常并不详细描述类中的服务。面向对象设计则是扩充、完善和细化面向对象分析模型的过程，设计类中的服务、实现服务的算法是面向对象设计的重要任务，还要设计类的关联、接口形式，以及进行设计优化。对象设计的内容包括以下几项。

- 对象中对属性和服务的详细描述。
- 对象之间发送消息的协议。
- 类之间的各种关系的定义。
- 对象之间的动态交互行为。

10.6.1　设计类中的服务

1. 确定类中应有的服务

对象模型是进行对象设计的基本框架。应该综合考虑对象模型、动态模型和功能模型，以确定类中相应的服务。由于面向对象分析得出的对象模型通常只在每个类中列出很少几个最核心的服务，因此，设计者需要将动态模型中对象的行为及功能模型中的数据处理，转换成由适当的类所提供的服务。

（1）从对象模型中引入服务

对象模型描述了系统的对象、属性和服务，所以可将这些对象及对象的服务直接引入设计中，需要详细定义这些服务。

（2）从动态模型中确定服务

动态模型通常包含有状态图。一张状态图描绘了一个对象的生命周期，图中的状态转换是执行对象服务的结果。对象接收到事件请求后会驱动对象执行服务，对象的动作既与事件有关，也与对象的状态有关，因此，完成服务的算法自然也和对象的状态有关。如果一个对象在不同状态可以接收同样的事件，而且在不同状态接收到同样事件时其行为不同，则实现服务的算法中需要有一个依赖于状态的多分支型控制结构。

（3）从功能模型中确定服务

功能模型通常含有数据流图，功能模型指明了系统必须提供的服务。数据流图中的某些处理可能与对象提供的服务相对应，先确定目标的操作对象，然后在该对象所属的类中定义这些服务。定义对象所属类中的服务时，必须为服务选择合适的算法，有了好的算法才能设计出快速、高效的服务来。此外，如果某个服务特别复杂而很难实现，则可将复杂的服务分解成简单的服务，这样实现起来比较容易，当然，分解时不仅要考虑容易实现的因素，还要考虑其他因素。算法和分解是实现优化的重要手段。

2. 设计实现服务的方法

设计实现服务的方法主要包括以下几项工作。

（1）设计实现服务的算法

设计实现服务的算法时，需要考虑下列几个因素。

1）算法复杂度。通常需要选择复杂度较低、效率较高的算法，但也不要过分追求高效率，应该以能满足用户的需求为标准。

2）容易理解与容易实现。容易理解与容易实现的要求往往与高效率有矛盾，设计人员需要权衡利弊。

3）易修改。应该尽可能地预测将来可能要做的修改，并在设计时要仔细斟酌。

（2）选择数据结构

在面向对象分析阶段，只需要考虑系统中所需信息的逻辑结构，而在面向对象设计过程中，则需要选择能够方便、有效地实现算法的物理数据结构。

（3）定义内部类和内部操作

在面向对象设计过程中，可能需要增添一些类，主要用来存放在执行算法过程中所得出的某些中间结果。这些类可能是在需求陈述中没有提到的、新增加的类。此外，复杂操作往往可以用简单对象上的更低层操作来定义，因此，在分解高层操作时常引入新的低层操作。在面向对象设计过程中应该定义这些新增加的低层操作。

10.6.2 设计类的关联

在对象模型中，关联是连接不同对象的纽带，它指定了对象相互间的访问路径。在面向对象设计过程中，设计人员既可以选定一个全局性的策略统一实现所有关联，也可以分别为每个关联选择具体的实现策略，以与它在系统中的使用方式相适应。

为了更好地设计实现关联的途径，首先应该分析使用关联的方式。

一般来说，可在一个方向为关联起一个名字（也可不起名字）在名字前面或后面加一个表示关联方向的黑三角。

1. 关联的遍历

单向遍历和双向遍历是在系统中使用关联的两种方式。在系统中，根据系统复杂程度的不同，使用关联的方式也不同。单向关联使用单向遍历的方式，实现起来比较简单；而双向关联使用的是双向遍历方式，实现起来比较复杂一些。

2. 单向关联的实现

单向遍历的关联可用指针来实现，指针是一个含有对对象的引用的属性。如果关联的阶是一元的，则可用一个简单指针来实现单向关联，如图 10-12 所示。如果关联的阶是多元的，则需要用一个指针集合来实现关联。

图 10-12　用指针实现单向关联

图 10-13　用指针集合实现关联

3. 双向关联的实现

许多关联都需要双向遍历，当然，两个方向遍历的频度往往并不相同。实现双向关联有下列 3 种方法。

1）只用属性实现一个方向的关联，当需要反向遍历时就执行一次正向查找。当两个方向遍历的频度相差较大，且需要尽量减少存储开销和修改开销时，这是一种实现双向关联的很有效的方法。

2）双向的关联都用属性实现。图 10-13b 使用指针集合实现了学生与学校的双向关联。该方法能实现快速访问，但是，如果一个属性被修改了，为了保持该关联链的一致性，则相关的属性也需要修改。当修改次数远远少于访问次数时，该方法是很有效的。

3）用独立的关联对象实现双向关联。关联对象是独立的关联类的实例，它不属于相互关联的任何一个类，如图 10-14 所示。

图 10-14　用独立的关联对象实现双向关联

4. 链属性的实现

实现链属性的方法取决于关联的阶数。一对一关联的链属性可作为其中一个对象的属性而存储在该对象中；对于一对多关联来说，链属性可作为"多"端对象的一个属性；如果是多对多关联，则通常使用一个独立的类来实现链属性，链属性不可能只与一个关联对象有关，这个类的每个实例表示一条链及该链的属性，如图 10-14 所示。教师、学生和课程都是链属性。

10.6.3　对象设计优化

1. 确定优先级

由于系统的各项质量指标并不是同等重要的，所以设计人员需要确定各项质量指标的相对优先级，以便在优化设计时制定折中方案。最终产品的成功与否，在很大程度上取决于是否选择好了系统目标。系统的整体质量与设计人员所制定的折中方案密切相关。如果没有站在全局的高度正确确定各个质量指标的优先级，以致系统中各个子系统按照相互对立的目标做了优化，就会导致系统资源的严重浪费。

实际上，没有绝对的优先级，优先级应该是模糊的，通常设计人员是在效率和清晰性之间寻求适当的折中方案。

2. 提高效率的几项技术

（1）增加冗余关联以提高访问效率

在面向对象分析过程中，应该尽量避免在对象模型中存在冗余的关联，因为这会降低模型的清晰度。但在面向对象设计过程中，分析阶段确定的关联可能并没有构成效率最高的访问路径，因此当考虑用户的访问模式及不同类型的访问彼此之间的依赖关系时，设计人员应该仔细考虑此类问题。

下面以设计公司职员技能数据库为例，说明分析访问路径及提高访问效率的方法。

图 10-15 所示为从面向对象分析模型中摘取的一部分。公司类中的服务 find_skill 返回具有指定技能的职员集合。例如，统计公司精通 Python 语言的雇员有多少。

图 10-15　公司、职员及技能之间的关联链

假设某公司共有 4000 名职员，平均每名职员会 10 种技能，则简单的嵌套查询将遍历职员对象 4000 次，针对每名职员平均再遍历技能对象 10 次，则遍历雇员技能对象需 40000次。如果全公司仅有 10 名职员精通 Python 语言，则查询命中率仅有 1/4000。

提高访问效率的一种方法是使用哈希表。"具有技能"这个关联不再利用无序表实现，而是改用哈希表实现。只要"精通 Python 语言"是用唯——个技能对象表示，这样改进后就会使查询次数由 40000 次减少到 4000 次。

但是，当只有极少数对象满足查询条件时，查询命中率仍然很低。这时，提高查询效率更有效的方法是给那些需要经常查询的对象建立索引。例如，对于上述例子，可以增加一个额外的限定关联"精通编程语言"，用来联系公司与雇员这两类对象，如图 10-16 所示。利用适当的冗余关联，可以立即查到精通某种具体编程语言的雇员，而无须多余的访问。当

然，索引也必然带来开销——占用内存空间，而且每当修改基关联时也必须相应地修改索引。因此，应该只给那些经常执行并且开销大、命中率低的查询建立索引。

（2）调整查询次序

改进了对象模型的结构，从而优化了常用的遍历之后，接下来就应该优化算法了。优化算法的一个途径是尽量缩小查找范围。例如，假设用户在使用上述的职员技能数据库的过程

图 10-16　为职员技能数据库建立索引

中，希望找出既会使用 Python 语言，又会使用 Java 语言的所有职员。如果某公司只有 10 位职员会使用 Python 语言，会使用 Java 语言的职员却有 20 人，则应该先查找会使用 Python 语言的职员，再从这些会使用 Python 语言的职员中查找同时又会使用 Java 语言的职员。

（3）保留派生属性

冗余数据是一种通过某种运算从其他数据派生出来的数据，一般将这类数据 "存储" 在计算它的表达式中。可以将这类冗余数据作为派生属性保存起来，以避免重复计算复杂表达式所带来的开销。

派生属性既可以在原有类中定义，也可以定义新类，并用新类的对象保存它们。每当修改了基本对象之后，所有依赖于基本对象的、保存派生属性的对象也需要相应地修改。

3. 调整继承关系

继承关系能够为一个类族定义一个协议，并能在类之间实现代码共享以减少冗余。在面向对象的设计过程中，建立良好的继承关系是优化设计的一项重要内容。一个基类和它的子孙类在一起构成了类继承，能将若干个类组织成一个逻辑结构。建立良好的类继承在面向对象的设计中也是非常重要的。

（1）抽象与具体

在设计类继承时，通常的做法是，首先创建一些满足具体用途的类，得出一些通用类之后，再由它们归纳和派生出具体类。在进行了进一步具体化的工作之后，也许就应该再继续归纳了。对于某些类继承来说，这是一个持续不断的演化过程。

图 10-17 所示的例子表述了设计类继承从具体到抽象，再到具体的过程。

（2）为提高继承程度而修改类定义

如果在一组相同的类中存在公共的属性和行为，则可以将这些公共的属性和行为抽取出来放在一个共同的祖先类中，供其子类继承，如图 10-17a 和 b 所示。

在进行归纳时常见的一种情况是，各个现有类中的属性和行为（操作）比较相似但并不完全相同。这需要对类的定义稍加修改，才能定义一个基类供其子类从中继承需要的属性或行为。类归纳时的另外一种常见情况是，有时抽象出一个基类之后，在系统中暂时只有一个子类能继承其属性和行为，很明显，在这种情况下抽象出这个基类似乎并没有获得共享的好处。但是，这样做一般来说还是值得的，因为将来有可能会重用到这个基类。

（3）利用委托实现行为共享

只有子类确实是父类的一种特殊形式时，利用继承机制实现行为共享才是有意义的。

有时编程人员只想用继承作为实现操作共享的一种手段，并不打算确保基类和派生类具有相同的行为。在这种情况下，如果从基类继承的操作中包含了子类不应有的行为，则可能会有问题。例如，假设编程人员正在实现一个 Queue（先进先出队列）类，类库中已经有一

个 LinearList（线性表）类。如果编程人员从 LinearList 类派生出 Queue 类，将一个元素放入队列，相当于在线性表尾加入一个元素，将一个元素移出队列，相当于从线性表头移走一个元素，如图 10-18a 所示。但与此同时，Queue 类也继承了一些不需要的线性表操作。例如，从线性表尾移走一个元素或在线性表头添加一个元素。如果有用户错误地使用了这类操作，Queue 类将不能正常工作。

图 10-17 设计类继承的例子

a）学生类的继承实例中创建一些具体类 b）由学生类的继承实例归纳出具体类
c）学生类的继承实例的进一步具体化 d）学生类的继承实例的再次归纳

如果只想将继承作为实现操作共享的一种手段，则可利用委托方式，即将一类对象作为另一类对象的属性，从而在两类对象之间建立组合关系，这样也可以达到同样的目的，而且这种方法更安全。使用委托机制时，只有有意义的操作才委托另一类对象实现，因此，不会发生不慎继承了无意义甚至有害操作的问题。

图 10-18b 描绘了委托 LinearList 类实现 Queue 类操作的方法。Queue 类的每个实例都包含一个私有的 LinearList 类实例或指向 LinearList 类实例的指针。Queue 类的操作 push（进入队列），委托 LinearList 类通过调用 last（定位到表尾）和 add（加入一个元素）操作实现，而pop（移出队列）操作则可通过 LinearList 类的 first（定位到表头）和 remove（移走一个元素）操作实现。（注：first 和 last 在这里表示操作，把它们当作动词用，表示定位到表头和表尾）

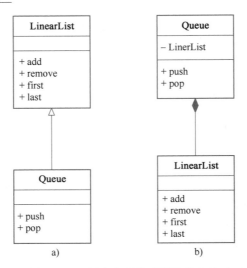

图 10-18 用表实现队列的两种方法

a）用继承实现　b）用委托实现

10.7　面向对象设计实例

【例 10-1】 在第 8.3 节的例 8-2 中，用面向对象方法分析了"募捐系统"。下面用面向对象方法设计"募捐系统"。

【解析】

1. 系统设计

系统主要可以分为 4 个子系统，即志愿者管理子系统，募捐需求子系统，募捐活动子系统和资金物品管理子系统，如图 10-19 所示。

1）志愿者管理子系统：主要功能为管理志愿者，按照题目的描述，系统向志愿者发送加入邀请，如果志愿者拒绝，继续向其他志愿者发送邀请。志愿者加入后，系统向志愿者提供邀请跟进和分配工作任务，管理志愿者提供的邀请响应和志愿者信息，在活动结束后，记录志愿者的工作时长和工作结果。

2）募捐需求子系统：主要功能为创建并更新管理需求，由起始状态开始，确定募捐需求，提出活动请求和捐赠请求，将

图 10-19　系统设计包图

请求发送给场馆，确定场馆的可用性，将募捐活动信息发送给捐赠人和志愿者，确定捐赠人信息和捐赠物品，确定加入任务的志愿者。

3）募捐活动子系统：主要功能集中在募捐活动的开展，根据活动时间和地点推广募捐活动，从募捐机构获取资金并向其发放赠品等。

4）资金物品管理子系统：主要功能为捐赠资金和物品的处理，根据捐赠请求，提供所募集的捐赠。向捐赠人发送感谢函，并告知捐赠品的去向。

2. 对象设计

募捐系统的使用者包括用户与机构，其中用户分为募捐者与志愿者。募捐者发起一个募捐需求后，可以通过请求活动及请求捐赠的方式来满足需求。

其中，通过募捐请求，募捐者向募捐机构直接募得物资，将其添加到所募捐赠中；再通过请求活动，在与外部的场馆等进行时间和地点的协调后，宣传并举办募捐活动。募捐活动需要志愿工作支持，因此志愿工作通过邀请的方法，邀请志愿者参加，跟进邀请并分配任务。举办活动募得的物资可以添加到所募捐赠里。

详细的对象设计类图如图 10-20 所示。

图 10-20　募捐系统详细的对象设计类图

3. 动态模型设计

首先用顺序图来表示动态模型。根据描述，需设计 3 个功能的顺序图：志愿者管理、确定募捐需求和收集所募捐赠、组织募捐活动。这 3 张顺序图均按照描述中所给的流程所绘制，如图 10-21 所示。

1）志愿者管理过程分析：首先志愿者联络人向志愿者发出邀请，若志愿者接受邀请，则提供志愿者相应信息。此时志愿者联络人可以邀请跟进，进而分配工作任务。最后任务完成后，统计志愿者工作时长，再记录工作结果。由此志愿者管理的顺序图绘制完毕。志愿者管理的顺序图如图 10-21 所示。

2）确定募捐需求和收集所募捐赠过程分析：首先募捐物资联络人获得募捐需求，进行分析后发布募捐任务，再提出活动请求，提出捐赠请求，最终获得所募得的资金和物品。至此，确定募捐需求和收集所募捐赠的顺序图绘制完毕，如图 10-22 所示。

图 10-21 志愿者管理顺序图

图 10-22 确定募捐需求和收集所募捐赠顺序图

3）组织募捐活动过程分析：首先活动组织者提出活动请求，请求通过后先确定活动时间范围。根据活动时间，搜索可用场馆。联系好之后确定活动时间和地点，由此确定相应的活动信息。再推广募捐活动，从而获取募捐。最后成功举办活动，并处理所募得的捐赠。至此，组织募捐活动的顺序图绘制完毕，如图 10-23 所示。

图 10-23　组织募捐活动设计顺序图

【例 10-2】采用面向对象分析方法分析下列需求，并且利用分析的结果进行面向对象设计。

现准备为某银行开发一个信用卡管理系统，该系统的部分功能如下。

1）信用卡申请。非信用卡客户填写信用卡申请表，说明所要申请的信用卡类型及申请者的基本信息，提交系统。如果信用卡申请被银行接受，系统将记录该客户的基本信息，并发送确认函给该客户，告知客户信用卡的有效期及信贷限额；否则，该客户将会收到一封拒绝函。收到确认函后成为信用卡客户。

2）信用卡激活。信用卡客户向系统提交激活请求，用信用卡号和密码激活该信用卡。激活操作结束后，系统将激活通知发送给客户，告知客户其信用卡是否被成功激活。

3）信用卡客户信息管理。信用卡客户的个人信息可以在系统中进行在线管理。每位信用卡客户可以在线查询和修改个人信息。

4）账单管理（附加需求）。

5）信用卡注销及异常管理（附加需求）。

【解析】

1. 需求分析的原则

（1）全面了解系统的使用客户群体

开发本系统的主要目标：为某银行开发一套能满足信用卡业务管理的系统，做到量身定做，不求功能最全，只求功能够用、好用。

（2）注重与银行工作人员和用户的沟通

从事信用卡管理系统开发的人员在进行需求分析时，需要与银行工作人员调研了解，了解用户的真实需求。毕竟开发人员不一定了解信用卡管理业务，单凭自己调查分析是远远不够的，这时必须加强与银行信用卡管理的人员的沟通和交流。系统开发者只有在与用户的交流过程中才能真正了解该行业的规则和业务流程等，在后续的软件设计中，才能设计出真正贴近需求的功能模块。

（3）尊重使用者的意见

进行需求分析时，难免会向银行工作人员咨询，对某个功能展开讨论，也会有意见不一致的情况，开发人员应当充分尊重用户的意见，即使用户的理论或看法是不正确的，也应该找到充足的依据来耐心说服。

（4）必须按系统分析方法有序进行

进行系统需求分析时，通常要依照自顶向下、依次分解的分析方法来对待具体问题。把一个整体的系统拆分成小的、具有独立功能的小系统或模块，这样可以将一个复杂的问题进行分解，再逐个进行解决，可以降低难度。在系统设计的时候同样要采取模块化设计，各个分模块依次进行设计，再进行整合形成统一的系统。

（5）可以使用辅助工具进行分析

软件工程中有很多辅助分析的工具和方法，如逻辑视图、数据流图和业务流程图等，可以使用这些工具对具体问题进行分析，更加直观地了解系统的结构和各部分之间的关系。

2. 主要流程分析

根据该银行的实际情况，信用卡业务的主要流程包括卡申请、卡激活、卡使用、卡管理和卡注销。银行信用卡业务的基本流程如图 10-24 所示。

3. 建立用例模型

（1）按照角色的用例分析

用例图是被称为参与者的外部用户所能观察到的系统功能的模型图，其呈现了相关的参与者和一些实例，根据彼此关系，对相关系统或类进行建模。通过使用可视化的例图，以这种形式来体现用例之间的有机联系；用例图可以使开发人员对基于某银行信用卡管理系统的设计与实现系统或类的行为了解更为深透，为开发人员提供详细的设计素材。从题中描述可以提取出主要的事件参与者为客户、银行工作人员和系统。

信用卡申请是否由客户直接与系统发生交互取决于具体的需求和银行的业务，柜台办理则不需要，在线申请则需要。本作业的用例分析认为客户需要和系统直接交互。

1）非信用卡客户用例。

图 10-25 所示为非信用卡客户用例图。对"信用卡申请"用例的使用说明场景描述如下。

用例编号：1。

用例名称：信用卡申请。

用例描述：非信用卡客户申请信用卡。

前置条件：用户有申请信用卡的条件、成年人、固定收入等。

后置条件：用户完成申请。

活动步骤：

1. 提交申请资料。

2. 等待审核通过。

图 10-24 银行信用卡业务的基本流程

扩展点：无。

异常处理：该用户在信用黑名单上，无法申请。

按照这一方法可对其他的用例添加文字性描述。

2）信用卡客户用例。

信用卡客户用例图如图 10-26 所示。

图 10-25　非信用卡客户用例图　　　　图 10-26　信用卡客户用例图

3）银行工作人员用例图。

每个管理用例只是代表可能的管理方向，细节需要根据具体的需求来定。银行工作人员用例图如图 10-27 所示。

4）系统管理员用例图。

系统管理员代表运维团队，用例表示可能的工作方向。系统管理员用例图如图 10-28 所示。

图 10-27　银行工作人员用例图　　　　图 10-28　系统管理员用例图

（2）按照功能的用例分析

根据以上信用卡业务流程分析可知，信用卡管理信息系统需要实现的功能主要有申请处理、账户管理、卡资料管理、授权管理、信函管理、交易管理和异常处理。每项功能下也会包含相应的子业务操作。

1）申请处理。

申请处理主要用来处理新客户对信用卡的申请，如图 10-29 所示。客户提出申请后系统会根据客户的资料进行核实、验证并判断其信用等级，根据系统设定的标准和策略来对客户的申请进行批准或者选择拒绝申请。在该模块中除了根据银行对信用卡申请的标准对客户申请加以处理，还可以根据客户资料对申请进行分类。本题的用例分析认为客户需要和系统直接交互。

图 10-29　申请处理用例图

2）账户管理。

账户管理是信用卡管理信息系统的重要功能模块，如图 10-30 所示。所有持卡客户的个人信息、信息变更记录、开户账户信息、账单和交易记录、积分的累计与调整记录、额度信息和额度变更信息等均被保存在财务管理系统中。同时，该模块还包含客户账户利息、费用记账与回算、开户账户的存/取款、转账功能的开设服务等其他账户信息、客户自定义参数和其他个性化服务的功能。

图 10-30　账户管理用例图

3）卡资料管理。

卡资料管理主要是对各种信用卡资料情况以及相应的账户信息进行管理，如图 10-31 所示。信用卡资料分为顶层账户、清算账户和入账账户 3 层结构。顶层账户主要负责控制客户总账户的授信管理，清算账户主要负责单张信用卡的授信管理，入账账户主要按卡记录授权信息。顶层账户下可增设多个清算层，清算层下最多可增设 3 个入账账户。

图 10-31　卡资料管理用例图

该模块主要根据银行以及客户发卡要求，按卡对账户信息进行管理。

4）授权管理。

授权管理在时间上不间断，随时都可以处理授权事务，如图 10-32 所示。如果客户输入参数合理，授权结果是可批准授权，反之，会拒绝授权。如果无法判断，则会递交给主观决定是否进行授权。另外，如果出现意外情况，授权管理功能模块还可对授权进行取消，信用卡卡片也可能会被列入黑名单，黑名单会定期进行更新或延期通知。

图 10-32　授权管理用例图

5）信函管理。

信函管理负责生成信函与发布信函，如图 10-33 所示。

图 10-33　信函管理用例图

6）交易管理。

交易管理主要用来进行前端处理，该系统能够处理各种类型的交易，在处理完毕后将处理结果发送到其他一些模块中，如图 10-34 所示。因而，通过统一的输入界面，系统将各种类型的交易活动统一起来。该系统可以实现的功能包括信用卡业务的跟踪、业务结算、资料存储及暂挂处理等，均代表一类业务，在本题中不再展开详述。

图 10-34 交易管理用例图

7）异常处理系统。

对于过期账户及一些不确定是否需要处理的账户，系统可以对这些需特别对待的账户进行相应的处理或分类。这些特殊情况包括被偷窃的信用卡、过期账户及破产情况等。本系统为预测性设计，故不进行具体的用例分析。

4. 建立对象模型

类图是描述类、接口及它们之间关系的图，是一种静态模型，显示了系统中各个类的静态结构。类图是面向对象系统建模中最常用和最基本的图之一，其他许多图都是在类图的基础上进一步描述了系统其他方面的特性。对信用卡管理系统分析后，使用业界通用的三层架构设计，实现业务与逻辑的分离，得到账户（Account）、顾客（Customer）、账单（Bill）、信用卡、管理员（Admin）这5个实体类及其对应的消息控制类和服务类。以类图表示静态模型，只画出基础的框架，如图10-35所示。

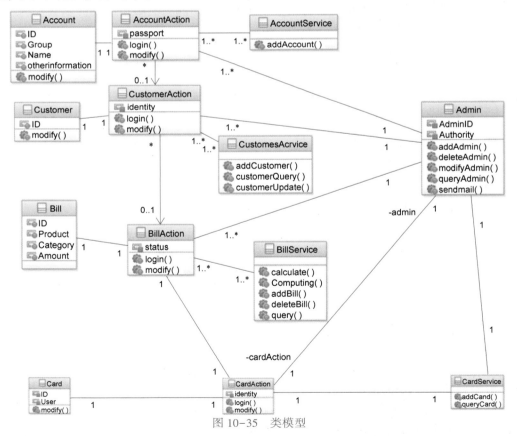

图 10-35 类模型

账户类（Account）分析：账户类存储账户相关的信息，如编号、姓名等，并与消息控制类和服务类共同完成账户的登录控制和权限控制。

顾客类（Customer）分析：顾客类本身并不进行操作，它的属性会被对应的消息控制类的各种操作所引用。此处只表示出顾客的 ID，其余信息在设计中进一步细化。

账单类（Bill）分析：账单类保存订单的相关信息，并与消息控制类协同工作接收订单等相关消息，并做出响应。

信用卡类（Card）分析：存储信用卡的相关信息，并通过服务类与永久数据进行更新。

管理类（Admin）分析：供银行工作人员使用，管理所有事务，在实际设计时应当细分。

消息控制类（Action）分析：管理业务调度和管理跳转，监听随时传来的操作消息，进行动态的权限控制，存储一部分权限控制信息。

服务类（Service）：用于完成对应实体的高级功能。

附加说明：各实体类互相独立，不产生关系，由各自的 Action 类负责。DAO 层（数据库操作层）负责向数据库增删改查的操作，不是一个类，而是数据库访问接口，故在此处不画。

5. 建立动态模型

此处选用活动图来表示动态模型。

（1）账户申请

由起始状态开始，非信用卡客户填写信用卡申请表，说明所要申请的信用卡类型及申请者的基本信息，提交系统。如果信用卡申请被银行接受，系统将记录该客户的基本信息，并发送确认函给该客户，告知客户信用卡的有效期及信贷限额；否则，该客户将会收到一封拒绝函。收到确认函后成为信用卡客户。账户申请活动图如图 10-36 所示。

（2）消费

用户发起消费申请，然后进行身份认证，并确定消费金额仍在限额内，然后进行消费并记录，如图 10-37 所示。

（3）添加客户信息

银行工作人员使用系统添加客户信息，根据是否成功返回对应信息，如图 10-38 所示。

（4）添加账户信息

银行工作人员使用系统添加账户信息，根据是否成功返回对应信息，如图 10-39 所示。

（5）客户信息查询

银行工作人员使用系统查询客户信息，系统返回客户信息，如图 10-40 所示。

（6）客户信息修改

银行工作人员使用系统修改客户信息，根据是否成功返回对应信息，如图 10-41 所示。

6. 建立功能模型

功能模型表示系统中数据的依赖关系及数据处理的相关过程，采用数据流图表示。由于系统较大，因此这里用两级数据流图表示，如图 10-42 ~ 图 10-44 所示。

图 10-36 账户申请动态模型

图 10-37 消费动态模型

图 10-38 添加客户信息动态模型

图 10-39 添加账户信息动态模型

图 10-40　客户信息查询动态模型　　　　图 10-41　客户模型修改模型

图 10-42　第 1 层数据流图

7. 完成信用卡系统面向对象的设计过程

（1）系统设计

本文设计的信用卡管理信息系统中各功能模块子系统主要有：申请处理系统、账户管理系统、卡资料管理系统、授权系统、信函系统、交易管理系统和异常处理系统。用结构图描述系统的分解，如图 10-45 所示。

图 10-43　信用卡申请管理第 2 层数据流图

图 10-44　信用卡额度第 2 层数据流图

图 10-45　信用卡管理信息系统的总体功能模块结构图

下面以账户管理系统和卡资料管理系统为例，采用 UML 组件中的顺序图来描述系统功能。

1）账户管理系统。

账户管理系统的功能包括添加客户信息、添加账户信息、客户信息查询、客户信息修改、账单查询和账单结算等。下面分别给出这些子功能的顺序图。

① 添加客户信息。添加客户信息的顺序图如图 10-46 所示。银行职工首先登录系统，在添加客户窗体中输入客户信息并保存，如果信息保存成功，则显示添加成功。

图 10-46　添加客户信息的顺序图

② 添加账户信息。添加账户信息的顺序图如图 10-47 所示。银行职工首先登录系统，在添加账户窗体中输入客户的账户信息并保存，如果信息保存成功，则显示添加成功。

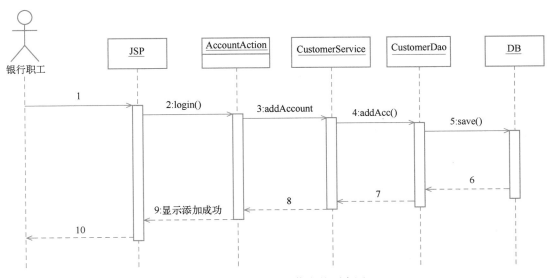

图 10-47　添加账户信息的顺序图

③ 客户信息查询。客户信息查询的顺序图如图 10-48 所示。银行职工首先需要从客户处得知客户的身份证号，根据客户的身份证号在数据库中进行查询，查到相应信息然后显示客户的详细信息。

图 10-48　客户信息查询的顺序图

④ 客户信息修改。客户信息修改的顺序图如图 10-49 所示。银行职工从客户那里得知需要修改的信息后进行客户信息的修改，如果修改成功的话，则会显示修改成功信息。

图 10-49　客户信息修改的顺序图

⑤ 账单查询。账单查询的顺序图如图 10-50 所示。银行职工首先登录系统，然后根据客户的身份证号码查询客户的账户信息，查找到以后显示账单的详细信息。

图 10-50　账单查询的顺序图

⑥ 账单结算。账单结算的顺序图如图 10-51 所示。银行职工首先登录系统，然后根据结算时间对客户的账户信息进行结算，最后将结算后的信息显示出来。

图 10-51　账单结算的顺序图

2）卡资料管理系统。

卡资料管理系统的功能包括添加信用卡信息和查询信用卡信息。下面分别给出这些子功能的顺序图。

① 添加信用卡信息。添加信用卡信息的顺序图如图 10-52 所示。银行职工首先登录系统，将信用卡的信息输入到系统中然后保存，如果保存成功，则显示添加卡号成功的信息。

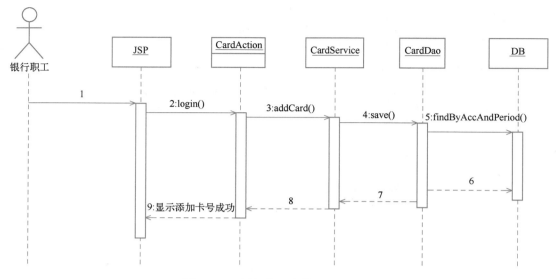

图 10-52　添加信用卡信息的顺序图

② 查询信用卡信息。查询信用卡信息的顺序图如图 10-53 所示。银行职工首先登录系统，然后通过信用卡卡号查询信用卡相关信息，如果在数据库中找到了相应的信用卡信息，则显示所查询卡号的信用卡信息给客户。

图 10-53　查询信用卡信息的顺序图

（2）对象设计

在系统的面向对象分析基础上，对类进行优化。从数据管理方面，添加一个"数据分析"类作为平台进行数据分析的工具。由于本例题系统属于展望性设计，暂不定义具体的属性与方法，使用 data 代表统计数据，使用 analyze( ) 代表分析的方法；原有的类进一步细化了属性和相关的操作，添加了 Admin 的具体关联；对于一些具体功能仍然隐藏了实现细节。优化后的系统类图如图 10-54 所示。

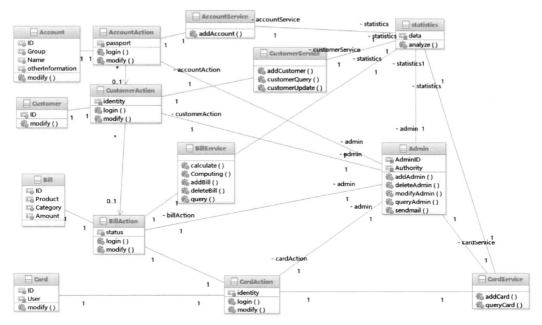

图 10-54　优化后的类图

（3）数据库设计

数据库是系统重要的数据存储单元，一个好的数据库设计可以降低系统开发的时间开销，提高系统运行速度。基于信用卡管理信息系统的数据库设计思路是先从需求分析中提取实体集，并根据实体之间的关系建立实体-关系图，简称模型。然后对模型进行范式处理，得到关系模型，也就是最终使用的数据表。模型是由实体和实体之间的关系建立起来的用于描述数据结构的图形表示。实体是系统中具有相同特征和性质的事物的集合。属性是指实体共有的特质。每一个实体都有属性。关系是指实体内部或实体与实体之间存在的联系。信用卡的实体如图 10-55 所示。信用卡系统的 E-R 模型如图 10-56 所示。

图 10-55　信用卡的实体

图 10-56　信用卡系统的 E-R 模型

习题

1. 判断题

（1）在面向对象设计中，应遵循的设计准则除了模块化、抽象、低耦合和高内聚以外，还有信息隐藏。　　　　　　　　　　　　　　　　　　　　　　　　　　　　（　　）

（2）面向对象分析和设计活动是一个多次反复迭代的过程。　　　　　　　（　　）

（3）关系数据库可以完全支持面向对象的概念，面向对象设计中的类可以直接对应到关系数据库中的表。　　　　　　　　　　　　　　　　　　　　　　　　　　（　　）

（4）面向对象设计是在分析模型的基础上，运用面向对象技术生成软件实现环境下的设计模型。　　　　　　　　　　　　　　　　　　　　　　　　　　　　　　（　　）

2. 选择题

（1）面向对象设计阶段的主要任务是系统设计和（　　　）。

A. 结构化设计　　　　　　B. 数据设计　　　　C. 面向对象程序设计　　　　D. 对象设计

（2）只有类的共有界面的成员才能成为使用类的操作，这是软件设计的（　　　）原则。

A. 过程抽象　　　　　　B. 信息隐藏　　　　C. 功能抽象　　　　　　D. 共享性

（3）（　　　）是表达系统类及其相互联系的图示，它是面向对象设计的核心，是建立状态图、协作图和其他图的基础。

A. 部署图　　　　　　B. 类图　　　　C. 组件图　　　　　　D. 配置图

（4）下面所列的性质中，（　　　）不属于面向对象设计的特性。

A. 继承性　　　　　　B. 重用性　　　　C. 封装性　　　　　　D. 可视化

（5）下列是面向对象设计方法中有关对象的叙述，其中（　　）是正确的。

A. 对象在内存中没有它的存储区　　　　B. 对象的属性集合是它的特征表示

C. 对象的定义与程序中类型的概念相当　　D. 对象之间不能相互通信

（6）在面向对象设计中，基于父类创建的子类具有父类的所有特性（属性和方法），这一特点称为类的（　　）。

A. 多态性　　　　　　　B. 封装性　　　　　　C. 继承性　　　　　　　D. 重用性

3. 简答题

（1）请比较结构化软件设计方法和面向对象软件设计方法。

（2）请简述面向对象设计的启发规则。

（3）请简述面向对象的设计原则

（4）请简述系统设计和对象设计。

4. 应用题

（1）某图书借阅管理系统的需求说明如下。

1）管理员应建立图书书目，以提供图书检索的便利。一条书目可有多本同 ISBN 号的图书，每一本图书只能对应于一个书目。

2）图书可被读者借阅。读者在办理图书借阅时，管理员应记录借书日期，并记录约定还书日期，以督促读者按时归还。一个读者可借阅多本图书，一本图书每次只能被一个读者借阅。

3）图书将由管理员办理入/出库。图书入/出库时，应记录图书状态变更，如存库和外借，并记录变更日期。一个管理员可办理多本图书入/出库，但一本图书的某次入/出库办理，必须有确定的管理员经手。

根据上述说明，画出该系统的类图。

（2）利用面向对象的设计方法设计某网上书店系统（可自行做一些假设）。

第 11 章
软件实现

本章首先介绍编程语言的发展与分类，然后讲述选择编程语言需考虑的因素，接着针对编程进行了阐述；最后简述了面向对象的实现。

本章目标

❑ 了解编程语言的发展与分类。
❑ 了解选择编程语言时所需考虑的因素。
❑ 掌握良好的编程风格与编程规范。

11.1 编程语言

在软件设计阶段，得到了实现目标系统的解决方案，并用模型图、伪代码等设计语言表述出来。编码的过程就是把软件设计阶段得到的解决方案转化为可以在计算机上运行的软件产品的过程。

选择合适的编程语言是编程的关键。可以说，编程语言是人与计算机交互的基本工具，它定义了一组计算机的语法规则，通过这些语法规则可以把人的意图、思想等转化为计算机可以理解的指令，进而让计算机帮助人类完成某些任务。软件开发人员通过使用编程语言来实现目标系统的功能。

11.1.1 编程语言的发展与分类

编程语言是人与计算机交流的重要工具。对软件开发人员而言，编程语言是除了计算机本身之外的所有工具中最重要的。从计算机问世至今，人们一直在努力研制更优秀的编程语言。目前，编程语言的种类已有成千上万种，但是能得到广泛认可的语言却屈指可数。

1. 机器语言

最早的编程语言是机器语言，它是计算机可以识别、执行的指令代码。机器语言采用"0"和"1"为指令代码来编写程序，它可以直接被计算机的 CPU 识别，从而操纵计算机硬件的运行。由于机器语言直接操纵计算机硬件，所以语言必须基于机器的实现细节。也就是说，不同型号的计算机其机器语言是不同的，用一种计算机的机器指令编写的程序不能在另一种计算机上执行。因为机器语言直接操纵底层硬件，所以其执行速度较快，但是程序员必须熟悉计算机的全部指令代码和代码的含义。用机器语言编写程序对程序员的要求较高，花费的时间往往较长，直观性差，容易出错。由于机器语言具有"面向机器"的特点，它不能直接在不同体系结构的计算机间移植。

2. 汇编语言

像机器语言一样，汇编语言也是一种"面向机器"的低级语言。它通常为特定的计算机或系列计算机专门设计，可高效地访问、控制计算机的各种硬件设备。汇编语言采用一组助记符来代替机器语言中晦涩难懂的二进制代码，用地址符号或标号来代替地址码，使得代码比较直观，容易被理解。由于机器不能直接识别汇编语言，所以在执行时，汇编语言必须由特定的翻译程序转化为相应的机器语言才能由计算机执行。把汇编语言转换为机器语言的过程叫作汇编，相应的翻译程序就是汇编程序。

汇编语言保持了机器语言简捷和快速的特点，比机器语言容易编写和理解。常用的汇编语言有 Z-80 机的 Z-80 汇编语言、个人计算机上使用的 8080A、8086（8088）汇编语言等。

3. 高级语言

因为汇编语言中大量的助记符难以记忆，而且汇编语言对硬件体系有较强的依赖性，所以人们又发明了高级语言。高级语言采用类似英文的语句来表示语义，更加方便了软件开发人员的理解和使用。此外，高级语言不再依赖于特定的计算机硬件，所以移植性较强，同种高级语言可以用在多种型号的计算机上。

一些高级语言是面向过程的，如 FORTRAN、COBOL、ALGOL 和 BASIC，这些语言基于结构化的思想，它们使用结构化的数据结构、控制结构、过程抽象等概念体现客观事物的结构和逻辑含义。FORTRAN 语言常用于大规模的科学计算。COBOL 是广泛用于商业领域里数据处理方面的语言，能有效地支持与商业处理有关的过程技术。ALGOL 语言并没有被广泛地应用，但是它包含的丰富的过程和数据结构值得其他语言借鉴。BASIC 语言是一种解释或编译执行的会话语言，被广泛地应用在微型计算机系统中。

还有一些高级语言是面向对象的，以 C++语言为典型代表，这类语言与面向过程的高级语言有着本质的区别。它们将客观事物看成具有属性和行为的对象，并通过抽象把一组具有相似属性和行为的对象抽象为类。不同的类之间还可以通过继承、多态等机制实现代码的重用。面向对象的高级语言可以更直观地描述客观世界中存在的事物及它们之间的相互关系。

毋庸置疑，高级语言的出现是计算机编程语言发展的一个飞跃。

4. 超高级语言

第四代语言是超高级语言，它是对数据处理和过程描述的更高级的抽象，一般由特定的知识库和方法库支持，例如，与数据库应用相关的查询语言、描述数据结构和处理过程的图形语言等，它们的目的在于直接实现各种应用系统。

Tiobe 排行榜是编程语言活跃度的一个比较有代表的统计排行，每月更新一次，统计数据来源于世界范围内的资深软件工程师和第三方提供商，以及各大搜索引擎（如 Google）的关键字搜索等，其结果经常作为业内程序开发语言流行使用程度的有效指标。排行榜反映了编程语言的发展趋势，也可以用来查看程序员自身的知识技能是否与主流趋势相符，具有一定的借鉴意义。但必须注意的是，排行榜代表的仅仅是语言的关注度、活跃度和流行情况等，并不代表语言的好坏，因为每种语言都有自己的长处和缺点。而就一般的编程任务而言，基本各种语言都能胜任，开发效率也和使用者熟练程度及开发平台密切相关。所以，Tiobe 排行榜的长期趋势分析则更有参考价值。

图 11-1 所示为 Tiobe 2023 年 10 月编程语言排行榜。从中可以看出，Python、C、C++占据了前三的地位。排行比较能反映实际的技术发展状况。例如，近年来移动智能设备的开发

日渐成熟，尤其是苹果公司的 iPad 和 iPhone 等，导致 Objective-C 等语言活跃度大幅上升；而 Web 和 Native 开发当前仍旧无法取代彼此，所以，C、Java、Python、C++ 等仍然将在较长的时间里稳居前几名。纵观编程语言近十年的增长，虽然 C、Java、Python、C++ 等的地位一直比较稳定，但总的份额有的却在下降，处于主导地位的编程语言，其地位正在被新兴的语言侵蚀。从语言分类来看，总体上，以 PHP、JavaScript 等为代表的动态语言前景比较好，尤其是在正在飞速发展的 Web 和云计算领域上的应用；而函数式编程（如 F# 等）也正越来越受到重视，但过程式语言，尤其是面向对象语言仍将在未来相当长的一段时间里不可取代。越来越多的语言在向多泛型的方向发展，而且在不断地融合，互补长短，静态和动态的融合（如 C# 从 4.0 开始引入动态语言特征），函数式编程和面向对象融合（如 F# 对面向对象的支持也非常出色）。任何一种编程语言都有优劣，不同的编程语言在不同的领域有其独特乃至不可取代之处。所以，编程语言不存在哪个更好，而是要根据具体的项目特点，选择合适的编程语言。

Oct 2023	Oct 2022	Change	Programming Language	Ratings	Change
1	1		Python	14.82%	-2.25%
2	2		C	12.08%	-3.13%
3	4	^	C++	10.67%	+0.74%
4	3	v	Java	8.92%	-3.92%
5	5		C#	7.71%	+3.29%
6	7	^	JavaScript	2.91%	+0.57%
7	6	v	Visual Basic	2.13%	-1.82%
8	9	^	PHP	1.90%	-0.14%
9	10	^	SQL	1.78%	+0.00%
10	8	v	Assembly language	1.64%	-0.75%
11	11		Go	1.37%	+0.10%
12	23	^	Scratch	1.37%	+0.69%
13	18	^	Delphi/Object Pascal	1.30%	+0.46%
14	14		MATLAB	1.27%	+0.09%
15	15		Swift	1.07%	+0.02%
16	19	^	Fortran	1.02%	+0.23%
17	12	v	R	0.96%	-0.26%
18	26	^	Kotlin	0.96%	+0.53%
19	16	v	Ruby	0.92%	+0.05%
20	20		Rust	0.91%	+0.22%

图 11-1 TIOBE 2023 年 10 月编程语言排行榜

下面对比较流行的几种编程语言做简单的介绍。

1）Python 是一种面向对象、解释型计算机程序设计语言，由 Guido van Rossum 于 1989 年发明，第一个公开发行版发行于 1991 年。Python 是纯粹的自由软件，其源代码和解释器 CPython 遵循 GPL 协议。Python 语法简洁清晰，特色之一是强制用空白符作为语句缩进。Python 具有丰富和强大的库，它常被昵称为"胶水语言"，能够把用其他语言制作的各种模块（尤其是 C/C++）很轻松地联结在一起。常见的一种应用情形是，使用 Python 快速生成程序的原型（有时甚至是程序的最终界面），然后对其中有特别要求的部分，用更合适的语言改写。例如对于 3D 游戏中的图形渲染模块，其性能要求特别高，就可以用 C/C++ 重写，而后封装为 Python 可以调用的扩展类库。需要注意的是，在使用扩展类库时可能需要考虑平台问题，某些可能不提供跨平台的实现。

2）C 语言是一种面向过程的计算机程序语言，既有高级语言的特点，又具有汇编语言的特征。因此，常用于系统级别的程序设计，如操作系统和驱动程序等。由于 C 语言相比其他高级语言更接近底层，因此其执行效率非常高。

3）Java 语言最初由 Sun Microsystems 公司于 1995 年推出，广泛用于个人计算机、数据中心、移动设备和互联网产品的设计，具有极好的跨平台特性，拥有目前全球最大的开发者社群。Java 语言是一个纯面向对象的编程语言。它继承了 C/C++ 风格，但舍弃了 C++ 中难以掌握且非常容易出错的指针（改为引用取代）、运算符重载、多重继承（以接口取代）等特性，但增加了垃圾自动回收等功能，使程序员在设计程序的同时，不用再小心翼翼地关注内存管理的问题。编译时，Java 编译器首先将源代码编译为虚拟机中间代码（字节码），然后字节码可以在具体应用平台中的虚拟机上执行，这正是 Java 跨平台特性的原因所在。

4）C++ 语言出现于 20 世纪 80 年代的美国 AT&T 贝尔实验室，最初作为 C 语言的增强版，即增加了面向对象和一些新特性。后来逐渐加入虚函数、运算符重载、多重继承、模板、异常、RTTI 和命名空间等特性。由于 C++ 是 C 的扩展，因此它既具有接近 C 一样的执行效率，又具有高级语言的面向对象特征，如今 C++ 仍然是 Native 应用程序开发的首选语言。虽然 C++ 开发成本相对于 Java、C# 等语言高出很多，但其部署方便、执行效率高和更接近底层的特性却是两者无法取代的。例如，一些对性能要求极高的图形程序、3D 游戏的开发，就必须使用 C/C++ 实现核心代码（事实上，为了实现更高的性能和执行效率，一些核心代码甚至采用汇编语言来实现）。

5）C# 语言是微软公司为推行 .NET 战略而为 .NET 平台量身定制的纯面向对象的编程语言，也是 .NET 平台开发的首选语言。C# 汲取了 C/C++ 和 Java 的特性，具有 Java 语言的简单易用性，以及 C/C++ 的强大特性。不过 C# 不像 Java 一样彻底地摒弃了指针，而是不推荐使用指针，这个特性在一些应用中非常有效，毕竟指针在解决某些应用时是最高效的方式。C# 自 4.0 开始，引入动态语言特性，这使得 C# 可以采用类似 JavaScript、Python 或 Ruby 的方式编程。动态特性可以解决一些静态语言无法解决的事情，这极大地提升了 C# 的功能。在 Web 开发方面，C# 也是微软的主推语言，尤其是基于 C# 的 ASP.NET，是在 Windows/IIS 平台上的首选。微软仍然在快速地扩展 C# 的功能，越来越多的语言优点被融合到 C# 中。

6）JavaScript 语言是 Netscape 公司开发的面向对象的、动态类型的、区分大小写的客户端脚本语言，主要用来解决服务器端语言的速度问题。JavaScript 常用于给 HTML 页面添加动态脚本，如各种客户端数据验证。Ajax 也是基于 JavaScript 的后台通信机制，实现浏览器无刷新响应。当前几乎所有浏览器都支持 JavaScript。如今，多数动态页面都采用 JavaScript 实现，是事实上的动态 Web 开发的行业标准技术。不过，JavaScript 有一些不可克服的弱点，例如调试困难和天生的不安全性，对恶意攻击及数据窃取非常脆弱等。

7）PHP 语言是一种嵌入在 HTML 内部的、在服务器端执行的脚本语言，融合了 C、Java、Perl 等的语法特性。由于其程序内嵌在 HTML 中，所以执行效率比完全生成 HTML 标记的 CGI 高出许多。PHP 也可以执行编译后的代码，以达到加密和优化的作用。PHP 支持几乎所有的主流数据库及操作系统，而且还可以使用 C/C++ 进行扩展。由于其语法简单、容易上手、开发快捷、跨平台性强（可以运行在多种服务器的操作系统上）、效率高、面向对象等特性，PHP 成了目前学习 Web 编程的首选语言之一。而且 PHP 是开源的，所有的源代码都可以找到，给学习 PHP 带来了极大的便利。在开源大行其道的今天，PHP 也已成为中流砥柱之一。

随着计算机科学的发展和应用领域的扩大，编程思想在不断发展，编程语言也在不断演化。每个时期都有一些主流编程语言，也都有一些语言出现或消亡。每种语言都有其自身的优点和缺点，适合于不同的应用领域，也都不可避免地具有一定的局限性。

11.1.2 选择编程语言需考虑的因素

进行软件开发时，应该根据待开发软件的特征及开发团队的情况考虑选用合适的编程语言。因为不同的编程语言有各自不同的特点，有些时候，软件开发人员在选择时经常感到很矛盾。这时候，应该从主要问题入手，对各个因素进行平衡。

在选择编程语言时，通常需考虑以下几个因素。

1）待开发系统的应用领域，即项目的应用范围。不同的应用领域一般需要不同的语言。对于大规模的科学计算，可选用 FORTRAN 语言或者 C 语言，因为它们有大量的标准库函数，可用于处理复杂的数值计算；对于一般商业软件的开发，可选用 C++、C#、Java 和 Python，它们是面向对象语言，相对于面向过程语言而言，它们更具灵活性；在人工智能领域，则多使用 LISP、Prolog 和 OPSS；对于与数据处理和数据库应用相关的应用，可使用 SQL 数据库语言、Oracle 数据库语言或 4GL（第 4 代语言），当然，还要考虑数据库的类型；实时处理软件对系统的性能要求较高，选择汇编语言或 ADA 语言比较合适。

2）用户的要求。如果用户熟悉软件所使用的语言，那么对软件的使用及日后的维护工作会带来很多方便。软件开发人员应该尽量满足用户的要求，使用他们熟悉的语言。

3）将使用何种工具进行软件开发。软件开发工具可以提高软件开发的效率。特定的软件开发工具只支持部分编程语言，所以应该根据将要使用的开发工具确定采用哪种语言。

4）软件开发人员的喜好和能力。采用开发人员熟悉的语言进行软件开发，可以节省开发人员进行学习和培训的资源，加快软件开发的速度。

5）软件的可移植性要求。可移植性好的语言可以使软件方便地在不同的计算机系统上运行。如果软件要适用于多种计算机系统，那么编程语言的可移植性是非常重要的。

6）算法和数据结构的复杂性。有些编程语言可以完成算法和数据结构复杂性较高的计算，如 C 和 FORTRAN。但是，有些语言则不适宜完成复杂性较高的计算，如 Lisp、Prolog 等。所以在选择语言时，还应根据语言的特点，选取能够适应项目算法和数据结构复杂性的语言。一般来说，科学计算、实时处理、人工智能领域中解决问题的算法比较复杂，数据处理、数据库应用、系统软件开发领域内的问题的数据结构也比较复杂。

7）平台支持。某些编程语言只在指定的部分平台上才能使用。例如，在 iPad 和 iPhone 平台进行开发，则只能选用 Objective-C 等；在 Android 平台进行开发，则只能使用 Java、Ruby 和 Python 等。在这种情况下，软件开发人员在选择语言时，必须考虑具体的平台支持特性。

11.2 编程风格与规范

编程风格与规范是指源程序的书写习惯，如变量的命名规则、代码的注释方法和缩进等。具有良好编程风格与规范的源程序具有较强的可读性和可维护性，同时还能提高团队开发的效率。良好的个人编程风格与规范是一个优秀程序员素质的一部分，项目内部相对统一的编程风格与规范也使得该项目的版本管理、代码评审等软件工程相关工作更容易实现。在大型软件开发项目中，为了控制软件开发的质量，保证软件开发的一致性，遵循一定的编程风格与规范尤为重要。

要做到按照良好的编程风格与规范进行编程，可以从以下几点入手。

1. 版权和版本声明

应该在每个代码文件的开头对代码的版权和版本进行声明，主要内容如下。

1）版权信息。

2）文件名称，标识符，摘要。

3）当前版本号，作者/修改者，完成日期。

4）版本历史信息。

版权和版本声明是对代码文件的一个简要介绍，包括了文件的主要功能、编写者、完成和修改时间等信息。添加版权和版本声明使得代码更加容易阅读和管理。一个典型的版权和版本声明如下所示。

```
/*
 * Copyright (c) 2021, BUAA
 * All rights reserved.
 *
 * 文件名称:filename.h
 * 文件标识:见配置管理计划书
 * 摘要:简要描述本文件的内容
 *
 * 当前版本:1.1
 * 作者:输入作者(或修改者)名字
 * 完成日期:2021 年 5 月 2 日
 *
 * 取代版本:1.0
 * 原作者　:输入原作者(或修改者)名字
 * 完成日期:2021 年 4 月 20 日
 */
```

2. 程序版式

在程序编写过程中应该注意版式，使程序更加清晰易读。对空行、空格的使用及对代码缩进的控制与程序的视觉效果密切相关。比较图 11-2 所示的两段代码，就不难发现，采用了缩进和空行的第二段代码在布局上更清晰。

好的程序版式没有统一的标准，但在长期的程序编写过程中，编程人员基本积累了一些程序版式规则，举例如下。

图 11-2　采用不同布局的代码示例

1）在每个类声明之后、每个函数定义结束之后都要加空行。

2）在一个函数体内，逻辑上密切相关的语句之间不加空行，其他地方应加空行分隔。

3）一行代码只做一件事情，如只定义一个变量，或只写一条语句。

4）if、for、while、do 等语句自占一行，执行语句不得紧跟其后，不论执行语句有多少都要加｛｝。

5）尽可能在定义变量的同时初始化该变量。

6）关键字之后要留空格，函数名之后不要留空格，"，"之后要留空格。

例如，应该写成

```
void Func1(int x,  int y,  int z);
```

而不要写成

```
void Func1   (int x,int y,int z);
```

7）赋值操作符、比较操作符、算术操作符、逻辑操作符、位域操作符等二元操作符的前后应当加空格，一元操作符前后不加空格。

8）程序的分界符"｛"和"｝"应独占一行并且位于同一列，同时与引用它们的语句左对齐。

9）代码行最大长度宜控制在 70~80 个字符以内。

10）长表达式要在低优先级操作符处拆分成新行，操作符放在新行之首。

随着集成开发环境的发展，很多集成开发环境都自动加入了对程序版式的默认编辑功能。例如，一条语句完成后输入"；"时，会自动在语句内加入空格。但是作为编程人员，还是应当了解并遵守一些基本的程序版式规则。

3. 注释

注释阐述了程序的细节，是软件开发人员之间以及开发人员和用户之间进行交流的重要途径。做好注释工作有利于日后的软件维护。注释也需要遵循一定的规则，如注释需要提供哪些方面的信息、注释的格式及注释的位置等。

注释可以分为序言注释和行内注释。

序言注释位于模块的起始部分，对模块的详细信息进行说明，如模块的用途、模块的参数描述、模块的返回值描述、模块内捕获的异常类型、实现该模块的软件开发人员及实现时间、对该模块做过修改的开发人员及修改日期等。

行内注释位于模块内部，经常对较难理解、逻辑性强或比较重要的代码进行解释，从而提高代码的可理解性。

不同语言的注释方式可能不同，但基本上所有语言都支持注释功能。注释一般位于以下几处。

1）版本、版权声明。

2）函数接口说明。

3）重要的代码行或段落提示。

举例说明。

```
/*
* 函数介绍:
* 输入参数:
* 输出参数:
* 返回值  :
*/
void Function(float x, float y, float z)
{
    ...
}
```

在合适的位置适当注释有助于理解代码，但注意不可过多地使用注释。注释也应当遵守一些基本规则。

1) 注释是对代码的 "提示"，而不是文档，注释的花样要尽量少。

2) 注释应当准确、易懂，防止有二义性。

3) 注释的位置应与被描述的代码相邻，可以放在代码的上方或右方，不可放在下方。

4) 当代码比较长，特别是有多重嵌套时，应当在一些段落的结束处加注释，便于阅读。

4. 命名规则

比较著名的命名规则有 Microsoft 公司的 "匈牙利" 法，该命名规则的主要思想是：在变量和函数名中加入前缀以增进人们对程序的理解。但是，由于其过于烦琐，该规则很少被使用。

事实上，没有一种命名规则可以让所有的编程人员都赞同，在不同的编程语言、不同的操作系统、不同的集成开发环境中，使用的命名规则可能不尽相同。因此，软件开发中仅需要制定一种令大多数项目成员满意的命名规则，并在项目中贯彻实施。但有几点基本事项还是需要注意的。

1) 按照标识符的实际意义命名，使其名称具有直观性，能够体现标识符的语义。这样可以帮助开发人员对标识符进行理解和记忆。

2) 标识符的长度应当符合 "最小长度与最大信息量" 原则。

3) 命名规则尽量与所采用的操作系统或开发工具的风格保持一致。例如，缩写的使用、字母大小写的选择、对常量和变量命名的区分等。在有些软件开发项目的命名规则里，常量名称选用大写字母，变量名称选用小写字母。一般不推荐使用单词缩写进行命名，因为使用缩写在阅读时容易产生歧义。例如，表示班级名称的变量 className，不宜改成 cName。

4) 变量名不要过于相似，这样容易引起误解。

5) 在定义变量时，最好对其含义和用途做出注释。

6) 程序中不要出现仅靠大小写区分的相似的标识符。

7) 尽量避免名字中出现数字编号，除非逻辑上的确需要编号。

5. 数据说明

为了使数据更容易理解和维护，在数据说明时需要遵循一定的原则。

1) 在进行数据说明时应该遵循一定的次序，如哪种数据类型的说明在前，哪种在后。如果数据说明能够遵循标准化的次序，那么在查询数据时就比较容易，这样能够加速测试、调试和维护的进程。

2) 当在同一语句中说明相同数据类型的多个变量时，变量一般按照字母顺序排列。

3) 对于复杂数据结构的说明，为了容易理解，需要添加必要的注释。

6. 语句构造

语句构造是编写代码的一个重要任务。语句构造的原则和方法在编程阶段尤为重要。人们在长期的软件开发实践中，总结出来的语句构造原则有以下几点。

1) 不要为了节省空间而把多条语句写在一行。

2) 合理地利用缩进来体现语句的不同层次结构。

3) 在含有多个条件语句的算术表达式或逻辑表达式中使用括号来清晰地表达运算顺序。

4) 将经常使用并且具有一定独立功能的代码封装为一个函数或公共过程。

5) 避免使用 goto 语句。

6) 对于含有多个条件语句的算术表达式或逻辑表达式，使用括号来清晰地表达运算顺序。

7) 避免使用多层嵌套语句。

8) 避免使用复杂的判定条件。

7. 输入/输出

软件系统的输入/输出部分与用户的关系比较紧密，良好的输入/输出的实现能够直接提高用户对系统的满意度。一般情况下，对软件系统的输入/输出模块要考虑以下几条原则。

1) 要对所有的输入数据施行严格的数据检验机制，及时识别出错误的输入。

2) 使输入的步骤、操作尽量简单。

3) 输入格式的限制不要太严格。

4) 应该允许默认输入。

5) 在交互式的输入方式中，系统要给予用户正确的提示。

6) 对输出数据添加注释。

7) 输出数据要遵循一定的格式。

8. 效率

效率是对计算机资源利用率的度量，它主要衡量程序的运行时间和存储器容量两个方面。源程序的运行时间主要取决于详细设计阶段确定的算法。可以使用用于代码优化的编译程序来减少程序的运行时间。使用较少的存储单元可以提高存储器的效率。提高效率的具体方法有以下几种。

1) 减少循环嵌套的层数。在多层循环中，可以把有些语句从外层移到内层。

2) 将循环结构的语句用嵌套结构的语句来表示。

3) 简化算术和逻辑表达式，尽量不使用混合数据类型的运算。

4) 避免使用多维数组和复杂的表。

有关效率的程序如图 11-3 所示。

```
//简洁但效率低的程序          //效率高但不太简洁的程序
for (i=0; i<N; I++)          for (condition)
{                            {
  if(condition)                for (i=0; i<N; i++)
      Call1();                     Call1();
  else                       }
      Call2();               else
}                            {
                               for (i=0; i<N; i++)
                                   Call2();
                             }
```

图 11-3　有关效率的程序

11.3　面向对象实现

面向对象实现主要是指把面向对象设计的结果翻译成用某种程序语言书写的面向对象程序。

采用面向对象方法开发软件的基本目的和主要优点是通过重用提高软件的效率。因此，应该优先选用能够最完善、最准确地表达问题域语义的面向对象语言。

在开发过程中，类的实现是核心问题。在用面向对象风格所写的系统中，所有的数据都被封装在类的实例中。而整个程序则被封装在一个更高级的类中。在使用既存部件的面向对象系统中，可以只花费少量时间和工作量来实现软件。只要增加类的实例，开发少量的新类和实现各个对象之间互相通信的操作，就能创建所需要的软件。

在面向对象实现中，涉及的主要技术有：类的封装和信息隐藏、类继承、多态和重载、模板、持久保存对象、参数化类和异常处理等。

下面举两个例子来说明面向对象的实现。

第一个例子说明如何使用 Java 中的继承（Inheritance）来实现父类和子类。

```
1.   public class Student {                              //定义一般类(父类)
2.       //……Code
3.   }
4.
5.   class GraduateStudent extends Student {             //定义特殊类(子类)
6.       //……Code
7.   }
8.
9.   class TestDemo {
10.      public static void main( String[ ] args) {
11.          Student ds =new Student( );                 //父类样例
12.          GraduateStudent gs = new GraduateStudent( );    //子类样例
13.      }
14.  }
```

第二个例子说明如何形成一个含有聚合关系的类。

```
1.   public class Vehicle {              //定义父类:交通工具
2.       //……Code
3.   }
4.
5.   class Motor {                       //定义组件:发动机
6.       //……Code
7.   }
8.
9.   class Wheel {                       //定义组件:轮子
10.      //……Code
11.  }
12.
13.  class Car extends Vehicle {
14.      public Motor motor;            //用类 Motor 作为汽车的 motor 类型
15.      public Wheel[ ] wheels;        //用轮子类的数组作为汽车的轮子
16.  }
17.
18.  class TestDemo2 {
```

```
19.        public static void main(String[ ] args) {
20.            Vehicle vehicle;
21.            Car car;
22.        }
23.    }
```

11.4 代码重用

1. 代码重用概述

重用也称为再用，是指同一事物不做修改或稍加改动就可多次重复使用。显然，软件重用是降低软件成本、提高软件效率和软件质量的一条合理、有效的途径。

广义地说，软件重用可划分成以下3个层次：知识重用（如软件工程知识的重用）；方法和标准的重用（如面向对象方法或国家标准局制定的软件开发规范或某些国际标准的重用）；软件成分的重用。这里着重讨论软件成分中的代码重用。

代码重用是利用已有的代码来构造或编写新的软件系统。代码的形式主要有二进制的目标代码（库文件）和源代码。

代码重用使得代码不仅编写简单、工作量减少，而且由于重用的代码已经经过测试和应用，能够更大程度地保证软件质量。

随着程序设计技术的不断发展，代码重用的方式和程度也发生了根本性的变化。

通常将代码重用理解为调用库中的模块。实际上，代码重用也可以采用下列几种形式中的任何一种。

- 源代码剪贴：这是最原始的重用形式。这种重用方式的缺点是复制或修改原有代码时可能出错。更糟糕的是，存在严重的配置管理问题，人们几乎无法跟踪原始代码块多次修改重用的过程。
- 源代码包含：许多编程语言都提供包含库中源代码的机制。使用这种重用形式时，配置管理问题有所缓解，因为修改了库中源代码之后，所有包含它的程序自然都必须重新编译。
- 继承：利用继承机制重用类库中的类时，无须修改已有的代码，就可以扩充或具体化在库中找出的类，因此，基本上不存在配置管理问题。

另外，用兼容的编程语言书写的、经过验证的程序构件，也是重用的候选者。

2. 开源代码重用

开源软件重用有助于缩减开发成本，提高开发效率。目前，80%以上IT企业的主要产品重用了开源代码，仅有低于3%的企业没有使用任何开源软件。截至2023年3月，GitHub上的开源项目已达6.4亿个，OpenHub索引的代码已经超过1.2万亿行，StackOverflow的软件问答数不低于2300万条。

尽管开源软件资源非常丰富，但要对其进行有效重用存在一定难度，主要原因有两点。第一，开源许可证侵权风险。开源软件通常附带了相应的许可证限制，常见的许可证有110多种，如GPL、LGPL、Apache 2.0和BSD-2-Clause等。这些许可证的要求不尽相同，甚至相互冲突。例如，GPL许可证强制衍生品必须公开源码，而Apache 2.0许可证则无此限制。随着开源代码重用日益广泛，许可证侵权风险也愈发突出。2009年，微软公司未经许可在其WUDT工具中使用了GPL许可协议下的开源代码，遭到了开源社区的起诉。2014年，

Google 的 Android 系统被诉侵权 Java 码，诉讼金达 88 亿美元。为规避许可证侵权风险，企业通常不得不耗费大量人力和物力来进行手工鉴别。第二，已重用的代码难以及时更新。开源代码重用后需要及时更新，否则可能带来安全风险。2017 年，由于重用的 Apache Struts 2 开源组件存在漏洞，Equifax 公司的 1.43 亿用户信息被窃，经济损失高达 35 亿美元。

所以，在重用开源代码时，要采取一定的措施规避开源许可证侵权风险，以及解决已重用的代码难以及时更新这样的问题。

11.5　分析和评价代码的质量

好的代码一定是整洁的，并且能够帮助阅读的人快速理解和定位。好的代码可以加快应用的开发迭代速度，不必花过多的时间来修复 bug 和完善代码。好的代码不但能够使得新的项目成员更容易融入项目，同时也方便项目组成员快速做好备份。好的代码便于促进团队间的交流合作，提升开发效率。

一般来说，代码的好与坏，是对代码质量的一种描述，就是指代码质量的高与低。除了这种简单的描述外，经常会有很多其他的描述方式。这些描述的方式语义更专业、更细化、更丰富。对代码质量常见的描述词汇有如下一些。

可读性、可维护性、易用性、灵活性、可扩展性、可理解性、易修改性、可复用性、可测试性、模块化、高内聚低耦合、高效、高性能、安全性、兼容性、简洁性、文档详尽、编码规范、分层清晰、正确性、健壮性、鲁棒性、可用性、可伸缩性、稳定性、优雅、好、坏、少即是多，等等。

尽管描述代码质量的词汇很多，但是很难通过其中的某个或者某几个词汇来全面地分析和评价代码的质量，因为这些词汇都是从不同的角度来分析和评价代码的质量的。

对代码质量高与低的分析和评价，需要综合考虑。例如，即使一段代码的可扩展性很好，但可读性很差，那也不能说这段代码质量高。此外，不同的分析和评价的角度也并不是完全独立的，有些可能会有包含、重合或者互相影响。例如，如果代码的可读性好、可扩展性好，那就意味着代码的可维护性好。有时，分析和评价代码质量，不能单纯地说好与坏，还要进行量化。

分析和评价代码的质量具有一定的主观性，但是通过实践和经验的积累，并结合业界公认的标准，是可以将这种主观性尽量降低的。下面主要介绍代码的可读性、可维护性、可扩展性、灵活性、简洁性、可复用性和可测试性。

1. 可读性

对于代码的可读性，有时需要看代码是否符合编码规范，如命名是否达意、注释是否详尽、函数长短是否合适、模块划分是否清晰、是否符合高内聚低耦合等。但可读性很难量化，并且很难覆盖这些评价指标。

面向对象的实现——提高可扩充性

2. 可维护性

代码的可维护性是由很多因素协同作用的结果。代码的可读性好、简洁、可扩展性好，就会使得代码易维护。换句话讲，如果代码分层清晰、模块化好、高内聚低耦合、遵从基于接口而非实现编程的设计原则等，那就可能意味着代码易维护。此外，代码的易维护性还和项目代码量的多少、业务的复杂程度、使用的技术的复杂程度和文档是否全面等诸多因素有关。

3. 可扩展性

代码的可扩展性表明代码应对未来需求变化的能力。其具体的含义为，在不修改或少量修改原有代码的情况下，通过扩展的方式添加新的功能代码。换句话讲，代码预留了一些功能扩展点，这样可以将要添加的功能代码，直接插到扩展点上。此外，代码是否易扩展也能够决定代码是否易维护。

面向对象的实现——提高健壮性

4. 灵活性

灵活性这个词汇比较抽象，有时不太好具体描述，但这里可以通过举例来理解它。例如，上述可扩展性时，有关添加新的功能，最后得出的结论是代码易扩展，此时也可以说代码灵活性好。再如，如果要实现一个功能，发现原有代码中已经抽象出了很多底层可以复用的模块、类等代码，能拿来直接使用。此时，除了可以说代码易复用之外，还可以说代码灵活性好。因此，如果代码易扩展、易复用或者易用，就可以说代码灵活性好。

5. 简洁性

代码的简洁性就意味着代码简单、逻辑清晰，也就意味着易读、易维护。

6. 可复用性

代码的可复用性即代码的可重用性，在第 11.4 节中已详细讲解过，这里不再赘述。

7. 可测试性

代码可测试性的好坏同样可以反映代码质量的好坏。代码的可测试性差，比较难写单元测试，这说明代码设计可能有问题。代码的可测试性是指编写可测试性的代码。编写可测试性的代码与编写测试有本质区别。可测试性是一个特征，代表着更好的代码质量，是更容易扩展和维护代码。而测试是流程，它的目标是验证代码是否满足人们的预期，验证代码能够按照要求毫无差错地进行工作。此外，两者有很强的关联性。如果说可测试性的代码是目的，那么编写测试就是通向目的的重要方法。

面向对象的实现——提高可重用性

在上面讲述的几种典型的代码质量分析和评价的标准中，可读性、可维护性和可扩展性这 3 种是需要重点考虑的。

11.6 软件实现实例

【例 11-1】 某公司采用公用电话传递数据，数据是 4 位的整数，在传递过程中是加密的，加密规则如下：每位数字都加上 5，然后用和除以 10 的余数代替该数字，再将第 1 位和第 4 位交换，第 2 位和第 3 位交换。源程序代码如下。请按照良好的编程风格规范代码。

```
Phone(int a,aa[ ])
{int a,i,t;
  aa[0]=a%10,
  aa[1]=a%100/10;
  aa[2]=a%1000/100;
  aa[3]=a/1000;
```

```
for(i=0;i<=3;i++)
    {aa[i]+=5;
     aa[i]%=10;
    }
for(i=0;i<=3/2;i++)
    {t-aa[i];
     aa[i]=aa[3-i];
     aa[3-i]=t;
    }
for(i=3;i>=0;i--)
    printf("%d",aa[i1]);
}
```

【解析】 良好的布局结构能体现出代码的层次。对空行、空格的使用及对代码缩进的控制与程序的视觉效果密切相关。因此，这里对源代码添加了空格并进行了换行，使得代码更易于阅读和理解，并且添加了注释。

1）声明变量的注释：(1)、(3)。

2）对过程进行说明的注释：(2)、(4)、(5)、(6)、(7)。

为了使代码便于运行和调试，这里还定义了数组和临时变量。

按照良好的编程风格，规范后的代码如下。

```
void Phone(int data,int dataDigits[],int digitsNum)
{
    //定义数组索引和临时变量 ·········································(1)
    int idx,temp;

    //拆分 data 为 dataDigits[] ·······································(2)
    //dataDigits[0-3]分别记录个、十、百、千位 ·····················(3)
    temp=data;
    for(idx=0;idx<digitsNum;idx++)
    {
        dataDigits[idx]=temp%10;
        temp=temp/10;
    }

    //对 dataDigits 进行加密处理 ·····································(4)
    for(idx=0;idx<digitsNum;idx++)
    {
        temp=dataDigits[idx]+5;
        dataDigits[idx]=temp%10;
    }

    //交换 ·····························································(5)
    //声明交换次数 ···················································(6)
    int count=digitsNum/2;
    for(idx=0;idx<count;idx++)
    {
        temp=dataDigits[idx];
        dataDigits[idx]=dataDigits[digitsNum-1-idx];
        dataDigits[digitsNum-1-idx]=temp;
    }
```

```
            //从高位到低位打印加密后的数字 ……………………………………………… (7)
            for(idx=digitsNum-1;idx>=0;idx--)
            {
                printf("%d",dataDigits[idx]);
            }
        }
```

【例 11-2】 对于例 8-1 的"图书馆信息管理系统"，请使用 Intellij IDEA 2020 + MySQL 8.0 来实现"续借图书"模块的部分代码。

【解析】 从例 8-1 中的描述中可以看出，与"续借图书"模块相关的类有如下几个。

实体类：User、Book 、Borrow。

控制类：AdminController。

服务类：AdminServiceImpl。

数据库访问类：BorrowMapper。

与"续借图书"模块相关的解决方案目录如图 11-4 所示。

实体类 User 的代码如下。

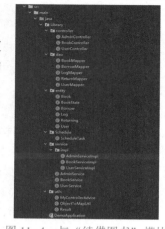

图 11-4　与"续借图书"模块相关的解决方案目录

```
1.      ackage Library. entity;
2.
3.      import javax. persistence. * ;
4.
5.      @ Entity
6.      public class User {
7.          @ Id
8.          @ GeneratedValue( strategy = GenerationType. IDENTITY)
9.          private int userId;
10.
11.         @ Column( unique =true)
12.         private String userName;
13.         private String password;
14.         private String identity;
15.         private String email;
16.
17.         public User( String userName, String password, String identity, String email) {
18.             this. userName = userName;
19.             this. password = password;
20.             this. identity = identity;
21.             this. email = email;
22.         }
23.
24.         public User( ) {
25.
26.         }
27.
28.         public int getUserid( ) {
29.             return userId;
30.         }
31.
```

```
32.        public String getUserName() {
33.            return userName;
34.        }
35.
36.        public String getPassword() {
37.            return password;
38.        }
39.
40.        public String getIdentity() {
41.            return identity;
42.        }
43.
44.        public String getEmail() {
45.            return email;
46.        }
47.
48.        public void setUserId(int userId) {
49.            this.userId = userId;
50.        }
51.
52.        public void setUserName(String userName) {
53.            this.userName = userName;
54.        }
55.
56.        public void setPassword(String password) {
57.            this.password = password;
58.        }
59.
60.        public void setIdentity(String identity) {
61.            this.identity = identity;
62.        }
63.
64.        public void setEmail(String email) {
65.            this.email = email;
66.        }
67.    }
```

实体类 Book 的代码如下。

```
1.    package Library.entity;
2.
3.    import javax.persistence.Entity;
4.    import javax.persistence.GeneratedValue;
5.    import javax.persistence.GenerationType;
6.    import javax.persistence.Id;
7.
8.    @Entity
9.    public class Book {
10.        @Id
11.        @GeneratedValue(strategy = GenerationType.IDENTITY)
12.        private int bookId;
13.
14.        private String isbn;
15.        private String bookName;
```

```
16.          private int bookNum;
17.          private String author;
18.          private String description;
19.          private String publishAt;
20.          private String location;
21.          private String picture;
22.
23.          public int getBookId( ) {
24.                  return bookId;
25.          }
26.
27.          public void setBookId(int bookId) {
28.                  this.bookId = bookId;
29.          }
30.
31.          public String getIsbn( ) {
32.                  return isbn;
33.          }
34.
35.              public void setIsbn(String isbn) {
36.                      this.isbn = isbn;
37.              }
38.
39.              public String getBookName( ) {
40.                      return bookName;
41.              }
42.
43.              public void setBookName(String bookName) {
44.                      this.bookName = bookName;
45.              }
46.
47.              public int getBookNum( ) {
48.                      return bookNum;
49.              }
50.
51.              public void setBookNum(int bookNum) {
52.                      this.bookNum = bookNum;
53.              }
54.
55.              public String getAuthor( ) {
56.                      return author;
57.              }
58.
59.              public void setAuthor(String author) {
60.                      this.author = author;
61.              }
62.
63.              public String getDescription( ) {
64.                      return description;
65.              }
66.
67.              public void setDescription(String description) {
68.                      this.description = description;
```

```
69.                     }
70.
71.              public String getPublishAt( ) {
72.                     return publishAt;
73.              }
74.
75.              public void setPublishAt( String publishAt) {
76.                     this. publishAt = publishAt;
77.              }
78.
79.              public String getLocation( ) {
80.                     return location;
81.              }
82.
83.              public void setLocation( String location) {
84.                     this. location = location;
85.              }
86.
87.              public String getPicture( ) {
88.                     return picture;
89.              }
90.
91.              public void setPicture( String picture) {
92.                     this. picture = picture;
93.              }
94.
95.        }
```

实体类 Borrow 类表示借书记录，其代码如下。

```
1.      package Library. entity;
2.
3.      import javax. persistence. Entity;
4.      import javax. persistence. GeneratedValue;
5.      import javax. persistence. GenerationType;
6.      import javax. persistence. Id;
7.      import java. util. Date;
8.
9.      @ Entity
10.     public class Borrow {
11.            @ Id
12.            @ GeneratedValue( strategy = GenerationType. IDENTITY)
13.            private int borrowId;
14.
15.            private int bookId;
16.            private int userId;
17.            private Date startTime;
18.            private Date endTime;
19.            private int bookStatus;
20.
21.            public int getBorrowId( ) {
22.                   return borrowId;
23.            }
24.
```

```
25.        public int getBookId( ) {
26.                return bookId;
27.        }
28.
29.        public int getUserId( ) {
30.                return userId;
31.        }
32.
33.        public Date getStartTime( ) {
34.                return startTime;
35.        }
36.
37.        public Date getEndTime( ) {
38.                return endTime;
39.        }
40.
41.        public int getBookStatus( ) {
42.                return bookStatus;
43.        }
44.
45.        public void setBorrowId( int borrowId) {
46.                this. borrowId = borrowId;
47.        }
48.
49.        public void setBookId( int bookId) {
50.                this. bookId = bookId;
51.        }
52.
53.        public void setUserId( int userId) {
54.                this. userId = userId;
55.        }
56.
57.        public void setStartTime( Date startTime) {
58.                this. startTime = startTime;
59.        }
60.
61.        public void setEndTime( Date endTime) {
62.                this. endTime = endTime;
63.        }
64.
65.        public void setBookStatus( int bookStatus) {
66.                this. bookStatus = bookStatus;
67.        }
68.    }
```

控制类 AdminController 负责接口的规范与方法的调用，其代码如下。

```
1.    package Library. controller;
2.
3.    import Library. entity. Book;
4.    import Library. entity. Borrow;
5.    import Library. entity. Log;
6.    import Library. entity. User;
7.    import Library. service. AdminService;
```

```
8.    import Library. service. BookService;
9.    import Library. service. UserService;
10.   import Library. utils. ObjectToMapUtil;
11.   import Library. utils. Result;
12.   import org. springframework. beans. factory. annotation. Autowired;
13.   import org. springframework. web. bind. annotation. * ;
14.
15.   import java. text. SimpleDateFormat;
16.   import java. util. ArrayList;
17.   import java. util. Date;
18.   import java. util. List;
19.   import java. util. Map;
20.
21.   @ CrossOrigin( origins = " * ", maxAge = 3600)
22.   @ RestController
23.   public class AdminController
24.   {
25.           @ Autowired
26.           AdminService adminService;
27.           @ Autowired
28.           BookService bookService;
29.           @ Autowired
30.           UserService userService;
31.
32.           / * *
33.            * 续借图书
34.            *
35.            * @ param map 前端信息
36.            * @ return Result 消息
37.            * /
38.           @ PostMapping( "api/books/renew")
39.           public Result renew( @ RequestBody Map<String,String> map) {
40.                   int borrowId = Integer. parseInt( map. get( "borrowId") );
41.                   int userId = Integer. parseInt( map. get( "userId") );
42.                   Result result = new Result( );
43.                   List<Borrow> list1 = adminService. renew( borrowId, userId);
44.                   List<Map<String,Object>>list =   new ArrayList<>( );
45.                   for( Borrow bor : list1) {
46.                           Map<String,Object>tmap = ObjectToMapUtil. setConditionMap( bor);
47.                           List<Book> list2 = bookService. findBookByID( bor. getBookId( ) );
48.                           Book book = list2. get( 0);
49.                           tmap. put( "bookname", book. getBookName( ) );
50.                           tmap. put( "author", book. getAuthor( ) );
51.                           list. add( tmap);
52.                   }
53.                   result. put( "books", list);
54.                   result. put( "total", list. size( ) );
55.                   return result;
56.           }
57.
58.   }
```

服务类 AdminServiceImpl 用以实现 AdminService 接口，其代码如下。

```
1.    package Library. service. impl;
2.
3.    import Library. dao. BookMapper;
4.    import Library. dao. BorrowMapper;
5.    import Library. dao. LogMapper;
6.    import Library. dao. ReturnMapper;
7.    import Library. entity. BookState;
8.    import Library. entity. Borrow;
9.    import Library. entity. Log;
10.   import Library. entity. Returning;
11.   import Library. service. AdminService;
12.   import org. springframework. beans. factory. annotation. Autowired;
13.   import org. springframework. stereotype. Service;
14.
15.   import java. text. SimpleDateFormat;
16.   import java. util. Date;
17.   import java. util. Calendar;
18.   import java. util. List;
19.
20.   @ Service
21.   public class AdminServiceImpl implements AdminService
22.   {
23.       @ Autowired
24.       BookMapper bookMapper;
25.       @ Autowired
26.       BorrowMapper borrowMapper;
27.       @ Autowired
28.       ReturnMapper returnMapper;
29.       @ Autowired
30.       LogMapper logMapper;
31.
32.       / * *
33.        * 续借图书
34.        *
35.        * @ param borrowId 借阅记录 id
36.        * @ param userId 读者 Id
37.        * @ return 消息
38.        * /
39.       @ Override
40.       public List<Borrow> renew( int borrowId, int userId) {
41.           Borrow borrow = borrowMapper. borrowRecord( borrowId);
42.           Date date = ( Date) borrow. getEndTime();
43.           Calendar calendar = Calendar. getInstance();
44.           calendar. setTime( date);
45.           calendar. add( Calendar. DAY_OF_MONTH, 30);
46.           borrow. setEndTime( new Date( calendar. getTime(). getTime()));
47.           SimpleDateFormat f = new SimpleDateFormat( "yyyy-MM-dd HH:mm:ss");
48.           logMapper. insertLog( f. format( new Date())+": "+"userID :"+ userId+" renew
     bookId:"+borrow. getBookId()));
49.           returnMapper. returnBook( borrow);
50.           return borrowMapper. findBorrowList( userId);
51.       }
52.
53.   }
```

数据库访问类 BorrowMapper 负责对后台数据库进行操作，以实现系统功能，其代码如下。

```
1.   package Library. dao;
2.
3.   import Library. entity. Book;
4.   import Library. entity. Borrow;
5.   import org. apache. ibatis. annotations. Mapper;
6.   import org. springframework. stereotype. Repository;
7.
8.   import java. util. List;
9.
10.  @ Repository
11.  @ Mapper
12.  public interface BorrowMapper
13.  {
14.      //借书
15.      public int borrowBook( Borrow borrow);
16.  }
```

"续借图书" 模块运行的结果页面如图 11-5 所示。

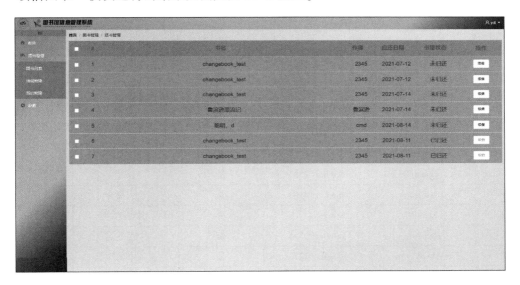

图 11-5　"续借图书" 模块的运行结果

11.7　案例实践：使用 WebStorm 和 PyCharm 实现软件学院 "'墨韵' 读书会图书共享平台" 的 "用户登录" 模块

本节将学习如何使用 WebStorm 2021 和 PyCharm Professional 2021 作为集成开发环境，结合 Vue 与 Django 实现该 "用户登录" 模块。

1. "用户登录" 模块描述

"用户登录" 模块描述见表 11-1。

表 11-1 "用户登录"模块

模块编号	名 称	模块功能描述
102	用户登录	登录页面：Login. vue。 调用背景： 1）当前用户处于非登录状态，单击"登录"按钮时跳转到该页面。 2）当前用户处于登录状态，单击导航栏中的"注销登录"按钮时跳转到此页面。 页面组成： 1）顶部导航栏，包含平台网站图标、书库、圈子、日志、头像等。用户可以通过导航信息访问各个页面。如果访问者未登录，可以单击用户头像选择进入登录页面。 2）一个登录信息收集表单，表单包含"用户名"和"密码"两个文本框、一个"登录"按钮、一个"注册"按钮、两个验证控件用于验证"用户名"和"密码"是否为空。 调用描述： 1）当前用户处于非登录状态，填入用户名和密码后，单击"登录"按钮。在数据库中进行查询，若没有此记录，则在登录框中提示登录失败信息；若存在此记录，则跳转到 Index. vue 个人页面。 2）单击"注册"按钮，则页面跳转到 Register. vue 页面进行注册。若注册成功，则弹出对话框提示注册成功，之后，页面跳转至 Index. vue 个人页面。

"用户登录"模块使用的用户数据表描述见表 11-2。

表 11-2　User 表

序 号	字 段 名	数据类型	是否允许为空	说 明	主键/外键
1	user_id	int	否	用户 ID	主键
2	password	varchar(63)	否	密码	
3	username	varchar(63)	否	用户名	
4	name	varchar(63)	否	姓名	
5	sex	varchar(31)	是	性别	
6	user_image_path	varchar(127)	是	用户头像存储路径	
7	birthday	Date	是	生日	
8	email	varchar(255)	是	邮箱	
9	user_intro	varchar(510)	是	个人简介	
10	Identify	varchar(63)	否	身份类别	
11	signature	varchar(255)	是	个性签名	
12	fav_book_cate	varchar(127)	是	喜欢书的类型	
13	grade	varchar(63)	是	年级	

2. 建立数据库

考虑到方便性和普及性问题，这里采用的是 MySQL 来建立数据库。如果读者有需要，还可以采用 Access、SQL Server、Oracle 等数据库产品。

运行 MySQL Workbench，选择本地现存的连接登录。这里选用占用 3306 端口的 root 用户，设置相应密码连入 DBMS 系统，如图 11-6 所示。

登录 DBMS 系统后，新建查询，在查询中输入"create database moyun；"命令，检查无误后运行查询即可建立数据库，如图 11-7 所示。

3. 在 PyCharm 中连接数据库自动建表

接下来需要做的就是在 PyCharm 中将项目与数据库连接起来。PyCharm 有着方便的方法将数据库和项目连接。因为项目后端使用 Django 编写，这里需要在 Django 中的项目

图 11-6　登录 DBMS 系统

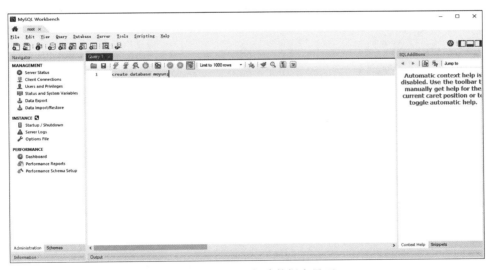

图 11-7　MySQL 新建数据库界面

settings. py 文件中修改配置达到连接数据库的目的。

　　打开项目根目录总配置文件 settings. py。本书以 MySQL 数据库为例，若使用其他数据库可访问 https：//docs. djangoproject. com/en/3. 0/ref/settings/#databases，查阅 Django 官方文档进行数据库配置。

　　先前建立的 moyun 数据库保存在 root 用户名下的链接，该链接使用本地 IP 地址（127. 0. 0. 1）、3306 端口。配置者根据自身环境的特点，依次为 NAME、USER、PASSS-WORD、HOST、PORT 等字段填入正确的值，如图 11-8 所示。

　　本项目后端使用 Django 框架，该框架使用 ORM 可将各 App 的 models. py 中使用 Python 定义的模型自动化地建立表至项目 settings. py 配置的数据库。其建表方式如下：打开 PyC-

图 11-8　项目数据库配置界面

harm，选择后端项目，使用 Python 定义模型完毕后，在 IDE 中新建终端；在终端中，改变目录至后端项目根目录（包含了 manage.py 文件）；依次运行 python manage.py makemigrations 和 python manage.py migrate 两条指令，待运行结束后数据库中所需求的表即建立完成。运行界面如图 11-9 所示。

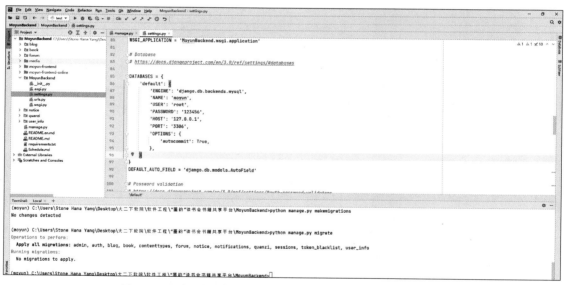

图 11-9　项目连入数据库后使用 ORM 自动化建表迁移数据库

4. 在 PyCharm 中封装数据库操作

PyCharm Professional 可以在 IDE 中连接数据库，直接通过图形化界面操作数据库。打开 IDE 中标有 Database 的侧边栏，显示出界面后单击 "+" 号选择对应数据库连接，如图 11-10 所示。

本文以 MySQL 为例，单击数据源后显示出详情的配置界面，根据用户想要连接的数据库进行 Host、Port、User 等的配置。填写完毕后单击 Test Connection 按钮，根据提示检查是否连接成功，成功后单击 OK 按钮即可，如图 11-11 所示。

完成后，在 IDE 的侧边栏中显示出了连接数据库中所有已经建立的表。因为先前已经在数据库中建立了表，故可看见本项目中所有的表。用户可借助 IDE 查看表中数据并进行增删改查操作，也可以查看各表之间的 UML 关系图，如图 11-12 所示。

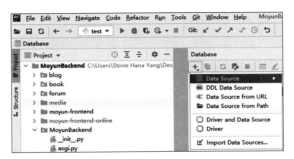

图 11-10 侧边栏选择连接数据库的类型

5. 编写页面和逻辑代码

结束数据库操作之后，就可以编写登录模块的页面组件和逻辑代码了。"墨韵"读书会图书共享平台是基于 Vue 搭建的前端框架，在工程中添加 LoginBlock. vue 组件，编写组件代码。后端的认证方式是 JWT 认证，即后端返给前端一个 Token（令牌）。本项目将 Token 保存在 localStorage 中，实现登录功能。

图 11-11 连接数据库配置

图 11-12 在 IDE 中查看数据库各表的关系

登录表单的部分代码如下所示。

```
<template>
  <el-card class="card">
    <div>
      <h2><figure></figure></h2>
      <el-form :model="form" status-icon :rules="rules" ref="form" label-width="0" class="demo-
form">
        <el-form-item prop="user">
          <el-input type="text" v-model="form.user" placeholder="请输入用户名" clearable>
            <i slot="prefix" class="el-input__icon iconfont el-icon-user"></i>
          </el-input>
        </el-form-item>
        <el-form-item prop="pass">
          <el-input type="password" v-model="form.pass" placeholder="请输入密码"
                    clearable @keypress.native.enter="submitForm('form')">
            <i slot="prefix" class="el-input__icon iconfont el-icon-lock"></i>
          </el-input>
        </el-form-item>
        <el-button type="primary" @click="submitForm('form')">登录</el-button>
      </el-form>
    </div>
    <div class="msg">
      没有账号？<a @click="$router.push({path:'/register'})">立即注册</a>
    </div>
  </el-card>
</template>

<script>
import axios from "axios";
export default {
  name: "Login_Block",
  inject: ['reload'],
  data() {
    var validatePass = (rule, value, callback) => {
      if (value === '') {
        callback(new Error('密码不能为空'));
      } else {
        if (this.form.checkPass !== '') {
          this.$refs.form.validateField('checkPass');
        }
        callback();
      }
    };
    var validateUser = (rule, value, callback) => {
      if(value === ''){
        callback(new Error('用户名不能为空'));
      }
      else{
        callback();
      }
    };
```

```
    return {
      form: {
        user: '',
        pass: '',
      },
      rules: {
        pass: [
          { validator: validatePass, trigger: 'blur' }
        ],
        user: [
          { validator: validateUser, trigger: 'blur' }
        ]
      }
    };
  },
  methods: {
    submitForm(formName) {
      this.$refs[formName].validate((valid) => {
        if (valid) {
          this.signIn();
        } else {
          this.$alert('请再仔细看一下', '存在错误', {
            confirmButtonText: '确认',
          }).then(() => {
            this.$message({
              type: 'info',
              message: '重新尝试'
            });
          });
          console.log('error submit!! ');
          return false;
        }
      });
    },
    resetForm(formName) {
      this.$refs[formName].resetFields();
    },
    signIn() {
      const that = this;
      axios
        .post('/api/token/', {
          username: that.form.user,
          password: that.form.pass,
        })
        .then(function (response) {
          const storage = localStorage;
          // Token 被设置为 100 分钟,因此这里加上 6000000 毫秒
          const expiredTime = Date.parse(response.headers.date) + 6000000;
          // 设置 localStorage
          storage.setItem('access.myblog', response.data.access);
          storage.setItem('refresh.myblog', response.data.refresh);
```

```
            storage. setItem('expiredTime. myblog', expiredTime);
            storage. setItem('username. myblog', that. form. user);
            storage. setItem('identity. myblog', response. data. identity);
            // 路由跳转
            // 登录成功后回到首页
            that. $router. push( {path: '/index'} );
            location. reload( );
          } )
          . catch( function ( error) {
            console. log( error. response);
            that. $notify. error( {
              title: '用户名不存在或密码错误! ',
            } )
          } )
      },
    }
  }
</script>
```

登录用的 signIn( ) 方法，它首先发送请求申请 Token，成功后则把 Token、过期时间和用户名一并保存到 localStorage 中供后续使用，并跳转到首页。之后，在登录页面中引入此组件即可。

用户登录的界面如图 11–13 所示。

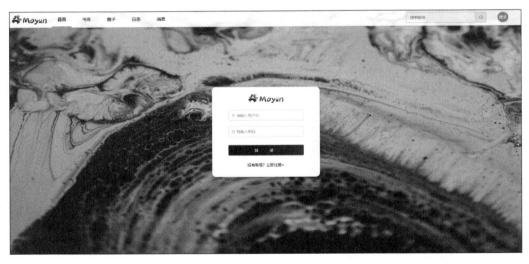

图 11–13　用户登录界面

本项目的后端使用 Django 框架，并使用 Django Rest Framework 插件设计前后端分离的接口，即后端专注于数据库的连接和后台逻辑。"用户登录"模块使用 JWT 插件作为信息凭证，用户登录后会收到后端发送的 Token（一串加密的公钥，是用户的身份凭证），并将其保存在本地。待需要时才会将此 Token 发送至前端，作为身份认证。

展开用户信息模块文件夹（user_info），新建文件 serializers. py 和 views. py。在 serializers 中写入，图 11–14 所示的代码。

```
from rest_framework_simplejwt. serializers import TokenObtainPairSerializer

class CustomTokenObtainPairSerializer(TokenObtainPairSerializer):
        def validate(self, attrs):
                data = super(CustomTokenObtainPairSerializer, self). validate(attrs)
                # Custom data you want to include
                data. update({'usernane': self. user. username})
                if self. user. profile. identity is not None:
                        data. update({'identity': self. user. profile. identity})
                else:
                        data. update({'identity': None})
                if self. user. profile. quanzi is not None:
                        data. update({'quanzi_id': self. user. profile. quanzi. id})
                else:
                        data. update({'quanzi_id': None})
                return data
```

图 11-14　serializers. py 中配置代码

在 views. py 中写入图 11-15 所示的代码。

```
from rest_framework_simplejwt. views import TokenObtainPairView

class CustomTokenObtainPairView(TokenObtainPairView):
    serializer_class = CustomTokenObtainPairSerializer
```

图 11-15　views. py 中配置代码

最后，在项目总的配置文件添加 URL 接口供前端使用，如图 11-16 所示。

```
from rest_framework_simplejwt. views import(
    TokenRefreshView
)
from user_info. views import CustomTokenObtainPairView

urloatterns += [
    path('api/token', CustomTokenObtainPairView. as_view(), name='token_obtain_pair'),
    path('api/token/refresh', TokenRefreshView. as_view(), name='token_refresh')
]
```

图 11-16　urls. py 中配置代码

这样，"用户登录"模块就实现完毕了。"墨韵"图书会共享平台是基于 Django 和 Vue 实现，两者均易于学习、功能强大，因此非常适合作为前后端分离开发的搭档。感兴趣的读者也可以尝试使用其他的架构方式实现。

习题

1. 判断题

（1）C 语言是一种纯面向对象语言。　　　　　　　　　　　　　　　　　　　（　　　）

（2）进行程序设计语言的选择时，首先考虑的是应用领域。　　　　　　　　（　　　）

（3）良好的个人编程风格是一个优秀的程序员所应具备的素质。　　　　　　（　　　）

（4）FORTRAN、Pascal、C 语言和汇编语言都是科学工程计算可选用的语言。（　　　）

2. 选择题

（1）软件实现是软件产品由概念到实体的一个关键过程，它将（　　）的结果翻译成用某种程序设计语言编写的并且最终可以运行的程序代码。虽然软件的质量取决于软件设计，但是规范的程序设计风格将会对后期的软件维护带来不可忽视的影响。

A. 软件设计　　　　B. 详细设计　　　　C. 架构设计　　　　D. 总体设计

（2）（　　）是一种纯面向对象语言。

A. C　　　　　　　B. Pascal　　　　　C. Eiffel　　　　　D. Lisp

（3）第一个体现结构化编程思想的程序设计语言是（　　）。

A. FORTRAN　　　B. C　　　　　　　C. Pascal　　　　　D. Cobol

（4）面向对象设计的结果，实现时（　　）。

A. 只能使用面向对象语言

B. 只能使用非面向对象语言

C. 可以使用第四代语言

D. 既可使用面向对象语言，也可使用非面向对象语言

3. 简答题

（1）在选择编程语言时，通常要考虑哪些因素？

（2）请简述编程风格的重要性。要形成良好的编程风格可以从哪些方面做起？

（3）编程语言主要有哪几类？总结每类编程语言的优缺点。

（4）对标识符命名时，要注意哪些原则？

（5）为什么要对源程序进行注释？

4. 应用题

（1）请对下面代码的布局进行改进，使其符合编程规范，让人更容易理解。

```
for (i = 1;i <= n-1;i++){
t = i;
for(j = i+1;j <= n;j++)
    if(a[j]<a[t]) t = j;
    if(t! = i){
    temp = a[t];
    a[t] = a[i];
    a[i] = temp;
    }
}
```

（2）使用 Python 语言编程实现求两个整数的最大公约数。

第 12 章
软件测试

本章首先介绍软件测试的基本概念，包括软件测试的原则和模型；然后讲述软件测试的分类；接着讲解测试用例，包括测试用例编写、设计和场景；之后讲述黑盒测试的方法，包括等价类划分法、边界值分析法、错误推测法、因果图法、决策表法和场景法，以及白盒测试的方法，包括代码检查法、静态结构分析法、程序插桩技术、逻辑覆盖法和基本路径法；接着阐述软件测试的一般步骤，包括单元测试、集成测试、系统测试、验收测试；最后对回归测试、面向对象测试、自动化测试和软件调试进行介绍。

本章目标

❏ 掌握软件测试的原则。
❏ 了解软件测试的常用模型。
❏ 了解软件测试的分类。
❏ 了解测试用例和测试用例设计方法。
❏ 掌握等价类划分法，熟悉黑盒测试的其他方法。
❏ 掌握逻辑覆盖法，熟悉白盒测试的其他方法。
❏ 掌握软件测试的一般步骤，以及每个阶段性测试的关注点。
❏ 了解回归测试、面向对象测试和自动化测试。
❏ 熟悉软件调试。

12.1 软件测试的基本概念

软件测试是发现软件中错误和缺陷的主要手段。为了保证软件产品的质量，软件开发人员通过软件测试发现产品中存在的问题，并及时修改。可以说，软件测试的过程就是发现并改正软件缺陷的过程。

软件缺陷是指软件产品中存在的问题，具体表现为用户所需的功能没有实现，无法满足用户的需求。由于软件开发是以人为中心的活动，开发人员之间交流的不畅、开发人员对需求理解的偏差、开发过程中的失误、所使用工具的误差、开发环境的限制等因素都可能造成软件缺陷，所以缺陷的产生是不可避免的，软件测试的工作是必需的。

在软件开发过程的任何阶段都可能引入缺陷。缺陷被引入的阶段越早，在软件开发的后期修复这些缺陷带来的成本损失就越大。尽早地揭示并修复软件缺陷有利于减小已有缺陷对后续软件开发工作的影响，从而节约软件开发的时间和成本，提高软件开发的质量。

软件测试是软件开发过程中的一个重要阶段。在软件产品正式投入使用之前，软件开发人员需要保证软件产品正确地实现了用户的需求，并满足稳定性、安全性、一致性、完全性等各个方面的要求，通过软件测试对产品的质量加以保证。实际上，软件测试过程与整个软件开发过程是同步的。也就是说，软件测试工作应该贯穿整个开发过程。

12.1.1 软件测试的原则

软件测试是为了发现软件错误而执行程序的过程，它并不可能找出所有的错误，但是却可以减少潜在的错误或缺陷。人们在长期进行软件测试实践的过程中，不断地总结出一些软件测试的经验或原则，可供参考。

1）完全测试是不可能的。测试并不能找出所有的错误。由于时间、人员、资金或设备等方面的限制，不可能对软件产品进行完全的测试。在设计测试用例时，也不可能考虑到软件产品所有的执行情况或路径。

2）测试中存在风险。每个软件测试人员都有自己独特的思维习惯或思考问题的方式，在设计测试用例或者进行产品测试时，难免会考虑问题不全面。此外，并不存在十全十美的测试方法，不论是黑盒测试还是白盒测试，不论采用自动化测试还是进行手工测试，被测试的软件产品中都会有被忽略的环节。而且，测试人员所使用的测试工具本身也是一种软件产品，即测试工具本身也可能存在缺陷，所以利用测试工具来查找软件缺陷时，也会出现异常情况。综合各种因素，软件测试中是存在风险的，测试的结果不一定是准确无误的。例如，一段判定变量 a 是否大于 0 的伪代码如下所示。

```
if ( a >= 0)
    print" a > 1"
else
    print" a <= 0"
```

如果选用 a = 5 为测试用例，那么本段代码的错误就不能被发现。

3）软件测试只能表明缺陷的存在，而不能证明软件产品已经没有缺陷。软件测试只是查找软件缺陷的过程，即使测试人员使用了大量的测试用例和不同的测试方法对软件产品进行测试，测试成功以后也不能说明软件产品已经准确无误，完全符合用户的需求。

4）软件产品中潜在的错误数与已发现的错误数成正比。通常情况下，软件产品中发现的错误越多，潜在的错误就越多。如果在一个阶段内，软件产品中发现的错误越多，就说明还有更多的错误或缺陷有待去发现和改正。

5）让不同的测试人员参与到测试工作中。在软件开发中，存在着"杀虫剂现象"。农业中的"杀虫剂现象"是指，如果长期使用某种药物，那么生物就会对该药物产生抗药性，从而降低杀虫剂的威力。同样，在软件开发中也存在着类似的"杀虫剂现象"。每个测试人员在进行软件测试时，都有自己的思维习惯、喜欢的测试方法、擅长的测试工具。如果同一个软件产品总是由特定的测试人员去测试，那么由于这个测试人员的思维方式、测试方法和所使用的测试工具的局限，有些软件缺陷是很难被发现的。因此，在软件的测试工作中，应该让多名测试人员参与到同一产品或同一模块的测试工作中。

6）让开发小组和测试小组分立，开发工作和测试工作不能由同一部分人来完成。如果开发人员对程序的功能要求理解错了，就很容易按照错误的思路来设计测试用例。如果开发人员同时完成测试工作，那么测试工作就很难取得成功。

7）尽早并不断地进行测试，使测试工作贯穿整个软件开发过程。软件开发的各个阶段都可能出现软件错误。软件开发早期出现的小错误如果不能及时被改正，其影响力就会随着项目的进行而不断地扩散，越到后期，纠正该错误所付出的代价就越大。因此，应该尽早地进行测试工作。而且，测试工作应该贯穿软件开发的各个阶段，这样才能提高软件开发的效率和质量。

8）在设计测试用例时，应包括输入数据和预期的输出结果两部分，并且，输入数据不仅应该包括合法的情况，还应该包括非法的输入情况。测试用例必须由两部分组成：对程序输入数据的描述和由这些输入数据产生的程序的正确结果的精确描述。这样在测试的过程中，测试人员就可以通过对实际的测试结果与测试用例预期的输出结果进行对照，方便地检验程序运行的正确与否。

此外，用户在使用软件产品时，不可避免地会输入一些非法的数据。为了检验软件产品是否能对非法输入做出准确的响应，测试用例应当包括合理的输入数据和不合理的输入数据。测试人员应该特别注意用非法输入的测试用例进行测试，因为人们总是习惯性地过多考虑合法和期望的输入条件。实际上，用不合理的输入数据来进行测试，往往会发现较多的错误。

9）要集中测试容易出错或错误较多的模块。在软件测试工作中，存在"二八定律"，即80%的错误会集中存在于20%的代码中。为了提高测试的工作效率，应该对容易出错或错误较多的模块给予充分的注意，集中测试这些模块。

10）应该长期保留所有的测试用例。测试的主体工作完成之后，还要进行回归测试。为了方便回归测试，有时还可以用已经使用过的用例。保留所有的测试用例有助于后期的回归测试。

12.1.2　软件测试模型

软件测试模型是指软件测试全部过程、活动或任务的结构框架。通常情况下，一个软件测试模型应该阐明的问题有如下几个。

- 测试的时间。
- 测试的步骤。
- 如何对测试进行计划。
- 不同阶段的测试中应该关注的测试对象。
- 测试过程中应该考虑哪些问题。
- 测试需要达到的目标。

一个好的软件测试模型可以简化测试的工作，加速软件开发的进程。常用的软件测试过程模型有 V 模型、W 模型和 H 模型。

可以说，V 模型是最具代表意义的测试模型，它是软件开发中瀑布模型的变种。V模型的重要意义在于它非常明确地表明了测试过程中存在的不同级别，并且清楚地描述了这些测试阶段和开发过程的各阶段的对应关系，即反映了测试活动与分析和设计活动的对应关系。V 模型的示意图如图 12－1所示。

图 12-1　V 模型示意图

从 V 模型的示意图可以看出，它从左到右描述了基本的开发过程和测试行为。左起从上往下，描述的是开发过程的各阶段，与此对应的是右侧依次上升的各部分，即与开发过程各阶段对应的测试过程的各个阶段。不难发现，在 V 模型中，测试工作在编码之后才能进行，所以在软件开发早期各个阶段引入的错误不能及时被发现，尤其是需求阶段的错误只有等到最后的验收测试才能被识别。对分析、设计阶段产生的错误不能及时发现并改正的缺点会对后期的修复工作带来诸多不便，造成更多资源的浪费和时间的延迟。

为了克服 V 模型开发和测试不能同步的问题，Evolutif 公司发明了 W 模型，它在 V 模型的基础上，增加了软件开发阶段中应同步进行的测试活动。图 12-2 所示为 W 模型的示意图，可以看出，W 模型由两个分别代表开发过程和测试过程的 V 模型组成。

图 12-2　W 模型示意图

W 模型的最大优势在于，测试活动可以与开发活动并行进行，这样有利于及早地发现错误。但是 W 模型也有一定的局限性。在 W 模型中，需求、设计、编码等活动依然是依次进行的，只有上一阶段完全结束，才有可能开始下一阶段的工作。与迭代的开发模型相比，这种线性的开发模型在灵活性和对环境的适应性上有很大差距。

H 模型强调测试的独立性和灵活性。在 H 模型中，软件测试活动完全独立，它贯穿软件产品的整个生命周期，与其他流程并行进行。当软件测试人员认为测试准备完成，即某个测试点准备就绪时，就可以从测试准备阶段进入测试执行阶段。H 模型的示意图如图 12-3 所示。

图 12-3　H 模型示意图

12.2　软件测试的分类

软件测试可以从不同的角度划分为多种类型，如图 12-4 所示。

手工测试与自
动化测试

图 12-4　软件测试的分类

12.3　测试用例

本节讲述测试用例的编写、设计和场景。

1. 测试用例编写

为达到最佳的测试效果或高效地揭露隐藏的错误而精心设计并执行的少量测试数据，称为测试用例。简单地说，测试用例就是设计一种情况，软件程序在这种情况下，必须能够正常运行并且达到程序设计的预期结果。

实际开发过程不可能进行穷举测试，为了节省时间和资源，提高测试效率，必须要从数量极大的可用测试数据中精心挑选出具有代表性或特殊性的测试数据来进行测试。一个好的测试用例在于它能发现至今未发现的错误。

2. 测试用例设计

在测试用例设计过程中，有一些经验和方法可循。在接下来的章节中将会详细介绍其中的几种方法。

- 在任何情况下都必须选择边界值分析方法。经验表明用这种方法设计出的测试用例发现程序错误的能力最强。
- 必要时用等价类划分法补充一些测试用例。
- 用错误推测法再追加一些测试用例。
- 对照程序逻辑，检查已设计出的测试用例的逻辑覆盖度。如果没有达到要求的逻辑覆盖标准，应当再补充足够的测试用例。
- 如果程序的功能说明中含有输入条件的组合情况，则可选用因果图法。

从测试用例设计的角度，经常使用的软件测试方法主要包括黑盒测试和白盒测试。

3. 测试用例场景

测试用例场景是通过描述流经测试用例的路径来确定的过程，这个流经过程要从测试用例开始到结束遍历其中所有基本流和备选流。测试用例场景共有 8 个，如场景之一为基本流，场景之二为基本流、备选流 1、备选流 2，等等，如图 12-5 所示。

图 12-5　测试用例场景

12.4　软件测试方法

在第 12.1.2 小节中已经介绍过，按照执行测试时是否需要运行程序，软件测试可以划分为静态测试和动态测试。静态测试以人工测试为主，通过测试人员认真阅读文档和代码，仔细分析其正确性、一致性及逻辑结构的正确性，从而找出软件产品中的错误或缺陷。静态测试对自动化工具的依赖性较小，是通过人脑的思考和逻辑判断来查找错误，因而可以更好地发挥人的主观能动性。根据软件开发实践的总结，静态测试的成效非常显著，一般静态测试检测出的错误数可以达到总错误数的 80% 以上。

审查和走查是静态测试的常用形式。审查是指通过阅读并讨论各种设计文档及程序代码，来检查是否有错。审查的工作可以独自进行，也可以通过会议的形式将相关的人员召集起来共同发现并纠正错误。而走查的对象只是代码，不包括设计文档。代码走查以小组会议的形式进行，相关测试人员提供所需的测试用例，参会人员模拟计算机，跟踪程序的执行过程，对其逻辑和功能提出各种疑问，并通过讨论发现问题。

总而言之，静态测试的效率比较高，但要求测试人员具有丰富的经验。

与静态测试不同的是，动态测试需要通过实际运行被测程序来发现问题。测试人员可以输入一系列的测试用例，通过观察测试用例的输出结果是否与预期结果相符来检验系统是否存在问题或缺陷。

动态测试中有两种非常流行的测试技术，即黑盒测试和白盒测试。

在黑盒测试里，测试人员把被测试的软件系统看成是一个黑盒子，并不需要关心盒子的内部结构和内部特性，而只需关注软件产品的输入数据和输出结果，从而检查软件产品是否符合它的功能说明。与黑盒测试不同，白盒测试关注软件产品的内部细节和逻辑结构，即把被测程序看成是一个透明的盒子。黑盒测试和白盒测试的示意图分别如图 12-6 和图 12-7 所示。

图 12-6　黑盒测试

图 12-7　白盒测试

不论是黑盒测试还是白盒测试，它们都可以发现被测系统的问题。但是由于它们侧重的角度不同，所以发现的问题也不尽相同。一般在软件测试的过程中，既要用到黑盒测试，又要用到白盒测试。大的功能模块采用黑盒测试，小的构件采用白盒测试。

可以说，黑盒测试和白盒测试都是基于用例的测试方法，因为它们都通过运行测试用例来发现问题。

12.5　黑盒测试

根据设计用例的方法不同，黑盒测试包括等价类划分法、边界值分析法、错误推测法、因果图法、决策表法、场景法等。下面对黑盒测试的这些方法进行详细的介绍。

黑盒测试的优缺点

12.5.1　等价类划分法

等价类划分法是把程序的输入域划分为若干子集，然后从每个子集中选取少数具有代表性的数据用作测试用例，所选取的输入数据对于揭露程序中的错误都是等效的。对于测试来说，某个等价类的代表值与该等价类的其他值是等价的，因此可以把所有的输入数据划分为若干等价类，在每一个等价类中取少部分数据进行测试。等价类分为有效等价类和无效等价类。

- 有效等价类是指对程序的规格说明是有意义的、合理的输入数据所构成的集合。
- 无效等价类是指对程序的规格说明是无意义的、不合理的输入数据所构成的集合。

在划分等价类时，有一些可供遵循的原则。

1）如果输入条件规定了取值范围或个数，则可确定一个有效等价类和两个无效等价类。例如，输入值是选课人数，取值范围为 0～100，那么有效等价类是"0≤学生人数≤100"，无效等价类是"学生人数<0"和"学生人数>100"。

2）如果输入条件规定了输入值的集合，或是规定了"必须如何"的条件，则可确定一个有效等价类和一个无效等价类。例如，输入值是日期类型的数据，那么有效等价类是日期类型的数据，无效等价类是非日期类型的数据。

3）如果输入条件是布尔表达式，则可确定一个有效等价类和一个无效等价类。例如，要求密码非空，则有效等价类为非空密码，无效等价类为空密码。

4）如果输入条件是一组值，且程序对不同的值有不同的处理方式，则每个允许的输入值对应一个有效等价类，所有不允许的输入值的集合为一个无效等价类。例如，输入条件"职称"的值是初级、中级或高级，那么有效等价类应该有 3 个，即初级、中级和高级，无效等价类有一个，即其他任何职称。

5）如果规定了输入数据必须遵循的规则，则可以划分出一个有效的等价类（符合规则）和若干个无效的等价类（从不同的角度违反规则）。例如，在 Pascal 语言中对变量标识符规定为"以字母为开头的……串"，那么其有效等价类是"以字母开头的串"，而"以非字母开头的串"为其中的一个无效等价类。

6）如已划分的等价类各元素在程序中的处理方式不同，则应将此等价类进一步划分成更小的等价类，如最终用户与系统交互的提示。

划分好等价类后，就可以设计测试用例了。设计测试用例的步骤可以归结为以下 3 步。

1）对每个输入和外部条件进行等价类划分，画出等价类表，并为每个等价类进行编号。

2）设计一个测试用例，使其尽可能多地覆盖有效等价类。重复这一步，直到所有的有效等价类都被覆盖。

3）为每一个无效等价类设计一个测试用例。

下面以一个测试 NextDate 函数的具体实例为出发点，讲解使用等价类划分法的细节。输入 3 个变量（年、月、日），函数返回输入日期后面一天的日期：$1 \leqslant$ 月份 $\leqslant 12$，$1 \leqslant$ 日期 $\leqslant 31$，$1812 \leqslant$ 年 $\leqslant 2012$。下面给出等价类划分表并设计测试用例。

1）划分等价类，得到等价类划分表，见表 12-1。

表 12-1 等价类划分表

输入及外部条件	有效等价类	等价类编号	无效等价类	等价类编号
日期的类型	数字字符	1	非数字字符	8
年	1812~2012	2	年小于 1812	9
			年大于 2012	10
月	1~12	3	月小于 1	11
			月大于 12	12
非闰年的 2 月	日在 1~28	4	日小于 1	13
			日大于 28	14
闰年的 2 月	日在 1~29	5	日小于 1	15
			日大于 29	16
月份为 1 月、3 月、5 月、7 月、8 月、10 月、12 月	日在 1~31	6	日小于 1	17
			日大于 31	18
月份为 4 月、6 月、9 月、11 月	日在 1~30	7	日小于 1	19
			日大于 30	20

2）为有效等价类设计测试用例，见表 12-2。

表 12-2 有效等价类的测试用例

序号	输入数据			预期输出			覆盖范围（等价类编号）
	年	月	日	年	月	日	
1	2003	3	15	2003	3	16	1，2，3，6
2	2004	2	13	2004	2	14	1，2，3，5
3	1999	2	3	1999	2	4	1，2，3，4
4	1970	9	29	1970	9	30	1，2，3，7

3）为无效等价类设计测试用例，见表 12-3。

表 12-3　无效等价类的测试用例

序　号	输 入 数 据			预期结果	覆盖范围 （等价类编号）
	年	月	日		
1	xy	5	9	输入无效	8
2	1700	4	8	输入无效	9
3	2300	11	1	输入无效	10
4	2005	0	11	输入无效	11
5	2009	14	25	输入无效	12
6	1989	2	−1	输入无效	13
7	1977	2	30	输入无效	14
8	2000	2	−2	输入无效	15
9	2008	2	34	输入无效	16
10	1956	10	0	输入无效	17
11	1974	8	78	输入无效	18
12	2007	9	−3	输入无效	19
13	1866	4	35	输入无效	20

12.5.2　边界值分析法

人们从长期的测试工作经验中得知，大量的错误往往发生在输入和输出范围的边界上，而不是范围的内部。因此，针对边界情况设计测试用例，能够更有效地发现错误。

边界值分析法是一种补充等价类划分法的黑盒测试方法，它不是选择等价类中的任意元素，而是选择等价类边界作为测试用例。实践证明，这些测试用例往往能取得很好的测试效果。边界值分析法不仅重视输入范围边界，也从输出范围中导出测试用例。

通常情况下，软件测试所包含的边界条件有数字、字符、位置、质量、大小、速度、方位、尺寸、空间等类型，相应的边界值应该为最大/最小、首位/末位、上/下、最重/最轻、最大/最小、最快/最慢、最高/最低、最短/最长、空/满等情况。

用边界值分析法设计测试用例时应当遵守下列几条原则。

- 如果输入条件规定了取值范围，应以该范围的边界内及刚刚超范围的边界外的值作为测试用例。如以 a~b 作为输入条件，测试用例应当包括 a 和 b，以及略大于 a 和略小于 b 的值。
- 若规定了值的个数，应分别以最大、最小个数和稍小于最小和稍大于最大个数作为测试用例。例如，一个输入文件有 1~300 个记录，设计测试用例时则可以分别设计有 1 个记录、300 个记录，以及 0 个记录和 301 个记录的输入文件。
- 针对每个输出条件，也使用上面的两条原则。
- 如果程序规格说明书中提到的输入或输出范围是有序的集合，如顺序文件、表格等，应注意选取有序集的第一个和最后一个元素作为测试用例。
- 分析规格说明，找出其他的可能边界条件。

通常，设计测试方案时总是联合使用等价划分和边界值分析两种技术。例如，为了测试第 12.5.1 小节举例的 NextDate 函数程序，除了用第 12.5.1 小节的等价类划分法外，还应该用边界值分析法再补充下述测试方案（见表 12-4）。

表 12-4　用边界值分析法设计测试用例

序号	边 界 值	输入数据			预期输出		
		年	月	日	年	月	日
1	使年刚好等于最小值	1812	3	15	1812	3	16
2	使年刚好等于最大值	2012	3	15	2012	3	16
3	使年略小于最小值	1811	3	15	输入无效		
4	使年略大于最大值	2013	3	15	输入无效		
5	使月刚好等于最小值	2000	1	15	2000	1	16
6	使月刚好等于最大值	2000	12	15	2000	12	16
7	使月略小于最小值	2000	0	15	输入无效		
8	使月略大于最大值	2000	13	15	输入无效		
9	使闰年的 2 月的日刚好等于最小值	2000	2	1	2000	2	2
10	使闰年的 2 月的日刚好等于最大值	2000	2	29	2000	3	1
11	使闰年的 2 月的日略小于最小值	2000	2	0	输入无效		
12	使闰年的 2 月的日略大于最大值	2000	2	30	输入无效		
13	使非闰年的 2 月的日刚好等于最小值	2001	2	1	2001	2	2
14	使非闰年的 2 月的日刚好等于最大值	2001	2	28	2001	3	1
15	使非闰年的 2 月的日略小于最小值	2001	2	0	输入无效		
16	使非闰年的 2 月的日略大于最大值	2001	2	29	输入无效		
17	使 1 月、3 月、5 月、7 月、8 月、10 月、12 月的日刚好等于最小值	2001	10	1	2001	10	2
18	使 1 月、3 月、5 月、7 月、8 月、10 月、12 月的日刚好等于最大值	2001	10	31	2001	11	1
19	使 1 月、3 月、5 月、7 月、8 月、10 月、12 月的日略小于最小值	2001	10	0	输入无效		
20	使 1 月、3 月、5 月、7 月、8 月、10 月、12 月的日略大于最大值	2001	10	32	输入无效		
21	使 4 月、6 月、9 月、11 月的日刚好等于最小值	2001	6	1	2001	6	2
22	使 4 月、6 月、9 月、11 月的日刚好等于最大值	2001	6	30	2001	7	1
23	使 4 月、6 月、9 月、11 月的日略小于最小值	2001	6	0	输入无效		
24	使 4 月、6 月、9 月、11 月的日略大于最大值	2001	6	31	输入无效		

12.5.3　错误推测法

错误推测法在很大程度上靠直觉和经验进行。它的基本想法是：列举出程序中可能有的错误和容易发生错误的特殊情况，并根据它们选择测试方案。例如，输入数据为零或输出数据为零往往容易发生错误；如果输入或输出的数目允许变化（如被检索的或生成的表的项数），则输入或输出的数目为 0 或 1 的情况（如表为空或只有一项）是容易出错的情况。还应该仔细分析程序规格说明书，注意找出其中遗漏或省略的部分，以便设计相应的测试方案，检测程序员对这些部分的处理是否正确。

12.5.4　因果图法

等价类划分法和边界值分析法主要考虑的是输入条件，而没有考虑输入条件的各种组合及各个输入条件之间的相互制约关系。然而，如果在测试时考虑到输入条件的所有组合方式，可能其本身非常大甚至是个天文数字。因此，必须考虑描述多种条件的组合，相应地产生多个动作的形式来考虑设计测试用例。这就需要利用因果图法。

因果图法是一种黑盒测试方法，它从自然语言书写的程序规格说明书中寻找因果关系，即输入条件与输出条件和程序状态的改变，通过因果图产生判定表。它能够帮助人们按照一定的步骤高效地选择测试用例，同时还能指出程序规格说明书中存在的问题。

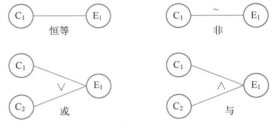

图 12-8　因果图的基本符号

在因果图中，用 C 表示原因，E 表示结果，各节点表示状态，取值 0 表示某状态不出现，取值 1 表示某状态出现。因果图有 4 种关系符号，如图 12-8 所示。

- 恒等：若原因出现则结果出现，若原因不出现则结果不出现。
- 非（~）：若原因出现则结果不出现，若原因不出现则结果反而出现。
- 或（∨）：若几个原因中有一个出现则结果出现，若几个原因都不出现则结果不出现。
- 与（∧）：若几个原因都出现结果才出现，若其中一个原因不出现则结果不出现。

为了表示原因与原因之间，结果与结果之间可能存在的约束关系，在因果图中可以附加一些表示约束条件的符号，如图 12-9 所示。

图 12-9　因果图的约束符号

从输入条件考虑，有 4 种约束。

- E 约束（互斥）：表示 a 和 b 两个原因不会同时成立，最多有一个可以成立。
- I 约束（包含）：表示 a 和 b 两个原因至少有一个必须成立。
- O 约束（唯一）：表示 a 和 b 两个条件必须有且仅有一个成立。
- R 约束（要求）：表示 a 出现时，b 也必须出现。

从输出条件考虑，有一种约束：

M 约束（强制）：表示 a 是 1 时，b 必须为 0。

因果图法设计测试用例的步骤如下。

1）分析程序规格说明书的描述中，哪些是原因，哪些是结果，原因常常是输入条件或输入条件的等价类，而结果常常是输出条件。

2）分析程序规格说明书中描述的语义内容，并将其表示成连接各个原因与各个结果的因果图。

3）由于语法或环境的限制，有些原因和结果的组合情况是不可能出现的，为表明这些特定的情况，在因果图上使用若干特殊的符号标明约束条件。

4）把因果图转化为决策表。

5）为决策表中每一列表示的情况设计测试用例。

后面两个步骤中提到的决策表，将在第 12.5.5 小节详细介绍。如果项目在设计阶段已存在决策表，则可以直接使用而不必再画因果图。

下面以一个自动饮料售货机软件为例来详细说明因果图分析方法的使用。该自动饮料售货机软件的规格说明如下。

有一个处理单价为 1 元 5 角的盒装饮料的自动售货机软件。若投入 1 元 5 角硬币，按下"可乐""雪碧"或"红茶"按钮，相应的饮料就送出来。若投入的是 2 元硬币，在送出饮料的同时退还 5 角硬币。

首先从软件规格说明中分析原因、中间状态及结果。分析结果见表 12-5。

根据表 12-5 中的原因与结果，结合软件规格说明，连接成图 12-10 所示的因果图。

表 12-5 自动饮料售货机软件分析结果

原因	C1：投入 1 元 5 角硬币 C2：投入 2 元硬币 C3：按"可乐"按钮 C4：按"雪碧"按钮 C5：按"红茶"按钮
中间状态	I1：已投币 I2：已按按钮
结果	E1：退还 5 角硬币 E2：送出"可乐"饮料 E3：送出"雪碧"饮料 E4：送出"红茶"饮料

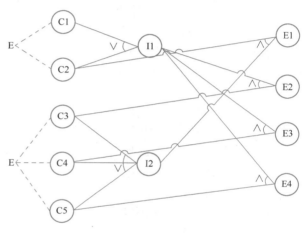

图 12-10 自动饮料售货机软件因果图

12.5.5 决策表法

在一些数据处理问题中，某些操作是否实施依赖于多个逻辑条件的取值。在这些逻辑条件取值的组合所构成的多种情况下，分别执行不同的操作。处理这类问题的一个非常有力的工具就是决策表。

决策表（也称判定表）是分析和表达多逻辑条件下执行不同操作的情况的工具，可以把复杂逻辑关系和多种条件组合的情况表达得比较明确。决策表通常由 4 部分组成，如图 12-11 所示。

- 条件桩：列出问题的所有条件。
- 条件项：列出所列条件下的取值在所有可能情况下的真假值。
- 动作桩：列出问题规定可能采取的动作。
- 动作项：列出在条件项的各种取值情况下应采取的动作。

规则规定了任何一个条件组合的特定取值及其相应要执行的操作。在决策表中贯穿条件项和动作项的一列就是一条规则。有两条或多条规则具有相同的动作，并且其条件项之间存在着极为相似的关系的规则可以进行

图 12-11 决策表的组成

规则合并。

决策表的建立应当根据软件规格说明书，分为以下几个步骤。

1）确定规则个数。

2）列出所有条件桩和动作桩。

3）填入条件项。

4）填入动作项，制定初始决策表。

5）简化、合并相似规则或者相同动作。

在简化并得到最终决策表后，只要选择适当的输入，使决策表每一列的输入条件得到满足即可生成测试用例。

将第 12.5.4 小节得到的自动饮料售货机软件因果图转换为决策表，见表 12-6。

表 12-6　自动饮料售货机软件决策表

选项	规则	1	2	3	4	5	6	7	8	9	10	11
条件	C1：投入 1 元 5 角硬币	1	1	1	1	0	0	0	0	0	0	0
	C2：投入 2 元硬币	0	0	0	0	1	1	1	1	0	0	0
	C3：按"可乐"按钮	1	0	0	0	1	0	0	0	1	0	0
	C4：按"雪碧"按钮	0	1	0	0	0	1	0	0	0	1	0
	C5：按"红茶"按钮	0	0	1	0	0	0	1	0	0	0	1
中间状态	I1：已投币	1	1	1	1	1	1	1	1	0	0	0
	I2：已按按钮	1	1	1	0	1	1	1	0	1	1	1
结果	E1：退还 5 角硬币	0	0	0	0	1	1	1	0	0	0	0
	E2：送出"可乐"	1	0	0	0	1	0	0	0	0	0	0
	E3：送出"雪碧"	0	1	0	0	0	1	0	0	0	0	0
	E4：送出"红茶"	0	0	1	0	0	0	1	0	0	0	0

可以根据上述决策表设计测试用例，验证适当的输入组合能否得到正确的输出。特别是在本案例中，利用因果图和决策表法能够很清晰地验证自动饮料售货机软件的功能完备性。

12.5.6　场景法

现在很多软件都是用事件触发来控制流程的，事件触发时的情形变形成场景，而同一事件不同的触发顺序和处理结果就形成了事件流。这种在软件设计中的思想也可以应用到软件测试中，可生动地描绘出事件触发时的情形，有利于测试者执行测试用例，同时测试用例也更容易得到理解和执行。

用例场景是通过描述流经用例的路径来确定的过程，这个流经过程要从用例开始到结束遍历其中所有的基本流和备选流。

- 基本流：采用黑直线表示，是经过用例的最简单路径，表示无任何差错，程序从开始执行到结束。
- 备选流：采用不同颜色表示，一个备选流可以从基本流开始，在某个特定条件下执行，然后重新加入基本流中，也可以起源于另一个备选流，或终止用例，不再加入到基本流中。

应用场景法进行黑盒测试的步骤如下。

- 根据规格说明描述程序的基本流和各个备选流。
- 根据基本流和各个备选流生成不同的场景。

- 对每一个场景生成相应的测试用例。
- 对生成的所有测试用例进行复审，去掉多余的测试用例，对每一个测试用例确定测试数据。

下面以一个经典的 ATM 取款为例，介绍使用场景法设计测试用例的过程。ATM 取款流程的场景分析如图 12-12 所示，其中灰色框构成的流程为基本流。

图 12-12　ATM 取款流程场景法分析图

得到该程序用例场景见表 12-7。

表 12-7　用例场景

场景	预期输出	流程 1	流程 2
场景 1	成功提款	基本流	—
场景 2	无效卡	基本流	备选流 1
场景 3	密码错误 3 次以内	基本流	备选流 2
场景 4	密码错误超过 3 次	基本流	备选流 3
场景 5	ATM 无现金	基本流	备选流 4
场景 6	ATM 现金不足	基本流	备选流 5
场景 7	账户余额不足	基本流	备选流 6
场景 8	超出提款上限	基本流	备选流 7

接下来设计用例覆盖每个用例场景，见表 12-8。

表 12-8　场景法测试用例

用例号	场景	账户	密码	操作	预期结果
1	场景 1	621226XXXXXXXXX3481	123456	插卡，输入密码 123456，取 500 元	成功取款 500 元

用例号	场景	账户	密码	操作	预期结果
2	场景 2	—	—	插入一张无效卡	系统退卡，显示该卡无效
3	场景 3	621226XXXXXXXXXX3481	123456	插卡，输入密码 111111	系统提示密码错误，请求重新输入
4	场景 4	621226XXXXXXXXXX3481	123456	插卡，输入密码 111111 超过 3 次	系统提示密码输入错误超过 3 次，卡被吞掉
5	场景 5	621226XXXXXXXXXX3481	123456	插卡，输入密码 123456，选择取款	系统提示 ATM 无现金，退卡
6	场景 6	621226XXXXXXXXXX3481	123456	插卡，输入密码 123456，取款 2000 元	系统提示 ATM 现金不足，返回输入金额界面
7	场景 7	621226XXXXXXXXXX3481	123456	插卡，输入密码 123456，取款 3000 元	系统提示账户余额不足，返回输入金额界面
8	场景 8	621226XXXXXXXXXX3481	123456	插卡，输入密码 123456，取款 3500 元	系统提示超出取款上限（3000），返回输入金额界面

12.5.7　黑盒测试方法的选择

除上述介绍的方法外，黑盒测试还有正交实验设计法等方法，本书不再展开叙述。黑盒测试的每种测试方法都有各自的优缺点，需要测试人员根据实际项目的特点和需求选择合适的方法设计测试用例。

1）等价类划分是提高效率的最有效办法。

2）在任何情况下都必须使用边界值分析的方法。

3）依靠测试人员的智慧和经验用错误推测法增加一些测试用例。

4）针对逻辑比较简单的测试对象，可以直接使用决策表法。

5）如果程序的功能说明书中含有输入条件的组合情况，并且业务逻辑比较复杂，则可选因果图法。

6）对于业务流清晰的系统，可以利用场景法贯穿整个测试过程。

选择合适的测试方法能够极大地提高黑盒测试的效率和效果。

白盒测试的
优缺点

12.6　白盒测试

白盒测试，有时也称为玻璃盒测试，它关注软件产品的内部细节和逻辑结构，即把被测的程序看成是一个透明的盒子。白盒测试把测试对象看作一个打开的盒子，允许测试人员利用程序内部的逻辑结构及有关信息设计或选择测试用例，并对程序所有的逻辑路径进行测试。白盒测试需要对系统内部结构和工作原理有一个清楚的了解。白盒测试也有多种方法，如代码检查法、静态结构分析法、程序插桩技术、逻辑覆盖法和基本路径测试等。白盒测试的示意图如图 12-13 所示。

图 12-13　白盒测试示意图

12.6.1　代码检查法

代码检查法包括桌面检查、代码审查（Code Review）和走查等。它主要检查代码和设计的一致性、代码对标准的遵循、可读性、代码逻辑表达的正确性，代码结构的合理性等方面；发现程序中不安全、不明确和模糊部分，找出程序中不可移植部分；发现违背程序编写风格问题。它主要包括变量检查、命名和类型审查、程序逻辑审查、程序语法检查和程序结构检查等内容。

代码检查应该在编译和动态测试之前进行。在检查前，应准备好需求描述文档、程序设计文档、程序的源代码清单、代码编写标准和代码错误检查表等。

在实际使用中，代码检查法能快速找到缺陷，发现 30%～70% 的逻辑设计和编码缺陷，而且代码检查法看到的是问题本身而非征兆。但是代码检查法非常耗费时间，并且需要测试人员具有丰富的经验和知识的积累。

代码检查法可以使用测试软件进行自动化测试，以提高测试效率，降低劳动强度；或者使用人工进行测试，以充分发挥人力的逻辑思维能力。

图 12-14 所示是一段未经过桌面检查的源代码，由集成开发环境进行了初步的检查，并指出了基本的拼写、语法和标点错误。

```
28      ⊟      public Int getCount () {
29                  return count;
30      △      }
31
32      ⊟      public void setCount (int count) {
33                  this.count = count
34      △      }
35
36      ⊟      public String getNumber () {
37                  return number;
38      △      }
39
40      ⊟      public void setNumber (String number) {
41                  that.number = number;
42      △      }
```

图 12-14　桌面检查案例

第 28 行：返回数据类型应该为 int，写成了 Int。

第 33 行：缺少标点符号 ";"。

第 37 行：返回的关键字 "return" 拼写错误。

第 41 行：关键字 "this"，写成了 "that"。

12.6.2　静态结构分析法

静态结构分析法主要是以图的形式表现程序的内部结构，供测试人员对程序结构进行分析。程序结构形式是白盒测试的主要依据。研究表明，程序员 38% 的时间花费在理解软件系统上，因为代码以文本格式被写入多重文件中，这是很难阅读和理解的，需要其他一些东西来帮助人们阅读和理解，如各种图表等，而静态结构分析法满足了这样的需求。

静态结构分析法是一种对代码机械性的、程式化的特性进行分析的方法。在静态结构分析中，测试人员通过使用测试工具分析程序源代码的系统结构、数据接口、内部控制逻辑等内部结构，生成函数调用关系图、模块控制流图、内部文件调用关系图、子程序表、宏和函数参数表等各类图形图表，可以清晰地标识整个软件系统的组成结构，使其便于阅读和理解，然后可以通过分析这些图表，检查软件有没有缺陷或错误。静态结构分析包括控制流分析、数据流分析、信息流分析、接口分析和表达式分析等。

12.6.3　程序插桩技术

在调试程序时，常常需要插入一些打印语句，进而在运行程序时能够打印有关信息，进一步通过这些信息来了解程序运行时的一些动态特性，如程序的执行路径或特定变量在特定时刻的取值。这一思想发展出来的程序插桩技术，在软件动态测试中，作为一种基本的测试手段，有着广泛的应用。

简单来说，程序插桩技术是借助往被测程序中插入操作来实现测试目的的方法，即向源程序中添加一些语句，实现对程序语句的执行、变量的变化等情况进行检查。例如，想要了解一个程序在某次运行中所有可执行语句被覆盖的情况，或是每个语句的实际执行次数，就可以利用程序插桩技术。

12.6.4　逻辑覆盖法

逻辑覆盖法以程序内在的逻辑结构为基础，根据程序的流程图设计测试用例。根据覆盖的目标不同，又可分为语句覆盖、分支覆盖、条件覆盖、分支-条件覆盖、条件组合覆盖和路径覆盖。

下面以一段代码为例，用各种不同的覆盖方法对其进行逻辑覆盖测试。

```
Dim x, y As Integer
Dim z As Double
IF(x>0 AND y>0) THEN
z = z/x
END IF
IF(x>1 OR z>1) THEN
z = z + 1
END IF
z = y + z
```

图 12-15　程序流程图

对其进行逻辑覆盖测试的第一步就是要先绘制出它的程序流程图，如图 12-15 所示。

接下来就该设计测试用例了。

1）语句覆盖的基本思想是，设计若干个测试用例，运行被测试的程序，使程序中的每个可执行语句至少执行一次。该程序段的语句覆盖用例可以是

输入为 $\{x=2, y=3, z=4\}$，执行路径为 abd。

可见，根据用例，执行语句 1、2、3 都执行了一次。

2）分支覆盖的思想是，使每个判断的取真分支和取假分支至少执行一次。其测试用例如下。

输入为 $\{x=3, y=4, z=5\}$，执行路径为 abd。

输入为 $\{x=-1, y=-2, z=0\}$，执行路径为 ace。

3）条件覆盖的思想是，使每个判断的所有逻辑条件的每种可能取值至少执行一次。下面给出其测试用例设计的过程。

对于判断语句 "x>0 AND y>0"，规定如下。

- 条件 x>0 取真为 T1，取假为 -T1。

- 条件 y>0 取真为 T2，取假为-T2。

对于判断语句"x>1 OR z>1"，规定如下。

- 条件 x>1 取真为 T3，取假为-T3。
- 条件 z>1 取真为 T4，取假为-T4。

测试用例见表 12-9。

表 12-9　条件覆盖的测试用例

输　　入	通过路径	条件取值	覆盖分支
x=7,y=1,z=3	abd	T1，T2，T3，T4	bd
x=−1,y=−3,z=0	ace	−T1，−T2，−T3，−T4	ce

4）分支-条件覆盖就是要同时满足分支覆盖和条件覆盖的要求。其测试用例取分支覆盖的测试用例和条件覆盖的测试用例的并集即可。

5）条件组合覆盖的思想是，使每个判断语句的所有逻辑条件的可能取值组合至少执行一次。下面给出其测试用例设计的过程。

对各判断语句的逻辑条件的取值组合标记如下。

① x>0,y>0，记作 T1,T2，条件组合取值 M。

② x>0,y<=0，记作 T1,-T2，条件组合取值-M。

③ x<=0,y>0，记作-T1,T2，条件组合取值-M。

④ x<=0,y<=0，记作-T1,-T2，条件组合取值-M。

⑤ x>1,z>1，记作 T3,T4，条件组合取值 N。

⑥ x>1,z<=1，记作 T3,-T4，条件组合取值 N。

⑦ x<=1,z>1，记作-T3,T4，条件组合取值 N。

⑧ x<=1,z<=1，记作-T3,-T4，条件组合取值-N。

测试用例见表 12-10。

6）路径覆盖的思想是覆盖被测试程序中的所有可能的路径，其测试用例见表 12-11。

表 12-10　条件组合覆盖的测试用例

输　　入	通过路径	条件取值	覆盖组合号
x=1,y=3,z=2	abd	T1，T2，-T3，T4	①⑦
x=2,y=0,z=8	acd	T1，-T2，T3，T4	②⑤
x=−1,y=1,z=1	ace	-T1，T2，-T3，-T4	③⑧
x=−2,y=−3,z=0	ace	-T1，-T2，-T3，-T4	④⑧
x=5,y=9,z=0	abd	T1，T2，T3，-T4	①⑥

表 12-11　路径覆盖的测试用例

输　　入	通过路径	覆盖条件
x=2,y=4,z=3	abd	T1，T2，T3，T4
x=1,y=3,z=0	abe	T1，T2，-T3，-T4
x=−1,y=−1,z=3	acd	-T1，-T2，-T3,T4
x=−2,y=−3,z=1	ace	-T1，-T2，-T3，-T4

一般情况下，这6种覆盖法的覆盖率是不一样的，其中路径覆盖的覆盖率最高，语句覆盖的覆盖率最低。

12.6.5　基本路径法

基本路径测试法是在程序控制流图的基础上，通过分析控制构造的环路复杂性，导出基本可执行的路径集合，从而设计测试用例的方法。在基本路径测试中，设计出的测试用例要保证在测试中程序的每条可执行语句至少执行一次。在基本路径法中，需要使用程序的控制流图进行可视化表达。

程序的控制流图是描述程序控制流的一种图示方法。其中，圆圈称为控制流图的一个节点，表示一个或多个无分支的语句或源程序语句；箭头称为边或连接，代表控制流。在将程序流程图简化成程序的控制流图时，应注意以下两点。

1）在选择或多分支结构中，分支的汇聚处应有一个汇聚节点。

2）边和节点圈定的范围叫作区域，当对区域计数时，图形外的区域也应记为一个区域。程序的控制流图如图 12-16 所示。

图 12-16　程序的控制流图

a）顺序结构　b）IF 选择结构　c）While 循环结构/Until 循环结构　d）CASE 多分支结构

环路复杂度是一种为程序逻辑复杂性提供定量测度的软件度量。将该度量用于计算程序基本的独立路径数目，是为确保所有语句至少执行一次的测试数量的上界。独立路径必须包含一条在定义之前不曾用到的边。有以下 3 种方法用于计算环路复杂度。

1）控制流图（简称流图）中区域的数量对应于环路的复杂度。

2）给定流图 G 的环路复杂度 V(G)，定义为 V(G)=E-N+2。其中，E 是流图 G 中边的数量，N 是流图中节点的数量。

3）给定流图 G 的环路复杂度 V(G)，定义为 V(G)=P+1。其中，P 是流图 G 中判定节点的数量。

基本路径法适用于模块的详细设计及源程序，其步骤如下。

① 以详细设计或源代码为基础，导出程序的控制流图。

② 计算得出控制流图 G 的环路复杂度 V(G)。

③ 确定线性无关的路径的基本集。

④ 生成测试用例，确保基本路径集中每条路径的执行。

每个测试用例执行后与预期结果进行比较，如果所有测试用例都执行完毕，则可以确信程序中所有可执行语句至少被执行了一次。但是必须注意，一些独立路径往往不是完全孤立的，有时它是程序正常控制流的一部分，这时对这些路径的测试可以是另一条测试路径的一部分。

下面通过一个具体实例讲解使用基本路径法测试的细节。

对于下面的程序，假设输入的取值范围是 1000<year<2001，使用基本路径法为变量 year 设计测试用例，使满足基本路径覆盖的要求（注：程序右侧为节点序号）。

```
int IsLeap(int year)
{
    if( year%4==0)              1
    {
        if( year%100==0)        2
        {
            if( year%400==0)    4
            leap=1;             6
            else
            leap=0;             7
        }
        else
            leap=1;             5
    }
    else
```

```
        leap = 0;              3
    return leap;              8
}
```

根据源代码绘制程序的控制流图如图 12-17 所示。

通过控制流图，计算环路复杂度 V (G) = 区域数 = 4。

线性无关的路径集如下。

1) 1-3-8。

2) 1-2-5-8。

3) 1-2-4-7-8。

4) 1-2-4-6-8。

设计测试用例如下。

路径 1：输入数据为 year = 1999，预期结果为 leap = 0。

路径 2：输入数据为 year = 1996，预期结果为 leap = 1。

路径 3：输入数据为 year = 1800，预期结果为 leap = 0。

路径 4：输入数据为 year = 1600，预期结果为 leap = 1。

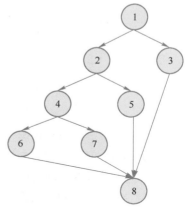

图 12-17　控制流图

12. 6. 6　白盒测试方法的选择

除上述方法外，白盒测试还有静态质量度量、域测试、Z 路径覆盖等方法，本书不再展开叙述。白盒测试的每种测试方法都有各自的优点和不足，需要测试人员根据实际软件特点、实际测试目标和测试阶段选择合适的方法设计测试用例，这样能有效地发现软件错误，提高测试效率和测试覆盖率。以下是选择方法的几条经验。

- 在测试中，可采取先静态再动态的组合方式，先进行代码检查和静态结构分析，再进行覆盖测试。
- 利用静态分析的结果作为引导，通过代码检查和动态测试的方式对静态分析的结果做进一步确认。
- 覆盖测试是白盒测试的重点，一般可使用基本路径测试法达到语句覆盖标准，对于软件的重点模块，应使用多种覆盖标准衡量测试的覆盖率。
- 在不同的测试阶段测试重点不同，在单元测试阶段，以代码检查、覆盖测试为主；在集成测试阶段，需要增加静态结构分析等；在系统测试阶段，应根据黑盒测试的结果，采用相应的白盒测试方法。

12. 6. 7　白盒测试与黑盒测试的比较

白盒测试和黑盒测试是两类软件测试方法，传统的软件测试活动基本上都可以划分到这两类测试方法中。表 12-12 给出了两种方法的一个基本比较。

表 12-12　白盒测试与黑盒测试的比较

白 盒 测 试	黑 盒 测 试
考察程序逻辑结构	不涉及程序结构
用程序结构信息生成测试用例	用软件规格说明书生成测试用例
主要适用于单元测试和集成测试	从单元测试到系统验收测试都适用
对所有逻辑路径进行测试	某些代码段得不到测试

白盒测试和黑盒测试各有侧重点，不能相互取代。在实际测试活动中，这两种测试方法不是截然分开的。通常，在白盒测试中交叉着黑盒测试，黑盒测试中也交叉着白盒测试。相对来说，白盒测试比黑盒测试成本要高得多，它需要测试在计划测试前产生源代码，并且在确定合适数据和决定软件是否正确方面需要花费更多的工作量。

在实际测试活动中，应当尽可能使用可获得的软件规格从黑盒测试方法开始测试计划，白盒测试计划应当在黑盒测试计划已成功通过之后再开始，使用已经产生的流程图和路径判定。路径应当根据黑盒测试计划进行检查，并且决定和使用额外需要的测试。

灰盒测试是介于白盒测试和黑盒测试之间的测试方法，它关注输出对于输入的正确性，同时也关注内部表现，但是不像白盒测试那样详细、完整，只是通过一些表征性的现象、事件和标志来判断内部的运行状态。有时候输出是正确的，但是程序内部已经是错误的，这种情况非常多，如果每次都通过白盒测试来操作，效率会很低，因此可采取灰盒测试这种方法。

灰盒测试结合了白盒测试和黑盒测试的要素，考虑了用户端、特定的系统知识和操作环境。它在系统组件的协同性环境中评价应用软件的设计。可以认为，集成测试就是一类灰盒测试。关于灰盒测试本书不再展开叙述。

12.7　软件测试的一般步骤

除非是测试一个小程序，否则一开始就把整个系统作为一个单独的实体来测试是不现实的。与开发过程类似，测试过程也必须分步骤进行，后一个步骤在逻辑上是前一个步骤的继续。

从过程的观点考虑测试，在软件工程环境中的测试过程，实际上是顺序进行的 4 个步骤的序列。最开始，着重测试每个单独的模块，以确保它作为一个单元来说功能是正确的，这种测试称为单元测试。单元测试大量使用白盒测试技术，检查模块控制结构中的特定路径，以确保做到完全覆盖并发现最大数量的错误。接下来，必须把模块装配（即集成）在一起形成完整的软件包，在装配的同时进行测试，因此称为集成测试。集成测试同时解决程序验证和程序构造这两个问题。在集成过程中最常用的是黑盒测试用例设计技术。当然，为了保证覆盖主要的控制路径，也可使用一定数量的白盒测试。在软件集成完成之后，还需要进行一系列高级测试。必须测试在需求分析阶段确定下来的确认标准，确认测试是对软件满足所有功能的、行为的和性能需求的最终保证。在确认测试过程中仅使用黑盒测试技术。

软件一旦经过确认之后，就必须和其他系统元素（如硬件、人员、数据库）结合在一起，这时就需要进行系统测试。系统测试的任务是，验证所有系统元素都能正常配合，从而可以完成整个系统的功能，并能达到预期的性能。验收测试以用户测试为主，分为 α 测试和 β 测试。α 测试指的是由用户、测试人员、开发人员等共同参与的内部测试，而 β 测试指的是完全交给最终用户的测试。

12.8　单元测试

本节对单元测试进行概述，并讲述单元测试的内容和方法。

12.8.1　单元测试概述

编写一个函数，执行其功能，检查功能是否正常，有时还要输出一些数据辅助进行判断。如果弹出信息窗口，可以把这种单元测试称为临时单元测试。只进行了临时单元测试的软件，针对代码的测试很不充分，代码覆盖率要超过 70% 都很困难，未覆盖的代码可能遗留有大量细小的错误，而且这些错误还会相互影响。当 bug 暴露出来的时候难以调试，大幅度增加后期测试和维护的成本。因此，进行充分的单元测试是提高软件质量、降低开发成本的必由之路。

单元测试是开发员通过编写代码检验被测代码的某单元功能是否正确而进行的测试。通常而言，一个单元测试是用于判断某个特定条件（或者场景）下某个特定函数的行为。例如，将一个很大的值放入一个有序表中，然后确认该值是否出现在表的尾部；或者从字符串中删除匹配某种模式的字符，然后确认字符串确实不再包含这些字符。

单元测试与其他测试不同，可以看作是编码工作的一部分，是由程序员自己完成的，最终受益的也是程序员自己。可以这么说，程序员有责任编写功能代码，同时也就有责任为自己的代码进行单元测试。执行单元测试，就是为了证明这段代码的行为与所期望的一致。经过了单元测试的代码才是已完成的代码，提交产品代码时也要同时提交测试代码。

单元测试是软件测试的基础，其效果会直接影响软件后期的测试，最终在很大程度上影响软件质量。做好单元测试能够在接下来的集成测试等环节中节省很多时间，发现很多集成测试和系统测试无法发现的深层次问题，降低定位问题和解决问题的成本，从整体上提高软件质量。

12.8.2　单元测试内容

单元测试侧重于模块的内部处理逻辑和数据结构，利用构件级设计描述作为指南，测试重要的控制路径以发现模块内的错误。测试的相对复杂度和这类测试发现的错误受到单元测试约束范围的限制，测试可以对多个构件并行执行。

图 12-18 概要描述了单元测试的内容。测试模块的接口是为了保证被测程序单元的信息能够正常地流入和流出；检查局部数据结构是为了确保临时存储的数据在算法的整个执行过程中能够维持其完整性；执行控制结构中的所有独立路径（基本路径）以确保模块中的所有语句至少执行一次；测试错误处理确保被测模块在工作中发生了错误能够做出有效的错误处理措施；测试边界条件确保模块在到达边界值的极限或受限处理的情形下仍能正确执行。

图 12-18　单元测试的内容

12.8.3　单元测试方法

一般情况下，单元测试在代码编写之后就可以进行。测试用例设计应与复审工作结合，根据设计规约选取数据，增大发现各类错误的可能。

在进行单元测试时，被测试的单元本身不是独立的程序，需要为其开发驱动模块和桩模块。驱动模块是用来模拟待测试模块的上级模块。驱动模块在集成测试中接收测试数据，将相关的数据传送给待测模块，启动待测模块，并打印相应的结果。桩模块也称为存根程序，用以模拟待测模块工作过程中所调用的模块。桩模块由待测模块调用，它们一般只进行很少的数据处理，如打印入口和返回，以便于检验待测模块与下级模块的接口。

驱动模块和桩模块都是额外的开销，属于必须开发但是又不能和最终软件一起提交的部分。如果驱动模块和桩模块相对简单，则额外开销相对较少；在比较复杂的情况下，完整的测试需要推迟到集成测试阶段才能完成。

12.9　集成测试

本节对集成测试进行概述，并讲述集成测试的分析和策略。

12.9.1　集成测试概述

集成是指把多个单元组合起来形成更大的单元。集成测试是在假定各个软件单元已经通过了单元测试的前提下，检查各个软件单元之间的接口是否正确。集成测试是构造软件体系结构的系统化技术，同时也是进行一些旨在发现与接口相关的错误的测试。其目标是利用已通过单元测试的构件建立设计中描述的程序结构。

集成测试是多个单元的聚合，许多单元组合成模块，而这些模块又聚合成程序的更大部分，如子系统或系统。集成测试（也称组装测试、联合测试）是单元测试的逻辑扩展，它的最简单形式是将两个已经测试通过的单元组合成一个构件，并且测试它们之间的接口。集成测试是在单元测试的基础上，测试将所有的软件单元按照概要设计规约的要求组装成模块、子系统或系统的过程中，各部分功能是否达到或实现相应技术指标及要求的活动。集成测试主要是测试软件单元的组合能否正常工作，以及与其他组的模块能否集成起来工作，最后还要测试构成系统的所有模块组合能否正常工作。集成测试参考的主要标准是软件概要设计，任何不符合该设计的程序模块行为，都应该加以记录并上报。

在集成测试之前，单元测试应该已经完成，集成测试中所使用的对象应该是已经经过单元测试的软件单元。这一点很重要，因为如果不经过单元测试，那么集成测试的效果将会受到很大程度的影响，并且会大幅增加软件单元代码纠错的代价。单元测试和集成测试所关注的范围不同，因此它们发现问题的集合上包含不相交的区域，所以两者之间不能相互替代。

12.9.2　集成测试分析

要做好集成测试，必须加强集成测试的分析工作。集成测试分析直接指导集成测试用例的设计，在整个集成测试过程中占据最关键的地位。

集成测试分析可以从以下几个方面进行。

1. 体系结构分析

体系结构分析可以从两个角度出发：首先，从需求的跟踪实现出发，划分系统实现上的结构层次，这个结构层次对集成的层次考虑是有帮助的；其次，需要划分系统构件之间的依赖关系图，通过对该图的分析，划分集成测试的粒度。

2. 模块分析

模块分析是集成测试分析最关键的活动之一，模块划分的好坏直接影响集成测试的工作量、进度及质量。因此，需要慎重地对待模块分析。

3. 接口分析

接口分析包括接口划分、接口分类和接口数据分析 3 个部分。

4. 集成测试策略分析

集成测试策略分析主要根据被测试对象选择合适的集成策略。下面重点讲述集成测试策略。

12.9.3　集成测试策略

由模块组装成软件系统有两种方法：一种方法是先分别测试每个模块，再将所有模块按照设计要求放在一起结合成所要的程序，这种方法称为非增量集成；另一种方法是将下一个要测试的模块同已经测试好的那些模块结合起来进行测试，测试完后再将下一个应测试的模块结合起来进行测试，这种每次增加一个模块的方法称为增量集成。

对两个以上模块进行集成时，需要考虑它们和周围模块之间的关系。为了模拟这些联系，需要设计驱动模块或者桩模块这两种辅助模块。

1. 非增量式集成测试

通常存在进行非增量集成的倾向，即利用"一步到位"的方式来构造程序。非增量集成测试采用一步到位的方法来进行测试，即对所有模块进行个别的单元测试后，按程序结构图将各模块连接起来，把连接后的程序当作一个整体进行测试。其结果往往是混乱不堪的。它会遇到许许多多的错误，错误的修正也是非常困难的。一旦改正了这些错误，可能又会出现新的错误。这个过程似乎会以一个无限循环的方式继续下去。

图12-19所示为采用非增量集成测试的一个例子，被测试程序的结构如图12-19a所示，它由7个模块组成。在进行单元测试时，根据它们在结构图中的位置，对模块C和D配备了驱动模块和桩模块，对模块B、E、F、G配备了驱动模块。主模块A由于处于结构图的顶端，无其他模块调用它，因此仅为它配备了3个桩模块，以模拟被它调用的3个模块B、C、D，如图12-19b~h所示。分别进行单元测试后，再按图12-19a所示的结构图形式连接起来进行集成测试。

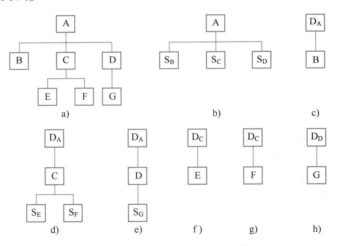

图12-19　非增量集成测试示例

2. 增量式集成测试

增量式集成测试中单元的集成是逐步实现的，集成测试也是逐步完成的。按照实施的不同次序，增量式集成测试可以分为自顶向下和自底向上两种方式。

（1）自顶向下增量式集成测试

自顶向下增量式集成测试表示逐步集成和逐步测试是按结构图自上而下进行的，即模块集成顺序是首先集成主控模块，然后按照软件控制层次接口向下进行集成。从属于主控模块的模块按照深度优先策略或广度优先策略集成到结构中去。

深度优先策略：首先集成在结构中的一个主控路径下的所有模块，主控路径的选择是任意的，一般根据问题的特性来确定。

广度优先策略：首先沿着水平方向，把每一层中所有直接隶属于上一层的模块集成起来，直至最底层。

自顶向下的集成方式的测试步骤如下。

1）以主模块为被测模块，主模块的直接下属模块则用桩模块代替。

2）采用深度优先或广度优先策略，用实际模块替换相应的桩模块（每次仅替换一个或少量几个桩模块，视模块接口的复杂程度而定），它们的直接下属模块则用桩模块代替，与已测试的模块或子系统集成为新的子系统。

3）对新形成的子系统进行测试，发现和排除模块集成过程中引起的错误，并做回归测试。

4）若所有模块都已集成到系统中，则结束集成；否则，转到步骤 2）。

图 12-20 所示为采用自顶向下的深度优先集成方式进行集成测试的过程。读者可以自行求解广度优先方式。

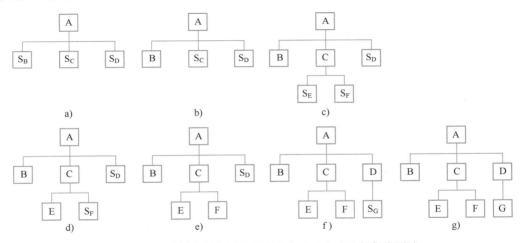

图 12-20　采用自顶向下的深度优先集成方式进行集成测试

自顶向下增量式集成测试方式的主要优点是：可以及早地发现和修复模块结构图中主要控制点存在的问题，以减少以后的返工，因为在一个模块划分合理的模块结构图中，主要的控制点多出现在较高的控制层次上；能较早地验证功能的可行性；最多只需要一个驱动模块，减少驱动模块的开发成本；支持故障隔离，若模块 A 通过了测试，而加进模块 B 后测试中出现错误，则可以肯定错误处于模块 B 内部或 A 与 B 的接口上。

自顶向下增量式集成测试方式的主要缺点是：需要开发和维护大量的桩模块；桩模块很难模拟实际子模块的功能，而涉及复杂算法的真正输入/输出的模块一般在底层，它们是最容易出问题的模块，如果到组装的后期才测试这些模块，一旦发现问题，将导致大量的回归测试。

为了有效进行集成测试，软件系统的控制结构应具有较高的可测试性。

随着测试的逐步推进，组装的系统愈加复杂，易导致对底层模块测试的不充分，尤其是那些被复用的模块。

在实际使用中，自顶向下增量式集成测试方式很少单独使用，这是因为该方法需要开发大量的桩模块，增加了集成测试的成本，违背了应尽量避免开发桩模块的原则。

（2）自底向上增量式集成测试

自底向上增量式集成测试是从最底层的模块开始，按结构图自下而上逐步进行集成并逐步进行测试。由于是从最底层开始集成，测试到较高层模块时，所需的下层模块功能已经具备，因此不需要调用模拟子模块来辅助测试。

因为是自底向上进行组装，对于一个给定层次的模块，它的所有下属模块已经组装并测试完成，所以不再需要桩模块。测试步骤如下。

1）为最底层模块开发驱动模块，对最底层模块进行并行测试。

2）用实际模块替换驱动模块，与其已被测试过的直属子模块集成为一个子系统。

3）为新形成的子系统开发驱动模块（若新形成的子系统对应为主控模块，则不必开发驱动模块），对该子系统进行测试。

4）若该子系统已对应为主控模块，即最高层模块，则结束集成；否则，转到步骤2）。

图12-21所示为自底向上增量式集成测试过程。

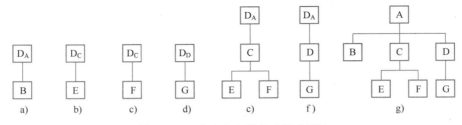

图12-21　自底向上增量式集成测试

自底向上增量式集成测试方式的主要优点是：大大减少了桩模块的开发，虽然需要开发大量驱动模块，但其开发成本要比开发桩模块小；涉及复杂算法和真正输入/输出的模块往往在底层，它们是最容易出错的模块，先对底层模块进行测试，减少回归测试成本；在集成的早期实现对底层模块的并行测试，提高了集成的效率；支持故障隔离。

自底向上增量式集成测试方式的主要缺点是：需要大量的驱动模块；主要控制点存在的问题要到集成后期才能修复，需要花费较大成本，故此类集成方法不适合那些控制结构对整个体系至关重要的软件产品；随着测试的逐步推进，组装的系统愈加复杂，对底层模块的异常很难测试。

在实际应用中，自底向上增量式集成测试方式比自顶向下增量式集成测试方式应用得更为广泛，尤其是在如下场合，更应使用自底向上增量式集成测试方式：软件的高层接口变化比较频繁，可测试性不强，软件的底层接口较稳定。

（3）三明治集成测试

三明治集成测试是将自顶向下测试与自底向上测试两种模式有机结合起来，采用并行的自顶向下、自底向上集成方式形成的方法。三明治集成测试更重要的是采取持续集成的策略，软件开发中各个模块不是同时完成的，根据进度将完成的模块尽可能早地进行集成，有助于尽早发现缺陷，避免集成阶段大量缺陷涌现。同时，自底向上集成时，先期完成的模块将是后期模块的桩模块，从而使后期模块的单元测试和集成测试出现了部分交叉，不仅节省了测试代码的编写，也有利于提高工作效率。

如果通过分解树考虑三明治集成，则只需要在树上真正进行大爆炸集成（大爆炸集成也称为一次性组装或整体拼装，这种集成测试策略的做法就是把所有通过单元测试的模块一次性集成到一起进行测试，不考虑组件之间的互相依赖性及可能存在的风险）。桩模块和驱动模块的开发工作都比较小，不过其代价是作为大爆炸集成的后果，在一定程度上增加了定位缺陷的难度。

此外，在考虑集成测试环境时，应包含硬件环境、操作系统环境、数据库环境和网络环境等内容。集成测试主要测试软件结构问题，因此测试建立在模块接口上，所以多采用黑盒测试方法，辅以白盒测试方法。

集成测试一般由测试人员和从开发组选出的开发人员共同完成。一般情况下，集成测试的前期测试由开发人员或白盒测试人员进行，通过前期测试后，就由测试人员完成。整个测试工作在测试组长的监督指导下进行，测试组长负责保证在合理的质量控制和监督下使用合理的测试技术进行充分的集成测试。

12.10　系统测试

本节对系统测试进行概述，并讲述系统测试类型。

12.10.1　系统测试概述

系统测试的对象包括源程序、需求分析阶段到详细设计阶段中的各技术文档、管理文档、提交给用户的文档、软件所依赖的硬件、外设，甚至包括某些数据、某些支持软件及其接口等。

随着测试概念的发展，当前系统测试已逐渐侧重于验证系统是否符合需求规定的非功能指标。其测试范围可分为功能测试、性能测试、压力测试、容量测试、安全性测试、图形用户界面测试、可用性测试、安装测试、配置测试、异常测试、备份测试、健壮性测试、文档测试、在线帮助测试、网络测试和稳定性测试等。

12.10.2　系统测试类型

由于系统测试涉及广泛，本书仅从功能测试、性能测试、安装测试、可用性测试、压力测试、容量测试、安全性测试、健壮性测试、图形用户界面测试和文档测试这 10 个方面进行介绍。更多的测试类型及详细内容，感兴趣的读者可阅读一些专门讲解系统测试的图书。

（1）功能测试

功能测试是系统测试中最基本的测试，它不管软件内部是如何实现的，而只是根据需求规格说明书和测试需求列表，验证产品的功能是否符合需求规格。

（2）性能测试

性能测试是用来测试软件系统在实际的集成系统中的运行性能的。因为无论是在单元测试，还是在集成测试中，都没有将系统作为一个整体放入实际环境中运行，因此，只有在性能测试阶段，才能够真正看到系统的实际性能。

对于实时系统和嵌入式系统，提供符合功能需求但不符合性能需求的软件是不能接受的。性能测试的目的是度量系统相对于预定义目标的差距。需要的性能级别与实际的性能级别进行比较，并把其中的差距文档化。

（3）安装测试

安装测试用来确保软件在正常情况和异常情况的不同条件下都不丢失数据或者功能。具体测试活动包括首次安装、升级、完整安装、自定义安装、卸载等。测试对象包括测试安装代码以及安装手册。安装代码提供安装一些程序能够运行的基础数据，安装手册提供如何进行安装。

（4）可用性测试

所谓可用性测试，就是对软件"可用性"进行测试，检验其是否达到可用性标准。目前，可用性测试方法超过 20 种。按照参与可用性测试的人员划分，可以分为专家测试和用户测试；按照测试所处的软件开发阶段，可以将可用性测试划分为形成性测试和总结性测试。形成性测试是指在软件开发或改进过程中，请用户对产品或原型进行测试，通过测试后收集的数据来改进产品或设计，直至达到所要求的可用性目标。形成性测试的目标是发现尽可能多的可用性问题，通过修复可用性问题实现软件可用性的提高。总结性测试的目的是横向测试多个版本或者多个产品，对输出测试数据进行对比。

（5）压力测试

压力测试是一种基本的质量保证行为，它是每个重要软件测试工作的一部分。压力测试的基本思路很简单：不是在常规条件下运行手动或自动化测试，而是长时间或超大负荷地运行测试软件，以测试被测系统的性能、可靠性、稳定性等。通俗地讲，压力测试是为了发现在什么条件下应用程序的性能会变得不可接受。

性能测试和压力测试常常被人混淆，认为两者是同一种测试。其实性能测试和压力测试的测试过程和方法没有太大区别，它们两者主要的区别在于它们不同的测试目的。

软件性能测试是为了检查系统的反应、运行速度等性能指标，它的前提是要求在一定负载下，如检查一个网站在 100 人同时在线的情况下的性能指标，每个用户是否都还可以正常地完成操作等。概括来说就是，在负载一定时，测试获得系统的性能指标。

压力测试是为了测试系统在异常情况下，执行可重复的负载测试，以检查程序对异常情况的抵抗能力，找出性能瓶颈和隐藏缺陷。异常情况主要指那些峰值、极限值、大量数据的长时间处理等。例如，某个网站的用户峰值为 500，则检查用户数为 750 ~ 1000 时系统的性能指标。所以，一句话概括来说就是，在异常情况下，测试获得系统的性能指标。

（6）容量测试

在进行压力测试时，如果发现了被测系统在可接受的性能范围内的极限负载，则在一定程度上完成了容量测试。

容量测试的目的是通过测试预先分析出反映软件系统应用特征的某项指标的极限值（如最大并发用户数、数据库记录数等），系统在该极限值下没有出现任何软件故障或还能保持主要功能正常运行。或者说，容量测试是为了确定测试对象在给定时间内能够持续处理的最大负载或工作量。例如，对于一个从数据库中检索数据的测试，在功能测试阶段，只需验证能够正确检索出结果即可，数据库中的数据量可能只有几十条。但进行容量测试时，就需要往数据库中添加几十万甚至上百万条数据，测试这时的检索时间是否在用户可接受的范围内，并找出数据库中数据数量级达到多少时性能变得不可接受。

容量测试的完成标准可以定义为：所计划的测试已全部执行，而且达到或超出指定的系统限制时没有出现任何软件故障。

（7）安全性测试

安全性测试的目的是验证系统的保护机制是否能够在实际的环境中抵御非法入侵、恶意攻击等非法行为。任何包含敏感信息或能够对个人造成不正当伤害的计算机系统都会成为被攻击的目标。入侵的内容非常广泛，包括仅仅为了练习技术而试图入侵的黑客，为了报复而试图破坏系统的内部雇员，以及为了获取非法利益而试图入侵系统的非法个人，甚至组织。

（8）健壮性测试

健壮性是指在故障存在的情况下，软件还能正常运行的能力。有些人认为健壮性测试就是容错性测试，或者认为容错性测试与恢复测试一般无二。其实容错性测试与恢复测试是有区别的，而健壮性测试包含这两种测试。健壮性有两层含义：一是容错能力，二是恢复能力。

容错性测试通常依靠输入异常数据或进行异常操作，以检验系统的保护性。如果系统的容错性好，系统只给出提示或内部消化掉，而不会导致系统出错甚至崩溃。

恢复测试通过各种手段，让软件强制性地发生故障，然后验证系统已保存的用户数据是否丢失，系统和数据是否能尽快恢复。

（9）图形用户界面测试

图形化用户界面（Graphic User Interface，GUI）测试包含两方面内容：一方面是界面实现与界面设计是否吻合；另一方面是界面功能是否正确。为了更好地进行 GUI 测试，一般将界面与功能分离设计，如分成界面层、界面与功能接口层、功能层。这样，GUI 测试的重点就可以放在前两层上。

（10）文档测试

文档的种类包括开发文档、管理文档和用户文档。这 3 类文档中，一般最主要测试的是用户文档，因为用户文档中的错误可能会误导用户对软件的使用，而且如果用户在使用软件时遇到的问题没有通过用户文档中的解决方案得到解决，用户将因此对软件质量产生不信赖感，甚至厌恶使用该软件，这对软件的宣传和推广是很不利的。这就是文档测试。

12.11　验收测试

本节对验收测试进行概述，并讲述验收测试内容。α 测试和 β 测试。

12.11.1　验收测试概述

验收测试是在系统测试之后进行的测试，目的是为了验证新建系统产品是否能够满足用户的需要。产品通过验收测试工作才能最终结束。

验收测试是依据软件开发商和用户之间的合同、软件需求规格说明书，以及相关行业标准、国家标准、法律法规等的要求对软件的功能、性能、可靠性、易用性、可维护性、可移植性等特性进行严格的测试，验证软件的功能和性能及其他特性是否与用户需求一致。可分为前阶段验收和竣工验收两个阶段。

12.11.2　验收测试内容

验收测试是在软件开发结束后、用户实际使用软件产品之前，进行的最后一次质量检验活动，主要回答开发的软件是否符合预期的各项要求，以及用户能否接受的问题。验收测试主要验证软件功能的正确性和需求符合性。单元测试、集成测试和系统测试的目的是发现软件错误，将软件缺陷排除在交付客户之前。验收测试需要客户共同参与，目的是确认软件符合需求规格，具体如图 12-22 所示。

验收测试主要包括配置复审、合法性检查、文档检查、软件一致性检查、软件功能和性能测试与测试结果评审等内容。

图 12-22　实施验收测试

验收测试主要包括配置复审、合法性检查、文档检查、软件一致性检查、软件功能和性能测试与测试结果评审等内容。

α 测试和 β 测试是验收测试的策略之一。

12.11.3　α 测试和 β 测试

α 测试是用户在开发环境下的测试，或者是开发公司组织内部人员模拟各类用户行为，对即将面市的软件产品进行的测试，它是由开发人员或测试人员进行的测试。在 α 测试中，主要是对使用的功能和任务进行确认，测试的内容由用户需求规格说明书决定。

α 测试是试图发现软件产品的错误的测试，它的关键在于尽可能逼真地模拟实际运行环境和用户对软件产品的操作，并尽最大努力涵盖所有可能的用户操作方式。

β 测试由最终用户实施，通常开发（或其他非最终用户）组织对其的管理很少或不进行管理。β 测试是所有验收测试策略中最主观的：测试人员负责创建自己的环境、选择数据，并决定要研究的功能、特性或任务，采用的方法完全由测试人员决定。

12.12　回归测试

回归测试不是一个测试阶段，而是一种可以用于单元测试、集成测试、系统测试和验收测试各个测试过程的测试技术。图 12-23 所示为回归测试与 V 模型之间的关系。

图 12-23　回归测试和 V 模型的关系

回归测试是指软件系统被修改或扩充后重新进行的测试，回归测试是为了保证对软件修改后，没有引入新的错误而重复进行的测试。每当软件增加了新的功能，或软件中的缺陷被修正，这些变更都可能影响软件原来的结构和功能。为了防止软件变更产生的无法预料的副作用，不仅要对内容进行测试，还要重复进行过去已经进行的测试，以证明修改没有引起未曾预料的后果，或证明修改后软件仍能够满足实际的需求。

在软件系统运行环境改变后，或者发生了一个特殊的外部事件时，也可以采用回归测试。

12.13　面向对象的软件测试

在基于面向对象思想的软件开发中，由于面向对象的软件工程方法与传统的软件工程方法有诸多不同，传统的软件测试模型对面向对象的软件系统已经不再适用。

在传统的软件工程中，测试是按照单元测试、集成测试、系统测试到验收测试的顺序进行的。单元测试一般针对一个过程或者函数；当单元测试通过后，就把相应的单元按照一定的策略集成起来，再测试集成之后模块之间的接口及交互是否正常；最后进行系统测试和验收测试。

然而，在面向对象的软件开发中，程序的基本单元是类或对象，而不再是函数或者过程。所以，单元测试通常以类或对象为单位。类的本质和特征会对单元测试造成很多影响。例如，类具有多态性，不论与特定对象确切相关的类是什么，测试者都要保证代码能够正常工作。类还支持信息隐藏的特性，这个特性会使测试复杂化，有时需要向类的接口中添加一些操作才能完成特定的测试工作。

此外，传统的软件工程中的集成测试所要求的逐步将开发模块搭建在一起进行测试的方法对面向对象的软件开发已经不再适用。在面向对象的系统中，程序结构已经不再是传统的功能模块结构，所以不再适宜将模块按照自顶向下或者自底向上的策略进行集成。因为类的构件之间存在着交互，一次集成一个操作或属性到类中不太可行。系统集成策略的改变必然会使集成测试时的策略发生相应的变化。通常，面向对象的集成测试会采用基于线程或者基于使用的测试方法。在基于线程的测试中，首先把响应系统的某个事件所需的一组类集成起来，然后分别集成并测试每个线程。在基于使用的测试中，首先测试系统中不与服务器相关联的类，然后再逐层往下测试，直到测试完整个系统。

实际上，在面向对象的软件开发中，人们已经抛弃了传统的测试模型。针对面向对象的开发模型中面向对象分析（OOA）、面向对象设计（OOD）、面向对象实现（OOP）3 个阶段，同时结合传统的测试步骤的划分，面向对象的软件测试可以分为以下 6 种。

1. 面向对象分析的测试

结构化需求分析把目标系统看成是一个由若干功能模块组成的集合，而面向对象需求分析以现实世界中的概念为模型结构。前者关注系统的行为，即功能结构，而后者更关注系统的逻辑结构。对面向对象需求分析的测试要考虑以下几点。

- 对认定的对象或类的测试。
- 对定义的属性和操作的测试。
- 对类之间层次关系的测试。
- 对对象之间交互行为的测试。
- 对系统逻辑模型的测试等。

2. 面向对象设计的测试

与传统的软件工程方法不同的是，面向对象分析和面向对象设计之间并没有严格的界限。实际上，面向对象设计是对面向对象分析结果的进一步细化、纠正和完善。对面向对象设计的测试涉及了面向对象分析的测试内容，但是会更加关注对类及类之间关系的测试和对类库支持情况的测试。

3. 面向对象实现的测试

面向对象的程序具有封装、继承和多态的特性。测试多态特性时要尤为注意，因为它使得同一段代码的行为复杂化，测试时需要考虑不同的执行情况和行为。由于系统功能的实现分布在类中，所以本阶段的测试还要重点评判类是否实现了要求的功能。

4. 面向对象的单元测试

面向对象的单元测试以类或对象为单位。由于类包含一组不同的操作，并且某些特殊的操作可能被多个类共享，因此单元测试不能孤立地测试某个操作，而是将操作作为类的一部分。

5. 面向对象的集成测试

面向对象的集成测试采用基于线程或者基于使用的测试方法。基于线程的测试是指把响应系统外界输入的一组相关的类集成起来，对线程进行集成并测试。基于使用的测试方法按照类对服务器的依赖及对其他类的依赖程度，把类划分为独立类和依赖类。

独立类是指那些几乎不使用服务器的类。在进行基于使用的测试的时候，先对独立类进行测试。

依赖类是使用独立类的类，即它们对独立类存在着某种程度的依赖。

在测试完独立类后，就可以对依赖类进行测试了。依赖类中可能还划分为多个层次，测试时按照逐层向下的顺序，直到测试完整个系统。

6. 面向对象的系统测试及验收测试

在系统测试的过程中，软件开发人员要尽量搭建与用户的实际使用环境相同的平台，对目标系统是否能作为一个整体，满足用户在性能、功能、安全性、可靠性等各个方面对系统的要求做出检测和评估。面向对象的系统测试要以面向对象需求分析的结果为依据，对需求分析中描述的对象模型、交互模型等各种分析模型进行检验。

验收测试是以用户为主的测试，是将软件产品正式交付给用户或市场发布之前的最后一个测试阶段。

下面举一个例子，对 HelloWorld 类进行测试。

1. 类说明

相信读者对 HelloWorld 这个例子并不陌生，因为在每一种编程语言的学习用书中第一个例子通常都是最简单的 HelloWorld。首先，用 HelloWorld 为例说明如何进行面向对象的单元测试。代码如下。

```
//HelloWorld. java
package HelloWorld;

public class HelloWorld {
  public String sayHello( ) {
        return str;
    }
    private String str = "Hello Java!";
}
```

2. 设计测试用例

为了对 HelloWorld 类进行测试，可以编写以下测试用例，它本身也是一个 Java 类文件。代码如下。

```
//HelloworldTest. java
package hello. Test;
import helloWorld. * ;
public class HelloWorldTest {
    static booleantestResult;      //测试结果
    static HelloWorld Jstring;
    public static void main(String[ ] args) {
        setUp( );
        //实现对 sayHello( )方法的测试
        testSayHello( );
        System. out. print(testResult);
    }
    public static void testSayHello( ) {
    //测试 SayHello( )方法
        if("Hello Java!" == Jstring. sayHello( )) {
            testResult=true;
        }
        else testResult=false;
        //如果两个值相等,则测试结果为真,否则为假
    }
    protected static void setUp( ) {
        // 覆盖 setUp( )方法
        Jstring =new HelloWorld( );
    }
}
```

在本例子中需要对 HelloWorld 类进行测试，首先需要看 HelloWorld 的类说明。

HelloWorld 类中只有一个函数 sayHello( )和一个 private 类型的成员变量 str。sayHello( )函数用来返回测试的字符串 str（即私有成员变量 str）。对 HelloWorld 进行测试的主要任务就是对 sayHello( )这个函数进行测试。

在 HelloWorldTest 类中，使用 testResult 变量对测试结果进行存储，还声明一个 HelloWorld 类型的对象 Jstring，这个对象在接下来的测试中使用。

通过 setUp( )方法对 Jstring 进行构造。由于 Jstring 是 HelloWorld 类的对象，因此 Jstring 也具有函数 sayHello( )和成员变量 str。注意，在构造时已经对 Jstring 中的 str 进行了初始化，Jstring 的 str 的值为"Hello Java!"。

对 sayHello( )进行测试，是想测试这个函数是否可以正确地返回字符串 str。而 Jstring 中，str 的值为"Hello Java!"，因此在进行测试的时候将"Hello Java!"和 Jstring. sayHello( )返回的结果进行比较。如果相同，即说明测试通过，该函数可以正确返回字符串 str；如果不相同，则测试不通过，函数不能正确返回字符串 str，开发人员需要进行进一步的调试。

如果使用 JUnit 这个工具进行单元测试，可以更加方便快捷。

12. 14 自动化测试

软件质量工程协会关于自动化测试的定义：自动化测试就是利用策略、工具等减少人工

介入的非技术性、重复性、冗长的测试活动。

更通俗地说，软件自动化测试就是执行用某种程序设计语言编制的自动化测试程序，控制被测试软件的执行，模拟手动测试步骤，完成全自动或者半自动的测试。

全自动化测试就是指在测试过程中，完全不需要人工干预，有程序自动完成测试的全部过程，半自动化测试就是指在测试的过程中，需要由人工输入测试用例或选择测试路径，再由自动化测试程序按照人工制定的要求完成自动化测试。

12.14.1　手工测试与自动化测试

手工测试是指软件测试人员通过安装和运行被测软件，根据测试文档的要求，执行测试用例，观察软件运行结果是否正常的过程。在实际软件开发生命周期中，手工测试具有以下局限性。

- 通过手工测试无法做到覆盖所有的代码路径。
- 简单的功能性测试用例在每一轮测试中都不能少，而且具有一定的机械性、重复性，工作量较大。
- 许多与时序、死锁、资源冲突、多线程等有关的错误，通过手工测试很难被捕捉到。
- 在进行系统负载、性能测试时，需要模拟大量数据或大量并发用户等各种应用场合下，很难通过手工测试来进行。
- 在进行系统高可靠性测试时，需要模拟系统运行达数年或数十年之久的情况，以验证系统能否稳定运行，这也是手工测试无法实现的。
- 如果有大量的测试用例需要在短时间内完成，手工测试也很难做到。
- 在进行回归测试时，手工测试难以做到全面测试。

表 12-13 是一个手工测试和自动化测试的比较结果。只是在测试计划制订时，自动化测试要耗费更多时间，其余各项，自动化测试较手工测试都有巨大的效率提升。

表 12-13　手工测试和自动化测试情况比较

测 试 步 骤	手工测试（小时）	自动化测试（小时）	改进百分率
测试计划制订	22	40	-82%
测试程序开发	262	117	55%
测试执行	466	23	95%
测试结果分析	117	58	50%
错误状态/纠正监视	117	23	80%
报告生成	96	16	83%
总持续时间	1090	277	75%

12.14.2　自动化测试的优缺点

在大多数软件开发模式中，软件发布之前都要多次重复"编码—测试—修复"的过程。如果要测试软件的某项特征，也许需要不止一次执行测试。重复测试的过程也称为回归测试。如果一个小型软件项目有上千测试用例要执行，还要重复执行，手工测试会非常单调和枯燥。而利用工具进行自动化测试就可以把人从这种枯燥和单调的重复性劳动中解放出来。

自动化测试和手工测试比较起来具有以下优点。

- 提高了测试效率。手工测试存在效率问题，这在软件产品的研发后期尤其明显，因为随着产品的日趋完善，功能日渐增多，需要测试和检查的内容越来越多，很容易遗漏。加之产品发布日期日益临近，人工重复进行回归测试的难度加大，很难在短时间内完成大面积的测试覆盖。

- 提高了准确度和精确度。测试员尝试了几百个测试用例后，注意力可能会分散，并可能会犯错误。而测试工具可以重复执行同样的测试，并毫无差错地检查测试结果。
- 更好地利用资源。手工测试需要测试人员在场，而自动化测试可以随时工作。还可以使位于全球不同地点、不同时区的团队监视和控制测试，提供全球时区的覆盖。
- 模拟测试条件。有的测试用例的测试条件需要的人数或设备数目很大，或者模拟的条件很苛刻，现实无法实现，测试工具却可以模拟这种情况。
- 具有一致性和可重复性，有利于解决测试与开发之间的矛盾。
- 修改性比较低，从经济角度考虑，也更有优越性。

自动化测试好处虽然很多，但也不是万能的，也存在着一定的局限性。自动化测试的缺点如下。

- 软件自动化测试并不能代替人的工作，尤其是带有智力性质的手工测试。
- 对于测试用例的设计，测试人员的经验和对错误的预判能力是工具不可替代的。
- 对于界面和用户体验测试，人类的审美观和心理体验是工具不可模拟的。
- 正确性的检查，人们对是非的判断和逻辑推理能力是工具不具备的。
- 自动化测试并非像测试人员所期望的那样能发现大量的错误。

因此，自动化测试适宜用在需要重复执行机械化的界面操作、计算、数值比较、搜索等方面。人们应该充分利用自动化测试工具的高效率来帮助测试人员完成一些基本的测试用例的执行，从而实现更加快速的回归测试，并提高测试的覆盖率。人们应该对软件测试自动化有正确的认识，它并不能完全代替手工测试，不要完全期望有了自动化测试就能提高测试质量。自动化测试的目的在于让测试人员从烦琐、重复的测试流程中解脱出来，把更多的时间和精力放在更有价值的测试中，如探索性测试。

12.14.3　自动化测试工具

在实际应用中，测试工具可以从两个不同方面去分类。

- 根据测试方法的不同，自动化测试工具可分为：白盒测试工具和黑盒测试工具。
- 根据测试的对象和目的不同，自动化测试工具可分为：单元测试工具、功能测试工具、负载测试工具、性能测试工具、Web 测试工具、数据库测试工具、回归测试工具、嵌入式测试工具、页面链接测试工具、测试设计与开发工具、测试执行与评估工具及测试管理工具等。

1. 白盒测试工具

白盒测试工具一般是针对被测源程序进行测试，测试所发现的故障可以定位到代码级。根据测试工具工作原理的不同，白盒测试的自动化测试工具可分为静态测试工具和动态测试工具。

静态测试工具是在不执行程序的情况下，分析软件的特性。静态分析主要集中在需求文档、设计文档及程序结构方面。按照完成的职能不同，静态测试工具包括以下几种类型：代码审查、一致性检查、错误检查、接口分析、输入/输出规格说明分析检查、数据流分析、类型分析、单元分析和复杂度分析。

动态测试工具是直接执行被测试程序以提供测试活动。它需要实际运行被测系统，并设置断点，向代码生成的可执行文件中插入一些监测代码，掌握断点这一时刻的程序运行数据（对象属性、变量值等），具有功能确认、接口测试、覆盖率分析和性能分析等功能。动态测试工具可以分为以下几种类型：功能确认与接口测试、覆盖测试、性能测试、内存分析。

常用的动态自动化测试工具有 Jtest、Jcontract 和 xUnit 系列开源框架等。

2. 功能测试工具

常用的功能测试工具有 WinRunner、QARun、Rational Robot 和 QuickTest Pro 等。

3. 性能测试工具

常用的性能测试工具有 LoadRunner、JMeter、OpenSTA 和 QALoad 等

常用的测试管理工具有 TestDirector、TestManager、Bugzilla 和 JIRA 等。

12.15　软件调试

调试（也称为纠错）作为成功的测试的后果而出现，也就是说，调试是在测试发现错误之后排除错误的过程。虽然调试可以而且应该是一个有序的过程，但是在很大程度上它仍然是一项技巧。软件工程师在评估测试结果时，往往仅面对软件问题的症状，也就是说，错误的外部表现和它的内在原因之间可能并没有明显的联系。调试就是把症状和原因联系起来的尚未被人很好理解的智力过程。

1. 调试过程

调试不是测试，但是它总是发生在测试之后。调试过程总会有以下两种结果之一：①找到了问题的原因并把问题改正和排除掉了；②没找出问题的原因。在后一种情况中，调试人员可以猜想一个原因，并设计测试用例来验证这个假设，重复此过程直至找到原因并改正错误。

2. 调试途径

无论采用什么方法，调试的根本目标都是寻找软件错误的原因并改正之。这个目标是通过把系统评估、直觉和运气组合起来实现的。一般来说，有 3 种调试途径可以采用：强行排错法、回溯法和原因排除法。每一种方法都可以使用调试工具辅助完成，但是工具并不能代替对全部设计文档和源程序的仔细评估。

强行排错法：作为传统的调试方法，其过程可概括为设置断点、程序暂停、观察程序状态、继续运行程序。

回溯法：该方法适合于小规模程序的排错，即一旦发现了错误，先分析错误征兆，确定最先发现"症状"的位置。

原因排除法：原因排除法是通过演绎和归纳，以及二分法来实现。

12.16　软件测试实例

【例】　这是一个有关"俄罗斯方块游戏排行榜"的单元测试实例。

【解析】

1. 测试策划

（1）目的

俄罗斯方块游戏的排行榜功能经过编码后，在与其他模块进行集成之前，需要经过单元

测试，测试其功能点的正确性和有效性，以便在后续的集成工作中不会引入更多的问题。

（2）背景

俄罗斯方块（Tetris）是一款风靡全球的游戏，它由俄罗斯人阿列克谢·帕基特诺夫发明，故得此名。俄罗斯方块的基本规则是移动、旋转和摆放游戏自动输出的各种方块，使之排列成完整的一行或多行并且消除得分。由于上手简单、老少皆宜，从而家喻户晓，风靡世界。

排行榜功能是俄罗斯方块游戏中不可或缺的一部分，用以将当前用户的得分与历史得分记录进行比较并重新排序。

排行榜主要涉及的功能点有历史记录文件的读取、分数排名的计算与排序、新记录文件的保存、新记录的显示等。这些功能将在一局游戏结束，并获取到该局游戏的得分后启动。

待测源代码如下。

```
private void gameOver( int _score)                          //游戏结束
    //Display game over
    string s = "您的得分为:";
    string al = " ";
    char[ ] A = { };
    int i = i;
    _blockSmrface. FontStyle = new Font( Font Face, BigFont);    //设置基本格式
    _blockSurface. FontFormat. Alignment = StringAlignment. Near;
    _blockSurface. DisplayText = "GAME OVER !!";
    string sc = Convert. ToString( _score);                  //得到当前玩家的分数
    //write into file;
    string path = "D:\\test1. txt";                          //文件路径
    try
    {
        FileStream fs = new FileStream( Path, FileMode. OpenOrCreate, FileAccess. ReadWrite);
        StreamReader strmreader = new StreamReader( fs);    //建立读文件流
        String[ ] str-new String[5];
        String[ ] spiit = new String[5];
        while ( strmreader. Peek( )! = -1)                  //从文件中读取数据不为空时
        {
            for ( i = 0; i<5; i++)
            {
                str[ i] = strmreader. ReadLine( );          //以行为单位进行读取,赋予数组 str[ i]
                split[ i] = sltr[ i]. Split(': ')[1];       //按照": "将文字分开,赋予数组 split[ i]
            }
        }
        person1 = Convert. Toint32( split[0]);              //sPlit[0]的值赋予第一名
        person2 = Convert. ToInt32( split[1]);              //split[1]的值赋予第二名
        person3 = Convert. ToInt32( split[2]);              //split[2]的值赋予第三名
        person4 = Convert. ToInt32( split[3]);              //split[3]的值赋予第四名
        person5 = Convert. Toint32( spliti[4]);             //split[4]的值赋予第五名
        strmreader. Close( );                               //关闭流
        fs. Close( );
        FileStream ffs = new FileStream( path, FiieMOde. Op enOrCreate, FileAccess. Readwrite);
        StreamWriter sw = new StreamWriter( ffs);           //建立写文件流
        if ( _score > person1)                              //如果当前分数大于第一名,排序
        { person5 = person4; person4 = person3; person3 = person2; person2 = person1; person1 = _score; }
        else if ( _score > person2)                         //如果当前分数大于第二名,排序
        { person5 = person4; person4 = person3; person3 = person2; person2 = score; }
```

```
        else if (_score > person3)                      //如果当前分数大于第三名,排序
        { person5 = person4; person4 = person3; person3 = _score; }
        else if (_score > person4)                      //如果当前分数大于第四名,排序
        { person5 = person4; person4 = _score; }
        else if (_score > person5)                      //如果当前分数大于第五名,排序
        { person5 = score; }
        //在文件中的文件内容
        string pp1 = "第一名: "+Convert. Tostring( person1);
        string pp2 = "第二名: "+Convert. ToString( person2);
        string pp3 = "第三名: "+Convert. ToString( person3);
        string pp4 = "第四名: "+Convert. ToString( person4);
        string pp5 = "第五名: "+Convert. ToString( person5);
        string ppR = pp1 + "\r\n" + pp2 + "\r\n" + pp3 + "\r\n" +pp4 + "\r\n" + pp5 + "\r\n";
        byte[ ] info=new UTF8Encoding( true). GetBYtes( ppR);
        sw. Write( ppR);                                //将内容写入文件
        sw. Close( );

        ffs. Close( );
    }
    catch ( Exception ex)                               //异常数处
    {
        Console. WriteiLine( ex. ToString( ));
    }
    s=s+" "+ sc;
    //Draw surface to dispiay text
    //Draw( );
    MessageBox. Show( s);                               //在界面中显示排行榜内容
}
```

2. 测试设计

下面利用白盒测试方法对本实例进行相应的测试,得到测试报告与错误列表,在实际项目中可进一步反馈与开发人员进行 bug 的确认与修复。

(1) 代码走查

首先利用代码走查的方法检查一下该模块的代码,对代码质量进行初步的评估。具体实现见表 12-14。

表 12-14 排行榜模块代码走查情况记录

序号	项 目	初步评估结果
1	程序结构	1. 代码结构清晰,具有良好的结构外观,整齐 2. 函数定义清晰 3. 结构设计能够满足机能变更 4. 整个函数组合合理 5. 所有主要的数据构造描述清楚、合理 6. 模块中所有的数据结构都定义为局部的 7. 为外部定义了良好的函数接口
2	函数组织	1. 函数都有一个标准的函数头声明 2. 函数组织:头,函数名,参数,函数体 3. 函数能够在最多两页纸上打印 4. 所有的变量声明每行只声明一个 5. 函数名小于 64 个字符

（续）

序号	项　目	初步评估结果
3	代码结构	1. 每行代码都小于 80 个字符 2. 所有的变量名都小于 32 个字符 3. 所有的行每行最多只有一句代码或一个表达式 4. 复杂的表达式具备可读性 5. 续行缩进 6. 括号在合适的位置 7. 注释在代码上方，注释的位置不太好
4	函数	1. 函数头清楚地描述了函数和它的功能 2. 代码中几乎没有相关注释 3. 函数的名字清晰地定义了它的目标及函数所做的事情 4. 函数的功能定义清晰 5. 函数高内聚；只做一件事情并做好 6. 参数遵循一个明显的顺序 7. 所有的参数都被调用 8. 函数的参数个数小于 7 个 9. 使用的算法说明清楚
5	数据类型与变量	1. 数据类型不存在数据类型解释 2. 数据结构简单，降低了复杂性 3. 每一种变量没有明确分配正确的长度、类型和存储空间 4. 每一个变量都初始化了，但并不是每一个变量都在接近使用它的地方才初始化 5. 每一个变量都在最开始的时候初始化 6. 变量的命名不能完全、明确地描述该变量代表什么 7. 命名不与标准库中的命名相冲突 8. 程序没有使用特别的、易误解的、发音相似的命名 9. 所有的变量都用到了
6	条件判断	1. 条件检查和结果在代码中清晰 2. if…else 使用正确 3. 普通的情况在 if 下处理而不是在 else 4. 判断的次数降到最少 5. 判断的次数不大于 6 次，无嵌套的 if 链 6. 数字、字符、指针和 0/NULL/FALSE 判断明确 7. 所有的情况都考虑了 8. 判断体足够短，一次可以看清楚 9. 嵌套层次小于 3
7	循环	1. 循环体不为空 2. 循环之前做好了初始化 3. 循环体能够一次看清楚 4. 代码中不存在无穷次循环 5. 循环的头部进行循环控制 6. 循环索引没有有意义的命名 7. 循环设计得很好，只干一件事情 8. 循环终止的条件清晰 9. 循环体内的循环变量起到指示作用 10. 循环嵌套的次数小于 3
8	输入/输出	1. 所有文件的属性都描述清楚 2. 所有 OPEN/CLOSE 调用都描述清楚 3. 对文件结束的条件进行检查 4. 显示的文本无拼写和语法错误
9	注释	1. 注释不清楚，主要的语句没有注释 2. 注释过于简单 3. 看到代码不一定能明确其意义

从表 12-14 的分析中可以看出，本模块的代码基本情况如下。

- 代码直观。
- 代码和设计文档对应。
- 无用的代码已经删除。
- 注释过于简单。

（2）基本路径测试

基本路径测试法是在程序控制流图的基础上，通过分析控制构造的环路复杂性，导出基本可执行的路径集合，从而设计测试用例的方法。首先需要简化程序流程，绘制程序流程图，如图 12-24 所示。接着，按照模块图设计路径覆盖策略。主要可分为如下 4 步执行。

1）绘制程序的控制流图。进行基本路径法的第一步是绘制控制流图，根据程序模块图的逻辑关系，获得该程序模块的控制流图，如图 12-25 所示（其中，节点 11 在图 12-24 中没有画出，这里可将其理解为结束节点）。

2）计算环路复杂度。接下来是根据控制流图计算环路复杂度。环路复杂度是一种为程序逻辑复杂性提供定量测度的软件度量，将该度量用于计算程序的基本的独立路径数目，为确保所有语句至少执行一次的测试数量的上界。

$$V(G) = P+1 = 5+1 = 6$$

确定至少要覆盖 6 条路径。

3）导出独立路径。根据控制流图可以方便得到以下 6 条路径。

路径 1：1-2-11。
路径 2：1-3-4-11。
路径 3：1-3-5-6-11。
路径 4：1-3-5-7-8-11。
路径 5：1-3-5-7-9-10-11。
路径 6：1-3-5-7-9-11。

4）设计测试用例。最后，设定一组初始参数，设计测试用例。令

$person1 = 23, person2 = 20, person3 = 10, person4 = 6, person5 = 4$。
作为测试输入，设计测试用例见表 12-15。

图 12-24　程序模块图

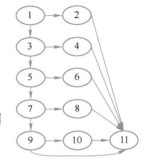

图 12-25　程序的控制流图

表 12-15　基本路径法测试用例

编号	输入数据	输出数据					路径覆盖	判断覆盖
	score	person1	person2	person3	person4	person5		
1	24	24	23	20	10	6	1-2-11	T
2	21	23	21	20	10	6	1-3-4-11	FT
3	15	23	20	15	10	6	1-3-5-6-11	FFT
4	8	23	20	10	8	6	1-3-5-7-8-11	FFFT
5	5	23	20	10	6	5	1-3-5-7-9-10-11	FFFFT
6	0	23	20	10	6	4	1-3-5-7-9-11	FFFFF

3. 测试执行

将设计的测试用例整理合并为测试用例，必要时需要开发相应的驱动模块和桩模块。本次测试需要开发一个驱动模块，用于初始化相应的参数，并调用待测模块，达到测试效果。

驱动模块的代码如下。

```java
import java.io.BufferedReader;
import java.io.IOException;
import java.io.InputStreamReader;
/* *
 *
 * @ author zhutao
 */
public class Main {
    /* *
     * @ param args the command line arguments
     */
    public static void main(String[] args) throws IOException {
        // TODO code application logic here
        int person1 = 23, person2 = 20, person3 = 10, person4 = 6, person5 = 4;
        int score;
        String s;
        BufferedReader bf = new BufferedReader(new InputStreamReader(System.in));
        s = bf.readLing();
        score = Integer.valueOf(s);
        _gameOver(score);
    }
}
```

4. 测试总结

测试结果可利用 bug 记录平台（BugFree 等）进行记录，在实际项目中可反馈给开发人员进行确认并修复。

测试结束后，形成测试报告。

12.17　案例实践：使用 PyCharm 对软件学院"'墨韵'读书会图书共享平台"的"用户登录"模块进行单元测试

1. 测试概述

在 PyCharm 中打开 moyun-backend 项目，在待测试的 App，即 user_info 目录下，编写

tests. py 文件。利用 django_rest_framework 框架提供的 APITestCase 和 APIClient 进行项目单元测试。

2. 测试代码编写及运行测试

在 tests. py 文件中，编写测试类 AppAPITestCase 继承 APITestCase 类，在 AppAPITestCase 类中，编写 setUp( ) 方法，以及以 test 开头的测试用例方法。编写完毕后，在项目路径下运行 python manage. py test user_info --keepdb 命令进行测试。

下面介绍 setUp( ) 方法及测试用例方法。

setUp( ) 方法如下。

```
def setUp( self) :
    new_userl_data = {
        "username" : 'testuser1',
    }
    self. rawpassword = 'testuser1pw'
    self. new_user1 = User. objects. create_user(
        username = new_userl_data['username']
    )
    self. new_user1. set_password('testuser1pw')
    Profile. objects. create(user = self. new_user1)
    self. new_user1. save( )
    self. client = APIClient( )
```

setUp( ) 方法对测试环境进行初始化，创建了一个新用户并为其设置了密码。运行 APIClient 以便测试用例发送 POST 请求。

下面以登录成功的测试用例方法为例，说明测试用例方法的编写。登录成功的测试用例方法 test_success_login( ) 如下。

```
def test_success_login( self) :
    #成功登录
    login_data = {
        "username" : self. new_user1. username,
        "password" : self. rawpassword,
    }
    login_response = self. client. post('api/token',
                          {'username': login_data['username'],'password':login_data['password']},
                          format = 'json')
    # print( login_response)
    self. assertEqual( login_response. status_code, status. HTTP_200_OK)
```

首先设置好请求的信息（用户名和密码），调用 client. post( ) 方法发送 POST 请求，尝试登录。对 response 添加断言：如登录成功，则状态为 200；如因密码错误或用户名不存在等原因登录失败，则状态为 401。

下面给出其他测试用例。

密码错误的测试用例方法 test_wrong_password( ) 如下。

```
def test_wrong_password( self) :
    # 密码错误
    login_data = {
        "username" : self. new_user1. username,
        "password" : 'wrongpassword1',
    }
```

```
login_response = self. client. post('api/token',
                    {'username': login_data['username'],'password':login_data['password']},
                    format='json')
# print(login_response)
self. assertEqual(login_response. status_code, status. HTTP_401_UNAUTHORIZED)
```

用户名不存在的测试用例方法 test_username_not_exist( )如下。

```
def test_username_not_exist(self):
    # 用户名不存在
    login_data = {
        "username": 'voidname',
        "password": 'voidpassword1',
    }
login_response = self. client. post('api/token',
                    {'username': login_data['username'],'password':login_data['password']},
                    format='json')
# print(login_response)
self. assertEqual(login_response. status_code, status. HTTP_401_UNAUTHORIZED)
```

运行 python manage. py test user_info-keepdb 命令进行测试。默认情况下，每次运行测试会重新生成测试数据库，利用--keepdb 命令，可以保留该测试数据库，提高多次重复测试时的运行速度。

测试结果如下。

```
D:\PycharmProjects\moyun-backend>python manage. py test user_info --keepdb
Using existing test database for alias 'default'...
System check identified no issues (0 silenced).
...
Ran 3 tests in 0.895s

OK
Preserving test database for alias 'default'...
```

习题

1. 判断题

（1）软件测试是对软件需求规格说明、软件设计和编码的最全面也是最后的审查。

（　　）

（2）如果通过软件测试没有发现错误，则说明软件是正确的。（　　）

（3）白盒测试无须考虑模块内部的执行过程和程序结构，只需了解模块的功能即可。

（　　）

（4）软件测试的目的是尽可能多地发现软件中存在的错误，将它作为纠错的依据。

（　　）

（5）测试用例由输入数据和预期的输出结果两部分组成。（　　）

（6）白盒测试是结构测试，主要以程序的内部逻辑为基础设计测试用例。（　　）

（7）软件测试的目的是证明软件是正确的。（　　）

（8）单元测试通常应该先进行"人工走查"，再以白盒法为主，辅以黑盒法进行动态测试。

（　　）

（9）白盒测试法是一种静态测试方法，主要用于模块测试。　　　　　　　（　　）

（10）在等价分类法中，为了提高测试效率，一个测试用例可以覆盖多个无效等价类。

　　　　　　　　　　　　　　　　　　　　　　　　　　　　　　　　（　　）

（11）功能测试是系统测试的主要内容，其目的是检查系统的功能、性能是否与需求规格说明相同。　　　　　　　　　　　　　　　　　　　　　　　　　　　（　　）

2. 选择题

（1）软件测试的目的是（　　　　）。

A. 证明软件是正确的　　　　　　　　　B. 发现软件的错误

C. 找出软件中的所有错误　　　　　　　D. 评价软件的质量

（2）白盒测试法又称为逻辑覆盖法，主要用于（　　　　）。

A. 确认测试　　　　　　　　　　　　　B. 系统测试

C. α 测试　　　　　　　　　　　　　　D. 单元测试

（3）在软件工程中，白盒测试法可用于测试程序的内部结构，此方法将程序作为（　　　　）。

A. 循环的集合　　　　　　　　　　　　B. 路径的集合

C. 目标的集合　　　　　　　　　　　　D. 地址的集合

（4）成功的测试是指运行测试用例后（　　　　）。

A. 发现了程序错误　　　　　　　　　　B. 未发现程序错误

C. 证明程序正确　　　　　　　　　　　D. 改正了程序错误

（5）白盒测试法是根据程序的（　　　　）来设计测试用例的方法。

A. 输出数据　　　　　　　　　　　　　B. 内部逻辑

C. 功能　　　　　　　　　　　　　　　D. 输入数据

（6）在软件测试中，逻辑覆盖法主要用于（　　　　）。

A. 黑盒测试方法　　　　　　　　　　　B. 白盒测试方法

C. 灰盒测试方法　　　　　　　　　　　D. 软件验收方法

（7）黑盒测试是从（　　　）角度进行测试，白盒测试是从（　　　）角度进行测试。

A. 开发人员、管理人员　　　　　　　　B. 用户、开发人员

C. 用户、管理人员　　　　　　　　　　D. 开发人员、用户

（8）软件测试可能发现软件中的（　　　），但不能证明软件（　　　）。

A. 所有错误　没有错误　　　　　　　　B. 设计错误　没有错误

C. 逻辑错误　没有错误　　　　　　　　D. 错误　没有错误

（9）使用白盒测试法确定测试数据，应根据（　　　）和指定的覆盖标准。

A. 程序的内部逻辑　　　　　　　　　　B. 程序的复杂程度

C. 程序的难易程度　　　　　　　　　　D. 程序的功能

（10）黑盒测试法根据（　　　）设计测试用例。

A. 程序的调用规则　　　　　　　　　　B. 软件要完成的功能

C. 模块间的逻辑关系　　　　　　　　　D. 程序的数据结构

（11）集成测试的主要方法有两个：一个是（　　　），另一个是（　　　）。

A. 白盒测试方法　黑盒测试方法　　　　B. 等价类划分方法　边缘值分析方法

C. 渐增式测试方法　非渐增式测试方法　D. 因果图方法　错误推测方法

（12）软件测试的目的是尽可能发现软件中的错误，通常（　　　）是代码编写阶段可进

行的测试，它是整个测试工作的基础。

A. 集成测试　　　　　　　　　　　B. 系统测试

C. 验收测试　　　　　　　　　　　D. 单元测试

（13）单元测试主要针对模块的几个基本特征进行测试，该阶段不能完成的测试是（　　　）。

A. 系统功能　　　　　　　　　　　B. 局部数据结构

C. 重要的执行路径　　　　　　　　D. 错误处理

3. 简答题

（1）请比较白盒测试和黑盒测试。

（2）为什么软件开发人员不能同时完成测试工作？

（3）软件测试的目的是什么？

（4）软件测试应该划分几个阶段？各个阶段应重点测试的内容是什么？

（5）请简述软件测试的原则。

（6）请简述静态测试和动态测试的区别。

（7）单元测试、集成测试和验收测试各自的主要目标是什么？它们之间有什么不同？相互间有什么关系？

（8）什么是集成测试？非增量测试与增量测试有什么区别？增量测试如何组装模块？

4. 应用题

（1）某程序功能说明书指出，该程序的输入数据为每个学生的学号。其中，学号由以下 3 个部分构成：

1）入学年份：4 位数字（1900~2999）之间的数字。

2）专业编码：0 或 1 开头的 4 位数字。

3）序号：2 位数字。

试用等价类划分法设计测试用例。

（2）图 12-26 给出了用 N-S 图描绘的一个程序的算法，请用逻辑覆盖法设计测试方案，要求做到语句覆盖和路径覆盖。

图 12-26　用 N-S 图描绘的算法

第 13 章
软件维护与软件工程管理

本章首先介绍软件维护的基本概念，包括软件部署与软件交付、软件维护的过程和分类、软件的可维护性、软件维护的副作用、自动化运维及软件再工程技术；然后阐述软件估算、软件开发进度计划、软件开发人员组织、软件开发风险管理、软件质量保证、软件配置管理、软件工程标准与软件文档、软件过程能力成熟度模型和软件项目管理等相关内容。

本章目标

- ❑ 熟悉软件维护的基本概念。
- ❑ 了解软件估算的概念、方法、原则与技巧。
- ❑ 掌握制订软件开发进度计划的方法。
- ❑ 了解软件开发人员组织的形式。
- ❑ 了解软件开发风险管理的概念。
- ❑ 了解软件质量保证的措施。
- ❑ 了解软件配置管理的相关概念。
- ❑ 熟悉软件工程标准与软件文档的概念。
- ❑ 熟悉软件过程能力成熟度模型。
- ❑ 了解软件项目管理的相关内容。

13.1 软件维护

软件维护是软件产品生命周期的最后一个阶段。在产品交付并且投入使用之后，还需要解决在使用过程中不断发现的各种问题，保证系统正常运行，同时使系统功能随着用户需求的更新而不断升级，这时就体现了软件维护的必要性。概括地说，软件维护就是指在软件产品交付给

导致维护困难
的一些因素

用户之后，为了改正软件测试阶段未发现的缺陷，改进软件产品的性能，补充软件产品的新功能等，所进行的修改软件的过程。

进行软件维护，通常需要软件维护人员与用户建立一种工作关系，使软件维护人员能够充分了解用户的需求，及时解决系统中存在的问题。通常，软件维护是软件生命周期中延续时间最长、工作量最大的阶段。据统计，软件开发机构 60% 以上的精力都用在维护已有的软件产品上了。对于大型的软件系统，一般开发周期是 1~3 年，而维护周期会长达 10 年，维护费用甚至会是开发费用的 5 倍。

软件维护不仅工作量大、任务重，而且如果维护不恰当，还会产生副作用，引入新的软件缺陷。因此，进行维护工作时要相当谨慎。

298

13.1.1　软件部署与软件交付

简单地说，软件部署就是将开发的软件给用户使用，配置软件运行环境（包括硬件和软件的安装、环境变量的设置等），使用户能正常使用开发的软件的过程。

为了成功地将开发的软件交付给用户，首先需要完成产品的安装部署、验收测试、交付验收结果，然后需要对用户进行必要的培训，同时交付必要的文档（如验收测试报告、用户手册、系统管理员手册及软件交付文档等）。经过软件部署与软件交付之后，软件就可进入维护阶段了。

13.1.2　软件维护的过程

可以把软件维护过程看成是一个简化或修改了的软件开发过程。为了提高软件维护工作的效率和质量，降低维护成本，同时使软件维护过程工程化、标准化、科学化，在软件维护的过程中需要采用软件工程的原理、方法和技术。

维护工作流程

典型的软件维护过程可以概括为：建立维护机构，用户提出维护申请并提交维护申请报告，维护人员确认维护类型并实施相应的维护工作，整理维护记录并对维护工作进行评审，对维护工作进行评价。

1. 建立维护机构

对于大型的软件开发公司，建立独立的维护机构是非常必要的。维护机构中要有维护管理员、系统监督员、配置管理员和具体的维护人员。对于一般的软件开发公司，虽然不需要专门建立一个维护机构，但是设立一个产品维护小组是有必要的。

2. 用户提出维护申请并提交维护申请报告

当用户发现问题并需要解决时，首先应该向维护机构提交一份维护申请报告。申请报告中需要详细记录软件产品在使用过程中出现的问题，如数据输入、系统反应、错误描述等。维护申请报告是维护人员研究问题和解决问题的基础，因此它的正确性、完整性是后续维护工作的关键。

3. 维护人员确认维护类型并实施相应的维护工作

软件维护有多种类型，对不同类型的维护工作所采取的具体措施也有所不同。维护人员根据用户提交的申请报告，对维护工作进行类型划分，并确定每项维护工作的优先级，从而确定多项维护工作的顺序。

在实施维护的过程中，需要完成多项技术性的工作，列举如下。

- 对软件开发过程中的相关文档进行更新。
- 对源代码进行检查和修改。
- 单元测试。
- 集成测试。
- 软件配置评审。

4. 整理维护记录并对维护工作进行评审

为了方便后续的维护评价工作，以及对软件产品运行状况评估，需要对维护工作进行简单的记录。与维护工作相关的数据量非常庞大，需要记录的数据一般有以下几种。

- 程序标识。
- 使用的程序设计语言及源程序中语句的数目。

- 机器指令的条数。
- 程序交付的日期和程序安装的日期。
- 程序安装后的运行次数。
- 程序安装后运行时发生故障导致运行失败的次数。
- 进行程序修改的次数、修改内容及日期。
- 修改程序而增加的源代码数目。
- 修改程序而删除的源代码数目。
- 每次进行修改所消耗的人力和时间。
- 程序修改的日期。
- 软件维护人员的姓名。
- 维护申请表的标识。
- 维护类型。
- 维护的开始和结束日期。
- 维护工作累计花费的人力和时间。
- 与维护工作相关的纯收益。

维护的实施工作完成后，最好对维护工作进行评审。维护评审可以为软件开发机构的有效管理提供反馈信息，对以后的维护工作产生重要的影响。维护评审时，评审人员应该对以下问题进行总结。

- 在当前的环境下，设计、编码或测试的工作中是否还有改进的余地和必要？
- 缺乏哪些维护资源？
- 维护工作遇到的障碍有哪些？
- 从维护申请的类型来看，是否还需要有预防性维护？

5. 对维护工作进行评价

当维护工作完成时，需要对维护工作完成的好坏进行评价。维护记录中的各种数据是维护评价的重要参考。如果维护记录完成得全面、具体、准确，会在很大程度上方便维护的评价工作。

对维护工作进行评价时，可以参考的评价标准有以下一些。

- 程序运行时的平均出错次数。
- 各类维护申请的比例。
- 处理不同类型的维护，分别消耗的人力、物力、财力、时间等资源。
- 维护申请报告的平均处理时间。
- 维护不同语言的源程序所花费的人力和时间。
- 维护过程中，增加、删除或修改一条源程序语句所花费的平均时间和人力。

13.1.3　软件维护的分类

前面多次提到维护的类型。本小节将对维护的分类做具体介绍。

根据维护工作的特征及维护目的的不同，软件维护可以分为纠错性维护、适应性维护、完善性维护和预防性维护 4 种类型，如图 13-1 所示。

图 13-1　软件维护的分类

1）纠错性维护是指为了识别并纠正软件产品中潜藏的错误所进行的维护。在软件的开发和测试阶段，必定有一些缺陷是没有被发现的。这些潜藏的缺陷会在软件系统投入使用之后逐渐暴露出来。用户在使用软件产品的过程中，如果发现了这类错误，可以报告给维护人员，要求对软件产品进行维护。根据资料统计，在软件产品投入使用的前期，纠错性维护的工作量比较大，随着潜藏的错误不断地被发现并处理，纠错性维护的工作量会日趋减少。

2）适应性维护是为了使软件产品适应软/硬件环境的变化而进行的维护。随着计算机的飞速发展，软件的运行环境在不断地升级或更新，例如，软/硬件配置的改变、输入数据格式的变化、数据存储介质的变化、软件产品与其他系统接口的变化等。如果原有的软件产品不能够适应新的运行环境，维护人员就需要对软件产品做出修改。适应性维护是不可避免的。

3）完善性维护是软件维护的主要部分，它是针对用户对软件产品所提出的新需求所进行的维护。随着市场的变化，用户可能要求软件产品能够增加一些新的功能，或者某方面的功能能够有所改进，这时维护人员就应该对原有的软件产品进行功能上的修改和扩充。完善性维护的过程一般比较复杂，可以看成是对原有软件产品的"再开发"。在所有类型的维护工作中，完善性维护所占的比重最大。此外，进行完善性维护工作，一般都需要更改软件开发过程中形成的相应文档。

4）预防性维护主要是采用先进的软件工程方法对已经过时的、很可能需要维护的软件系统的某一部分进行重新设计、编码和测试，以达到结构上的更新，它为以后进一步维护软件打下了良好的基础。实际上，预防性维护是为了提高软件的可维护性和可靠性。形象地讲，预防性维护就是"把今天的方法用于昨天的系统以满足明天的需要"。在所有类型的维护工作中，预防性维护的工作量最小。

图 13-2　各种维护的工作量比例

据统计，一般情况下，在软件维护过程中，各种类型的维护的工作量分配如图 13-2 所示。

13.1.4　软件的可维护性

软件的可维护性是用来衡量对软件产品进行维护的难易程度的标准，它是软件质量的主要特征之一。软件产品的可维护性越高，纠正并修改其错误或缺陷，对其功能进行扩充或完善时，消耗的资源越少，工作越容易。开发可维护性高的软件产品是软件开发的一个重要目标。

维护的代价及
其主要因素

影响软件可维护性的因素有很多，如可理解性、可测试性、可修改性等。

1）可理解性是指人们通过阅读软件产品的源代码和文档，来了解软件的系统结构、功能、接口和内部过程的难易程度。可理解性高的软件产品应该具备一致的编程风格、准确和完整的文档、有意义的变量名称和模块名称、清晰的源程序语句等特点。

2）可测试性是指诊断和测试软件缺陷的难易程度。程序的逻辑复杂度越低，就越容易测试。透彻理解源程序有益于测试人员设计出合理的测试用例，从而有效地对程序进行检测。

3）可修改性是指在定位了软件缺陷以后，对程序进行修改的难易程度。一般来说，具有较好的结构且编码风格良好的代码比较容易修改。

实际上，可理解性、可测试性和可修改性这三者是密切相关的。可理解性较好的软件产品，有利于测试人员设计合理的测试用例，从而提高了产品的可测试性和可修改性。显然，可理解性、可测试性和可修改性越高的软件产品，它的可维护性就一定越好。

要想提高软件产品的可维护性，软件开发人员需要在开发过程和维护过程中都对其非常重视。提高可维护性的措施有以下几种。

1）建立明确的软件质量目标和优先级。可维护的程序应该是可理解的、可靠的、可测试的、可修改的、可移植的、效率高的、可使用的。但要实现所有目标，需要付出很大的代价，而且也不一定行得通。因为质量特性是相互促进的，因此，尽管可维护性要求每一种质量特性都要满足，但它们的相对重要性根据程序的用途及计算环境不同而不同。

2）建立完整的文档。完整、准确的文档有利于提高软件产品的可理解性。文档包括系统文档和用户文档，它是对软件开发过程的详细说明，是用户及开发人员了解系统的重要依据。完整的文档有助于用户及开发人员对系统进行全面的了解。

3）采用先进的维护工具和技术。先进的维护工具和技术可以直接提高软件产品的可维护性。例如，采用面向对象的软件开发方法、高级程序设计语言及自动化的软件维护工具等。

4）注重可维护性的评审环节。在软件开发过程中，每一阶段的工作完成前，都必须通过严格的评审。由于软件开发过程中的每一个阶段都与产品的可维护性相关，因此对软件可维护性的评审应该贯穿每个阶段完成前的评审活动中。

在需求分析阶段的评审中，应该重点标识将来有可能更改或扩充的部分；在软件设计阶段的评审中，应该注重逻辑结构的清晰性，并且尽量使模块之间的功能独立；在编码阶段的评审中，要考查代码是否遵循了统一的编写标准，是否逻辑清晰、容易理解。严格的评审工作，可以从很大程度上对软件产品的质量进行控制，提高其可维护性。

13.1.5　软件维护的副作用

软件维护是存在风险的。对原有软件产品的一个微小的改动都有可能引入新的错误，造成意想不到的后果。软件维护的副作用主要有 3 类，包括修改代码的副作用、修改数据的副作用和修改文档的副作用。

1）人们通过编程语言与计算机进行交流，每种编程语言都有严格的语义和语法结构。编程语言的微小错误，哪怕是一个标点符号的错误，都会造成软件系统无法正常运行。因此，每次对代码的修改都有可能产生新的错误。虽然每次对代码的修改都可能会导致新的错误产生，但是相对而言，以下修改更具危险性。

- 删除或修改一个子程序。
- 删除或修改一个语句标号。
- 删除或修改一个标识符。
- 为改进性能所做的修改。
- 修改文件的打开或关闭模式。
- 修改运算符，尤其是逻辑运算符。
- 把对设计的修改转换成对代码的修改。

- 修改边界条件的逻辑测试。

2）修改数据的副作用是指数据结构被改动时有新的错误产生的现象。当数据结构发生变化时，可能新的数据结构不适应原有的软件设计，从而导致错误的产生。例如，为了优化程序结构将某个全局变量修改为局部变量，如果该变量所存在的模块已经有一个同名的局部变量，那么就会引入命名冲突的错误。会产生副作用的数据修改经常发生在以下一些情况中。

- 重新定义局部变量或全局变量。
- 重新定义记录格式或文件格式。
- 更改一个高级数据结构的规模。
- 修改全局数据。
- 重新初始化控制标志或指针。
- 重新排列输入/输出或子程序的自变量。

3）修改文档的副作用是指在软件产品的内容更改之后没有对文档进行相应的更新，从而为以后的工作带来不便的情况。文档是软件产品的一个重要组成部分，它不仅会在用户使用过程中提供便利，还会为维护人员的工作带来方便。如果对源程序的修改没有反映到文档中，或对文档的修改没有反映到源程序中，造成文档与源程序不一致，这会给后续的使用和维护工作带来极大的不便。

对文档资料的及时更新及有效的回归测试有助于减少软件维护的副作用。

13.1.6　自动化运维

自动化运维是指将软件运维中日常的、大量的重复性工作自动化，将传统的手工执行转为自动化操作，最终达到提升运维效率的目的。自动化是软件运维工作的提升，软件运维自动化不单纯是一个维护过程，更是一个管理的提升过程，是软件运维的最高层次，也是未来的发展趋势。

随着信息时代的持续发展，软件运维已经成为软件服务内涵的重要组成部分。面对越来越复杂的业务、越来越多样化的用户需求，不断扩展的软件应用，需要越来越合理的模式来保障软件服务能灵活便捷、安全稳定地持续保障，这种模式中的保障因素就是软件运维（其他因素是更加优越的软件架构等）。从初期的几台服务器发展到庞大的数据中心，单靠人工已经无法满足技术、业务、管理等方面的要求，那么标准化、自动化、架构优化、过程优化等降低软件服务成本的因素、提高软件运维的质量越来越被人们所重视。其中，自动化最开始作的代替人工操作的出发点的诉求被广泛研究和应用。

全球最具权威的 IT 研究与顾问咨询公司 Gartner 对自动化运维的定义是，通过工具或者平台，实现 IT 基础设施和应用的日常任务和运维流程自动化，从而提高效率，降低风险，促进组织业务能力提升。

自动化运维主要包括日常任务处理自动化、运维流程自动化、自动化运维分类，以及整体运维运营能力升级等内容，如图 13-3 所示。

针对上述自动化运维的范畴，Gartner 还定义了成熟度模型。Gartner 将企业实施自动化的成果分为起步、基本、标准、合理、动态等 5 个阶段，在每个阶段定义了企业应该达成怎样的目标，如图 13-4 所示。

常用的自动化运维工具有 Ansible、Saltstack、Puppet、Fabric、Chef、Cfengine 和 func 等。

图 13-3 自动化运维所包含的内容

			业务运营自动化	业务运营自动化	业务运营自动化
			用户请求服务化	用户请求服务化	用户请求服务化
			故障自愈	故障自愈	故障自愈	IT服务自动化
			集成自动化	集成自动化	集成自动化
			操作审计	操作审计	操作审计
		应用部署自动化	应用部署自动化	应用部署自动化	
		应用更新自动化	应用更新自动化	应用更新自动化	应用自动化
		运行手册自动化	运行手册自动化	运行手册自动化	
任务作业自动化	任务作业自动化	任务作业自动化			
基础架构资源交付	基础架构资源交付	基础架构资源交付			
基础架构补丁管理	基础架构补丁管理	基础架构补丁管理			基础架构自动化
基础架构基线管理	基础架构基线管理	基础架构基线管理			
基础架构配置管理	基础架构配置管理	基础架构配置管理			
起步	基本	标准	合理	动态	

图 13-4 IT 自动化运维的成熟度模型

13.1.7 软件再工程——重构、正向工程、逆向工程

软件再工程是一类软件工程活动，通过对旧软件实施处理，增进对软件的理解，同时又提高了软件自身的可维护性、可重用性等。软件再工程可以帮助软件开发机构降低软件演化的风险，可使软件将来易于变更，有助于推动软件维护自动化的发展等。软件再工程是一个工程过程，它将逆向工程、重构和正向过程组合起来，将现存系统重新构造为新的形式。

1. 重构

软件重构是对源代码和/或数据进行修改，使其易于理解或维护，以适应将来的变更。

通常，重构并不修改整个软件程序的体系结构，而主要关注模块的细节。如果重构扩展到模块边界之外并涉及软件体系结构，则重构就变成了正向工程。

软件重构中代码重构的目标是生成可提供相同功能、更高质量的程序。为此，用重构工具分析源代码，标注出和结构化程序设计概念相违背的部分，然后重构此代码，复审和测试生成的重构代码，更新代码的内部文档。

和代码重构不同，数据重构发生在相当低的抽象层次上，它是一种全范围的再工程活动。当数据结构较差时，其程序将难以进行适应性修改和增强。数据重构在多数情况下由逆向工程活动开始，理解现存的数据结构，称之为数据分析。数据分析完成后则开始数据重新设计，包括数据记录标准化、数据命名合理化、文件格式转换、数据库类型转换等。

软件重构的好处是，它可以提高程序的质量、改善软件生产率、减少维护工作量、使软件易于测试和调试等。

2. 正向工程

正向工程也称为改造，用从现存软件的设计恢复中得到的信息去重构现存系统，以改善其整体质量。在大多数情况下，实行再工程的软件需重新实现现存系统的功能，并加入新功能和/或改善整体性能。正向工程过程将应用软件工程的原则、概念和方法来重建现存系统。由于软件的原型（现存系统）已经存在，正向工程的生产率将远高于平均水平；同时，又由于用户已对该软件有经验，因而正向工程过程可以很容易地确定新的需求和变化的方向。这些优越性使得再工程比重新开发更有吸引力。

3. 逆向工程

术语"逆向工程"源自硬件领域，是一种通过对产品的实际样本进行检查分析，得出一个或多个关于这个产品的设计和制造规格的活动。软件的逆向工程与此类似，它通过对程序的分析，导出更高抽象层次的表示，如从现存的程序中抽取数据、体系结构、过程的设计信息等，是一个设计恢复过程。

逆向工程过程从源代码重构开始，将无结构的源代码转化为结构化的程序代码。这使得源代码易阅读，并为后续的逆向工程活动提供了基础。抽取是逆向工程的核心，内容包括处理抽取、界面抽取和数据抽取。处理抽取可在不同的层次对代码进行分析，包括语句、语句段、模块、子系统和系统。在进行更细的分析之前应先理解整个系统的整体功能。由于 GUI（图形用户界面）给系统带来越来越多的好处，进行用户界面的图形化已成为最常见的再工程活动。界面抽取应先对现存用户界面的结构和行为进行分析和观察。同时，还应从相应的代码中提取有关附加信息。数据抽取包括内部数据结构的抽取、全局数据结构的抽取、数据库结构的抽取等。

逆向工程过程所抽取的信息，一方面可以提供给软件工程师，以便在维护活动中使用这些信息；另一方面可以用来重构原来的系统，使新系统更易维护。

13.2　软件估算

本节介绍软件估算的概念、方法、原则与技巧。

13.2.1　软件估算的概念

软件估算是指以准确的调查资料和项目信息（如人员和设备信息）为依据，从估算对象的历史、现状及其规律性出发，运用科学的方法，对估算对象的规模、所需工作量和成本进行的测定。

软件估算的内容包括软件规模、工作量和进度。对于估算来说，有些可以做得很仔细，而大多数只是凭主观经验判断。所以，多数估算难以做到10%以内的精确度，有的甚至误差达几倍，尤其是估算人员经验不足或估算项目没有参考凭借时。

软件估算是项目计划的依据，但是多数的软件开发组织没有意识到软件估算的重要性。调查结果显示如下。

- 35%的组织没有对软件开发的成本和时间做估算。
- 50%的组织没有记录任何正在进行的项目的相关数据。
- 57%的组织没有使用成本会计。
- 80%的项目在成本或时间上超出预算。
- 超出成本和时间的项目里仅有50%是有意义的超出。
- 进行成本估算的组织里，62%的组织是基于主观经验，仅有16%的组织使用了正式的估算方法，如成本估算模型。

一些组织希望在需求定义投入前就把成本估算的误差控制在10%以内。尽管项目的精确估计越早达到越好，但理论上是不可能实现的。软件开发是一个逐渐改进的过程，在每个阶段，都可能出现影响项目最终成本和进度的决策或困难。不考虑这些问题，将会导致最终估算结果产生很大偏差。对于经验不成熟的估算人员来说，尤其如此。有的项目误差可能达到300%，最终结果却是在投入大量人力、物力和财力之后被迫放弃。

不同的软件开发阶段，估算的对象和使用的估算方法都会有所不同，估算的精确度也不一样。一般来说，随着项目的开展，对项目内容了解得越多，估算也会越来越精确。

估算既不要过高也不要过低，应该与实际费用尽可能接近。估算的目标是寻找估算与实际的交汇点。正确估算很重要，应该根据具体情况，制订不同的估算计划，计划内容一般包括估算的对象说明、估算人员的角色和职责、估算的方法、估算的风险识别、工作量估算、估算活动进度安排。大的估算活动还需要取得参与估算人员对估算计划的承诺，交给机构高层管理者审阅后执行估算活动，确保估算活动顺利进行。

13.2.2 软件估算的方法

估算的方法有很多，大致分为基于分解技术的估算方法和基于经验模型的估算方法两大类。基于分解技术的估算方法包括功能点估算法、特征点估算法、对象点估算法、代码行（LOC）估算法、MARK Ⅱ等；基于经验模型的估算方法包括 IBM 模型、普特南模型、COCOMO 模型等。

1. 功能点（FP）估算法

功能点估算法是一种在需求分析阶段基于系统功能的一种规模估算方法，又称 IBM 方法。这种方法适用于面向数据库应用的项目早期的规模估算，基于初始应用需求，即需求规格说明书，来确定外部输入和输出数、外部接口数、用户交互数和系统要用的文件数，以获得功能点。功能点估算法包括3个逻辑部分：未调整的功能点、加权因子和功能点。

2. 代码行（LOC）估算法

代码行估算法往往是依据经验和组织的历史数据进行估算，多采用 PERT、Delphi、WBS、类比估算等方法。其优点是计算方便、监控容易、能反映程序员的思维能力；缺点是代码行数不能正确反映一项工作的难易程度及代码的效率，而且编码一般只占系统开发工作量的10%左右。高水平的程序员常常能以短小精悍的代码解决问题。对于相同规模的软件，如果只使用代码行估算法，程序员水平的改变将使估算结果失真。所以实际中，代码行估算法只是作为一个辅助的估算方法。

3. COCOMO 估算法

COCOMO（Constructive Cost Model，构造性成本模型）是一种软件估算综合经验模型。COCOMO 估算法适用于以下3种类型的软件项目。

1）组织型：组织模式较小的、简单的软件项目。开发人员对开发目标理解比较充分，对软件的使用环境很熟悉，受硬件的约束较小，有良好应用经验的小型项目组，针对一组不是很严格的需求开展工作，程序规模一般不是很大。

2）半独立型：一个中等规模和复杂度的软件项目。具有不同经验水平的项目组必须满足严格的或不严格的需求，如一个事务处理系统，对于终端硬件和数据库软件有确定需求。程序规模一般属于中等或较大。

3）嵌入型：要求在紧密联系的硬件、软件和操作限制条件下运行，通常与某种复杂的硬件设备紧密结合在一起。对接口、数据结构、算法的要求高。

4. 软件方程式估算法

软件方程式估算是一个多变量模型，软件方程式假定在软件开发项目的整个生命周期中有特定的工作量分布。该模型是通过 4000 多个当代软件项目中收集的生产率数据推导出的公式。由于公式基于大量的实际参考数据，因此准确度比较高。

5. 类比估算法

类比估算法通过与历史项目比较，来估算新项目的规模或工作量。类比估算法的精度一方面取决于项目与历史项目在应用领域、环境、复杂度等方面的相似程度；另一方面取决于历史数据的完整性和准确度。类比估算法需要提前建立度量数据库，以及项目完成后的评价与分析机制，保证可信赖的历史数据分析。

6. WBS 估算法

工作任务分解（Work Breakdown Structure，WBS）是 WBS 估算法的基础，以可交付成果为导向对项目要素进行细分，直至分解到可以确认的程度。每深入一层，都是对项目工作的更详细定义。WBS 的三要素中，W 表示可以拆分的工作任务，B 表示一种逐步细分和分类的层级结构，S 表示按照一定的模式组织各部分。使用这一方法有以下几个前提条件。

- 项目需求明确，包括项目的范围、约束、功能性需求、非功能性需求等，以便任务分解。
- 完成任务必需的步骤已经明确，以便任务分解。
- WBS 表确定。

WBS 表可以基于开发过程，也可以基于软件结构划分来进行分解，许多时候是将两者结合进行划分。WBS 估算法基本都是和其他估算方法结合使用，如 Delphi 和 PERT 方法等。

7. Delphi 估算法

Delphi 估算法是一种专家评估法，在没有历史数据的情况下，通过综合多位专家的估算结果作为最终估算结果的方法。它特别适用于需要预测和深度分析的领域，依赖于专家的评估能力，一般来说可以获得相对客观的结果。

Delphi 估算法的基础假设如下。

- 如果多位专家基于相同的假设独立地做出了相同的评估，那么该评估多半是正确的。
- 必须确保专家针对相同的、正确的假设进行估算工作。

8. PERT 估算法

PERT 估算法是一种基于统计原理的估算法，对指定的估算单元（如规模、进度或工作量等），由直接负责人给出 3 个估算结果，分别为乐观估计、悲观估计和最可能估计，对应有最小值、最大值和最可能值。然后，通过公式计算期望值和标准偏差，并用其表述估算结果。

PERT 估算法通常与 WBS 估算法结合使用，尤其适用于专家不足的情况。当然，如果有条件结合 Delphi 估算法，将会大大提高估算结果的准确性。

9. 综合估算法

WBS、Delphi、PERT 估算法经常综合使用，以期获得更为准确的估算。在这种综合估算法中，WBS 估算法是估算的基础，将作业进行分解，并用 WBS 表给出；然后，每位专家针对作业项使用 PERT 估算法，得出期望值；再用 Delphi 估算法综合评估专家估算结果。

13.2.3 软件估算的原则与技巧

在估算时，注意结合以下的估算原则和技巧，有利于提高估算的准确度。

1）估算时间越早，误差越大。但有估算总比没估算好。

2）估算能够用来辅助决策。良好的估算有利于项目负责人做出符合实际的决策。

3）在项目计划中预留估算时间，并做好估算计划。

4）避免无准备估算，估算前收集到的数据越多，越有利于提高估算结果的准确度。

5）估算尽量实现文档化，以便将估算经验应用于以后的估算中。

6）尽量结合以前项目的估算数据和经验，有利于提高当前估算的准确度。

7）估算工作单元最好有一个合适的粒度，而且各单元之间最好互相独立。

8）尽量考虑到各类因素，如假期、会议、验收检查等影响估算结果的因素。

9）尽量使用专用人士做估算员，如涉及代码量的，最好使用负责实现该任务的程序员来估算。

10）使用估算工具，提高估算精度和速度。

11）结合多种估算方法，从不同角度进行估算。

12）不隐藏不确定的成本，应在估算中考虑潜在风险。

13）不为满足预算和预期目标而改变估算结果，不能对估算结果进行随意的删减。

估算目的是得到准确结果，而不是寻求特定结果。所以，不要因为预算不够而刻意压低估算，或隐匿不确定成本等。

13.3 软件开发进度计划

项目管理者的目标是定义全部项目任务，识别出关键任务，规定完成各项任务的起、止日期，跟踪关键任务的进展状况，以保证能及时发现拖延进度的情况。为了做到这一点，管理者必须制定一个足够详细的进度表，以便监督项目进度，并控制整个项目。Gantt 图和 PERT 图就是两种常用的制定软件开发进度计划的图。

13.3.1 Gantt 图

Gantt 图（甘特图）是一种能有效显示行动时间规划的方法，又称横道图或条形图。Gantt 图把计划和进度安排两种职能结合在一起，纵向列出项目活动，横向列出时间跨度。每项活动计划或实际的完成情况用横道线表示。横道线还显示了每项活动的开始时间和终止时间。某项目进度计划的 Gantt 图如图 13-5 所示。

13.3.2 PERT 图

PERT 图又称"计划评审技术"，它采用网络图来描述一个项目的任务网络。不仅可以表达子任务的计划安排，还可以在任务计划执行过程中估计任务完成的情况，分析某些子任

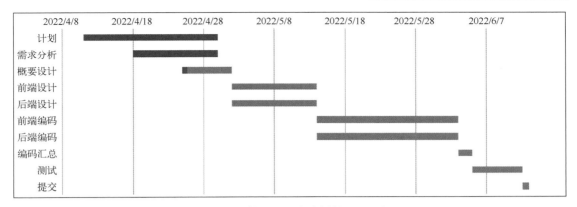

图 13-5　某项目进度计划的 Gantt 图

务完成情况对全局的影响，找出影响全局的区域和关键子任务，以便及时采取措施，确保整个项目的完成。

PERT 图是一个有向图，图中的有向弧表示任务，它可以标上完成该任务所需的时间；图中的节点表示流入节点的任务的结束，并开始流出节点的任务，这里把节点称为事件。只有当流入该节点的所有任务都结束时，节点所表示的事件才出现，流出节点的任务才可以开始。事件本身不消耗时间和资源，它仅表示某个时间点。每个事件有一个事件号和出现该事件的最早时刻和最迟时刻。每个任务还有一个松弛时间，表示在不影响整个工期的前提下，完成该任务有多少机动余地。松弛时间为 0 的任务构成了完成整个工程的关键路径。

PERT 图不仅给出了每个任务的开始时间、结束时间和完成该任务所需的时间，还给出了任务之间的关系，即哪些任务完成后才能开始另外一些任务，以及如期完成整个工程的关键路径。松弛时间则反映了完成某些任务是可以推迟其开始时间或延长其所需的完成时间。但是 PERT 图不能反映任务之间的并行关系。

某项目的 PERT 图如图 13-6 所示。其中，粗黑线表示关键路径，该项目最短完成时间为 70（天）。

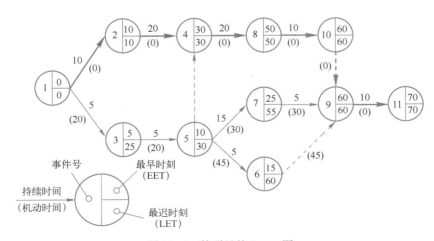

图 13-6　某项目的 PERT 图

注：1-2 是建立计划，2-4 是编程，4-8 是测试代码，8-10 是测试系统，1-3 是购买硬件，
　　3-5 是安装，5-7 是撰写手册，5-6 是转化，7-9 是培训，9-11 是用户测试。

13.4　软件开发人员组织

为了成功地完成软件开发工作，项目组成员必须有效地进行通信（沟通）。项目管理者的首要任务就是要建立良好的项目组，使项目组有较高的工作效率，并能够按预定的进度计划完成相应的任务。经验表明，项目组组织得越好，其工作效率越高，最终所完成的项目或产品的质量也就越高。

如何组织和建立项目组，取决于所承担项目的特点、以往的组织经验，以及项目管理者的管理技能和经验。

13.4.1　民主制程序员组

民主制程序员组的重要特点是，项目组成员不论资排辈，完全平等，享有充分民主，彼此通过协商做出技术决策，对发现错误抱着积极的态度，这种积极态度往往有助于更快速地发现错误，从而编制出高质量的代码；项目组凝聚力高，组内具有浓厚的学习氛围，互相学习、互相帮助，有助于攻克技术难关。在这种情况下，项目组成员之间的通信是平行的，如果一个项目组有 n 个成员，则可能的通信信道有 $n(n-1)/2$ 条。但其缺点是，项目组如果人多的话，通信量会非常大；如果项目组内多数成员的技术水平不高，或是有很多缺乏经验的新手，项目组最后很有可能不能按时完成项目。

13.4.2　主程序员组

为了使少数经验丰富、技术高超的程序员在软件开发过程中能够发挥更大作用，项目组也可以采用主程序员组的组织方式。

主程序员组核心人员的分工如下。

- 主程序员既是成功的管理人员又是经验丰富、能力超强的高级程序员。他主要负责体系结构设计和关键部分（或复杂部分）的详细设计，并且负责指导其他程序员完成详细设计和编码工作。程序员之间不需要通信渠道，都是由主程序员来处理所有接口问题。主程序员需要对其他成员的工作成果进行复查，因为他要对每行代码的质量负责。
- 作为主程序员的替补，后备程序员也需要技术熟练而且经验丰富。他协助主程序员工作，并且在必要时（如主程序员因故不能工作）接替主程序员的工作。因此，这就要求后备程序员在各个方面都要和主程序员一样优秀，并且对正在进行的项目的了解程度也应该和主程序员一样多。平时工作的时候，后备程序员主要是设计测试方案、分析测试结果及做一些其他独立于设计过程的工作。
- 编程秘书负责完成与项目有关的全部事务性工作，如维护项目资料库和项目文档，编译、链接、执行源程序和测试用例等。

使用"主程序员组"的组织方式，可提高工作效率，减少总的人/年（或人/月）数。

13.4.3　现代程序员组

第 13.4.2 小节提出的主程序员组核心人员的分工，现在看来有些已经过时了。实际的"主程序员"应该由两个人来担任：一个是技术负责人，负责小组的技术活动；一个是行政负责人，负责所有非技术的管理决策。由于程序员组的成员人数不宜过多，当软件项目规模较大时，应该将程序员分成若干个小组（每组 2~8 人）。

将民主制程序员组和主程序员组的优点结合起来，在合适的地方采用分散做决定的方法。这样做有利于形成畅通的通信渠道，以便充分发挥每个程序员的积极性和主动性，集思广益，攻克技术难关。

13.5　软件开发风险及其管理

本节讲述软件开发风险及风险管理。

13.5.1　软件开发风险

软件开发风险是一种不确定的事件或条件，一旦发生，会对项目目标产生某种正面或负面的影响。风险有其成因，同时，如果风险发生，也导致某种后果。风险大多数随着项目的进展而变化，不确定性会随之逐渐减少。

风险具有以下 3 个属性。

1）风险事件的随机性：风险事件的发生及其后果都具有偶然性。

2）风险的相对性：风险总是相对项目活动主体而言，同样的风险对于不同的主体有不同的影响。

3）风险的可变性：辩证唯物主义认为，任何事情和矛盾都可以在一定条件下向自己的反面转化，这里的条件指活动涉及的一切风险因素，当这些条件发生变化时，必然会引起风险的变化。

按照不同的分类标准，风险可以分为不同的类别。

- 按风险后果划分，可以分为纯粹风险和投机风险。
- 按风险来源划分，可以分为自然风险和人为风险。
- 按风险是否可管理划分，可以分为可以预测并可采取相应措施加以控制的风险，反之，则为不可管理的风险。
- 按风险影响范围划分，可以分为局部风险和总体风险。
- 按风险的可预测性划分，可以分为已知风险、可预测风险和不可预测风险。
- 按风险后果的承担者划分，可以分为业主风险、政府风险、承包商风险、投资方风险、设计单位风险、监理单位风险、供应商风险、担保方风险和保险公司风险等。

13.5.2　软件开发风险管理

风险管理就是预测在项目中可能出现的最严重的问题（伤害或损失），以及采取必要的措施来处理。风险管理不是项目成功的充分条件。但是，没有风险管理却可能导致项目失败。项目实行风险管理的好处如下。

- 通过风险分析，可加深对项目和风险的认识和理解，澄清各方案的利弊，了解风险对项目的影响，以便减少或分散风险。
- 通过检查和考虑所有已知信息、数据和资料，可明确项目的各有关前提和假设。
- 通过风险分析不但有利于提高项目各种计划的可信度，还有利于改善项目执行组织内部和外部之间的沟通。
- 编制应急计划时更有针对性。
- 能够将处理风险后果的各种方式更灵活地组合起来，在项目管理中减少被动，增加主动。

- 有利于抓住机会，利用机会。
- 为以后的规划和设计工作提供反馈，以便在规划和设计阶段就采取措施防止和避免风险损失。
- 风险即使无法避免，也能够明确项目到底应该承受多大损失或损害。
- 为项目施工、运营选择合同形式和制订应急计划提供依据。
- 通过深入的研究和情况了解，可以使决策更有把握，更符合项目的方针和目标，从总体上使项目减少风险，保证项目目标的实现。
- 可推动项目执行组织和管理班子积累有关风险的资料和数据，以便在将来的项目管理中有所改进。

软件开发风险管理内容如图 13-7 所示。

风险管理包括风险识别和风险控制。

风险识别包括风险判定、风险分析和风险优先级。

风险判定分 3 步进行：收集资料、估计项目风险形势和判定风险。风险可能来自于计划编制、组织和管理、开发环境、最终用户、客户、承包商、需求、产品、外部环境、人员、设计和实现、过程等方面。

图 13-7　软件开发风险管理内容

风险分析分 6 步进行：确定风险关注点、估计损失大小、评估损失的概率、计算风险暴露量、实施整个项目的延期和实施整个项目的缓冲。

风险优先级按照总体风险值降序排列所有风险，找出引起约 80% 损失的约 20% 的风险。

风险控制包括以下几方面。

1）制订风险管理计划，对每种风险建立一份风险管理计划。

2）找出风险管理者。

3）建立匿名风险反馈通道。

4）风险监控。

5）风险化解。

一个主要的风险管理工具就是 10 项首要风险清单，它指明了项目在任何时候面临的最大风险。项目组应当在开始需求分析之前就初步地列一张风险清单，并且在项目结束前不断更新这张清单。项目经理、风险管理负责人应定期回顾这张清单，这种回顾应包含在计划进度表之中，以免遗忘。

一张典型的风险清单见表 13-1。

表 13-1　风险清单样例

本周	风险	风险解决的情况
1	需求的逐渐增加	利用用户界面原型来收集高质量的需求；已将需求规约置于明确的变更控制程序之下；运用分阶段交付的方法在适当的时候改变软件特征（如果需要的话）
2	有多余的需求或开发人员	项目要旨的陈述中要说明软件中不需要包含哪些东西；设计的重点放在最小化；评审中有核对清单用以检查"多余设计或多余的实现"
3	发布的软件质量低	开发用户界面原型，以确保用户能够接受这个软件；使用符合要求的开发过程；对所有的需求、设计和代码进行技术评审；制订测试计划，以确保系统测试能测试所有的功能；系统测试由独立的测试员来完成

（续）

本周	风险	风险解决的情况
4	无法按进度表完成	要避免在完成需求规约之前对进度表做出约定；在花费代价最小的早期进行评审，以发现并解决问题；在项目进行过程中，要对进度表反复估计；运用积极的项目追踪以确保及早发现进度表的疏漏之处；即使整个项目将延期完成，分阶段交付计划允许先交付只具备部分功能的产品
5	开发工具不稳定，造成进度延期	在该项目中只使用一两种新工具，其余的都是过去项目用过的
⋮	⋮	⋮

13.6　软件质量保证

本节讲述软件质量的基本概念和保证措施。

13.6.1　软件质量的基本概念

质量是产品的生命线，保证软件产品的质量是软件产品生产过程的关键。ANSI/IEEE Std 729-1983 把软件质量定义为，与软件产品满足规定的和隐含的需要的能力有关的特征或特性的组合。也就是说，软件产品包含一系列的特征或特性，这些特征或特性可以对产品在性能、功能、开发标准化等各方面的绩效进行度量。软件产品的质量越高，其相关特征或特性就越能满足用户的需求。通俗地说，软件质量是指软件系统满足用户需要或期望的程度。高质量的软件产品意味着较高的用户满意度及较低的缺陷等级，它较好地满足了用户需求，具有高水平的可维护性和可靠性。

不难理解，软件的质量是由多种因素决定的，它等价于软件产品的一系列的质量特性。根据 ISO/IEC 9126 的定义，软件质量的特性包括功能性、可靠性、可用性、效率、可维护性和可移植性。软件质量的每项特性的定义如下。

1）功能性：符合一组功能及特定性质的属性的组合。

2）可靠性：在规定的时间和条件下，软件维持其性能水平能力的属性的组合。

3）可用性：衡量软件产品在运行中使用灵活、方便的程度。

4）效率：完成预期功能所需的时间、人力、计算机资源等指标。

5）可维护性：当系统的使用环境发生变化、用户提出新的需求或者系统在运行中产生了错误时，对潜在的错误或缺陷进行定位，并修改或对原系统的结构进行变更的难易程度。

6）可移植性：反映了把软件系统从一种计算机环境移植到另一种计算机环境所需要的工作量的多少。

有关软件质量特性的定义还有很多种，除 ISO/IEC 9126 的定义外，McCall 软件质量特性模型也很受人们欢迎。McCall 软件质量特性模型把与软件质量相关的多种特性划分为运行、维护和移植 3 个方面，如图 13-8 所示。

McCall 软件质量特性模型中每种特性的定义如下。

图 13-8　McCall 软件质量特性模型

- 正确性：系统在预定的环境下，正确完成系统预期功能的程度。
- 效率：完成预期功能所需的时间、人力、计算机资源等指标。
- 可靠性：在规定的时间和条件下，软件维持其性能水平能力的属性的组合。
- 可用性：衡量软件产品在运行中使用灵活、方便的程度。
- 完整性：保存必要的数据，使之免受偶然或有意的破坏、改动或遗失的能力。
- 可维护性：当系统的使用环境发生变化、用户提出新的需求或者系统在运行中产生了错误时，对潜在的错误或缺陷进行定位，并修改或对原系统的结构进行变更的难易程度。
- 可测试性：测试软件系统，使之能够完成预期功能的难易程度。
- 灵活性：对一个已投入运行使用的软件系统进行修改时所需工作量多少的度量。
- 可移植性：反映了把软件系统从一种计算机环境移植到另一种计算机环境所需要的工作量的多少。
- 互连性：将一个软件系统与其他软件系统相连接的难易程度。
- 可重用性：软件系统在其他场合下被再次使用的程度。

13.6.2　软件质量保证的措施

在软件开发实践中，可以采取多种方法保证软件产品的质量。下面介绍几种常用的方法。

1. 基于非执行的测试

基于非执行的测试是指不具体执行程序的测试工作，也称为软件评审。非执行的测试需要贯穿整个软件开发过程。在项目开发前期，软件开发人员需要制订详细的开发计划及评审计划，标识各阶段的检查重点及阶段工作的预期输出，为以后的阶段评审做准备。

在项目的阶段评审工作中，要保证评审工作的严格性和规范性。首先，评审人员要具备相应的资格和能力，评审团队的规模及任务分配要合理。每次评审都需要做详细的评审记录，并给出明确的评审结果。对于不合规范的工作成果还要给出修改意见。

软件评审的具体实施手段包括设计评审、审查、走查、个人评审等。

2. 基于执行的测试

基于执行的测试是指通过具体地执行程序，观察实际输出和预期输出的差异，以发现软件产品错误的方法。软件开发人员通常使用一种或几种自动测试工具对系统进行测试。但是，由于手工测试灵活性高的特点，手工测试也是必要的。

测试人员可以使用黑盒测试或白盒测试的方法设计测试用例进行测试。软件测试有利于及早揭示软件缺陷，其相关内容在第5章中已有详细介绍。

3. 程序的正确性证明

软件测试有一条重要原则是：测试可以发现程序中的错误，但是不能证明程序中没有错误。可见，软件测试并不能完全证明程序的正确性和可靠性。如果能采用某种方法对软件系统运行的正确性进行证明，那么软件产品的质量将更有保证。目前，人们已经研究出证明Pascal和LISP程序正确性的软件系统，正在对其进行完善和功能扩充。但是，这些系统还只适用于小型的软件系统，并不适合大规模的软件系统。

13.7　软件配置管理

在软件的开发过程中，常常产生大量的文档和程序版本，如立项报告、需求规格说明书、概要设计文档、详细设计文档、编码设计说明、源代码、可执行程序、用户手册、测试计划、测试用例、测试结果和在线文档等，此外，还可能有合同、会议记录、报告和审核等管理文档。在软件开发中，还常常存在对这些文档的大量变更。在人员方面，随着软件规模越来越大，很多项目有成百上千名开发人员，而且可能分布于世界各地，有不同的文化和社会背景。如何有效地组织和管理项目相关文档、程序、数据和人员等，对于项目的成败和效率影响非常重大。

13.7.1　软件配置管理术语

软件配置是软件产品在生命周期的各个阶段中产生的文档、程序和数据的各个配置项的合理组合。软件从建立到维护的过程中，产生变更是不可避免的。软件配置管理就是一种标识、组织和控制变更的技术，目的是使由变更而引起的错误降至最少，从而有效地保证产品的完整性和生产过程的可视性。

由于软件配置管理涉及很多概念，为了便于深入理解，下面给出一些软件配置管理的相关术语。

1. 项目委托单位

项目委托单位是指为产品开发提供资金，通常也是（但有时未必）确定产品需求的单位或个人。

2. 项目承办单位

项目承办单位是指为项目委托单位开发、购置，或选用软件产品的单位或个人。

3. 软件开发单位

项目开发单位是指直接或间接受项目委托单位而直接负责开发软件的单位或个人。

4. 用户

用户是指实际只用软件来完成某项计算、控制或数据处理等任务的单位或个人（即软件的最终使用者）。

5. 软件

软件是指计算机程序，以及有关的数据和文档，也包括固化到硬件中的程序。

IEEE 给出的定义是：计算机程序、方法、规则、相关的文档资料，以及在计算机上运行时所必需的数据。

6. 配置

配置是指在配置管理中，软件或硬件所具有的（即在技术文档中所陈述的或产品所实现的）那些功能特性和物理特性。

7. 软件对象

软件对象是在项目进展过程中产生的、可由软件配置管理加以控制的任何实体。每个软件对象都具有唯一的一个标识符、一个包含实体信息的对象实体、一组用于描述其自身特性的属性与关系，以及用于与其他对象进行关系操作与消息传递的机制。

软件对象按其生成方式可分为源对象与派生对象，按其内部结构可分为原子对象与复合对象，按照软件开发的不同阶段可分为可变对象与不可变对象。

8. 软件生命周期

软件生命周期是指从对软件系统提出应用需求开始，经过开发，产生出一个满足需求的计算机软件系统，然后投入实际运行，直至软件系统退出使用的整个过程。这一过程划分为3 个主要阶段，即系统分析与软件定义、软件开发、系统运行与维护。其中，软件开发阶段又分为需求分析、概要设计、详细设计、编码与单元测试、组装与集成测试、系统测试、安装与验收等几个阶段。

9. 软件开发库

软件开发库是指在软件生命周期的某一阶段中，存放与该阶段软件开发工作有关的计算机可读信息和人工可读信息的库。

10. 配置项

配置项是指为了配置管理目的而作为一个单位来看待的硬件和/或软件成分，满足最终应用功能并被指明用于配置管理的硬件/软件，或它们的集合。

软件配置管理的对象是软件配置项，它们是在软件工程过程中产生的信息项。在 ISO 9000-3 中的配置项可以是以下内容。

- 与合同、过程、计划和产品有关的文档和数据。
- 源代码、目标代码和可执行代码。
- 相关产品，包括软件工具、库内的可重用软件/构件、外购软件及用户提供的软件。

上述信息的集合构成软件配置，其中每一项称为一个软件配置项，这是配置管理的基本单位。软件配置项基本可划分为以下两种类别。

- 软件基准。经过正式评审和认可的一组软件配置项（文档和其他软件产品），它们作为下一步的软件开发工作基础。只有通过正式的变更控制规程才能更改基准。例如，详细设计是编码工作的基础，详细设计文档是软件基准的配置项之一。
- 非基准配置项。没有正式评审或认可的一组软件配置项。

配置标识的命名必须唯一，以便用于追踪和报告配置管理项的状态。通常情况下，配置项标识常采用层次命名的方式，以便能够快速地识别配置项，例如，某一即时通信软件的登录配置项可以命名为 IM_Log_001、IM_Log_002 等。

根据软件的生命周期，一般把配置管理项分为 4 种状态，如图 13-9 所示。4 种状态之间的联系具有方向性，实线箭头所指方向的状态变化是允许的，虚线箭头表示为了验证或检测某些功能或性能而重新执行相应的测试，正常情况下不沿虚线箭头方向变化。

图 13-9　软件配置管理项的 4 种状态

11. 配置标识

配置标识由系统所选的配置项及记录它们功能和物理特性的技术文档组成；经核准的配置项的技术文档由说明书、图、表等组成。为了方便对配置项进行控制和管理，需要对它们进行唯一的命名。

配置标识的主要目的是对变更配置项的软件行为及变更结果提供一个可跟踪的手段，避免软件开发行为在不受控或混乱的情况下进行，也有利于软件开发工作以基线渐进的方式完成。

12. 配置管理

配置管理是指对配置管理过程中的各个对象进行监视和管理。例如，对配置项的功能特性和物理特性进行标识并写成文档，对这些特性的更改进行控制，对更改处理过程和实施状态进行记录和报告，以及对是否符合规定需求进行验证等。

13. 版本

版本是某一配置项的已标识的实例。或者定义为，不可变的源对象经质量检验合格后所形成的新的相对稳定的状态（配置）称为软件版本。

14. 基线

基线是指一个配置项在其生命周期的某一特定时间，被正式标明、固定并经正式批准的版本。也可以说，基线是软件生命期中各开发阶段末尾的特定点，也常称为里程碑。所有成为基线的软件配置项协议和软件配置的正式文本必须经过正式的技术审核。通过基线，各阶段的任务划分更加清晰，本来连续的工作在这些点上断开，作为阶段性的成果。基线的作用就是进行质量控制，是开发进度表上的一个参考点与度量点，是后续开发的稳定基础。基线的形成实际上就是对某些配置项进行冻结。一般情况下，不允许跨越基线修改另一阶段的文档。例如，一旦完成系统设计，经过正式审核之后，设计规格说明就成为基线，在之后的编码和测试等阶段，一般不允许修改设计文档；如果存在重大的设计变更，则必须通过正式的流程由系统设计人员对系统设计进行修正，并重新生成基线。

基线又分为功能基线、分配基线、产品基线、过程能力基线等。

15. 版本控制

版本控制就是管理在整个软件生命周期中建立起来的某一配置项的不同版本。

13.7.2　配置管理的过程

配置管理的过程一般包括 4 个方面：标识配置项、进行配置控制、记录配置状态、执行配置审计。

1. 标识配置项

配置项是配置管理中的基本单元，每个配置项应该包含相应的基本配置管理的信息。标识配置项就是要给配置项取一个合适的名称。所有的软件产品都要进行配置项的标识，该标识符应该具有唯一性，并且要遵循特定的版本命名规律，以便于管理和追踪。例如，V2020.0.1、V2021.1.2。

2. 进行配置控制

进行配置控制是配置管理的关键，包括访问控制、版本控制、变更控制和产品发布控制等。

1）访问控制通过配置管理中的"软件开发库""软件基线库""软件产品库"来实现。每个库对应着不同级别的操作权限，为团队成员授予不同的访问权利。

2）版本控制是指用户能够对适当的版本进行选择从而获得需要的系统配置，它往往使用自动的版本控制工具来实现，如 Git。

3）变更控制是应对软件开发过程中各种变化的机制，可以通过建立控制点和报告与审查制度来实现。

4）产品发布控制面向最终发布版本的软件产品，旨在保证提交给用户的软件产品版本是完整、正确和一致的。

3. 记录配置状态

记录配置状态的目的是使配置管理的过程具有可追踪性。配置状态报告记录了软件开发过程中每一次配置变更的详细信息，包括改动的配置项、改动内容、改动时间和改动人等。配置状态报告是开发人员之间进行交流的重要工具，对项目的成功来说非常重要。

4. 执行配置审计

配置审计是为了保证软件工作产品的一致性和完整性，从而保证最终软件版本产品发布的正确性。

软件的配置管理贯穿整个软件开发过程，可以建立和维护在整个软件生命周期内软件产品的完整性。目前，市场上流行的配置管理工具有很多，如微软公司的 Visual Source Safe（VSS）、Rational 公司的 Clear Case 及 Github 的 Git 等。

13.7.3　配置管理的角色划分

比较合理的基于软件配置管理的团队成员一般会包含如下几个角色。

- 负责软件小组的项目经理。
- 负责软件配置管理规程和方针的配置管理者。
- 负责软件产品开发与产品维护的软件工程师。
- 负责验证产品正确性的测试人员。
- 负责确保产品质量的质量保证经理。
- 使用产品的用户。

不同的角色可以根据团队自身情况由相同的人担任，不过，配置管理建议这些角色由不同的人担任，以保证每个成员能够专注于自身的角色。

项目经理的目标是确保产品在一定的时间框架里开发，其任务是监视开发过程并发现问题，及时解决出现的问题。而这些问题又必须通过分析软件系统的现状报告及评审系统才能完成。

配置管理者的目标是确保代码的创建、变更和测试等活动都执行相应的程序和方针，并使有关工程的信息都是可访问的。为了实施控制代码变更，管理者需要制定变更请求、变更评估、变更允许的策略和方法。管理者需要为每个成员和相关工程创建和分配任务表。同时，管理者还要收集统计软件系统各部件的信息。

软件工程师的目标是实现产品。由于工程师彼此之间需要协作和沟通，而又不能影响彼此的工作，所以通常每个工程师都有自己独立的工作区域用于创建、变更、测试和集成代码。而软件配置管理可以将工程师的工作成果以代码基线渐进的方式保存，便于延续以后的开发工作和对不同目标的并行开发。

测试人员的目标是保证产品的所有内容都是经过充分测试并符合要求的。这包括对产品的某个版本进行的测试，以及将测试结果与该版本一起保存。需要回归测试时，可以相对容易地追踪到错误的发生版本及原因，并将其反馈给开发人员。

质量保证经理的目标是确保产品的高质量。制定的程序和方针必须以适当的方法完全贯彻执行。错误和漏洞必须得到修改和重新测试。客户对产品的意见也必须得到跟踪和响应。

不同的客户使用的产品版本有时是不同的，客户需要遵循制定的程序来做变更请求和参与改进产品。

13.8　软件工程标准与软件文档

本节讲述软件工程标准与软件文档。

13.8.1　软件工程标准

1. 软件工程标准化的定义

在软件工程项目中，为了便于项目内部人员之间交流信息，要制定相应的标准来规范软件开发过程和产品。

随着软件工程学的发展，软件开发工作的范围从只是使用程序设计语言编写程序，扩展到整个软件生命期，包括软件需求分析、设计、实现、测试、运行和维护，直到软件退役。

软件工程还有一些管理工作，如过程管理、产品质量管理和开发风险管理等。所有这些工作都应当逐步建立其标准或规范。由于计算机技术发展迅速，在未形成标准之前，计算机行业中先使用一些约定，然后逐渐形成标准。软件工程标准化就是对软件生命期内的所有开发、维护和管理工作都逐步建立起标准。

软件工程标准化给软件开发工作带来的好处主要有以下几点。

- 提高软件的可靠性、可维护性和可移植性，从而可提高软件产品的质量。
- 提高软件生产率。
- 提高软件开发人员的技术水平。
- 改善软件开发人员之间的通信效率，减少差错。
- 有利于软件工程的管理。
- 有利于降低软件成本和缩短软件开发周期。

2. 软件工程标准的分类

软件工程标准的类型有许多。它包括过程标准（如方法、技术及度量等）、产品标准（如需求、设计、描述及计划报告等）、专业标准（如职业、道德准则、认证、特许及课程等），以及记法标准（如术语、表示法及语言等）。

软件工程标准的分类，主要有以下 3 种。

1）FIPS 135 是美国国家标准局发布的《软件文档管理指南》（National Bureau of Standards, Guideline for Software Documentation Management, FIPS PUB 135, June 1984）。

2）NSAC-39 是美国核子安全分析中心发布的《安全参数显示系统的验证与确认》（Nuclear Safety Analysis Center, Verification and Validation from Safety Parameter Display Systems, NASC-39, December 1981）。

3）ISO 5807-1985 是国际标准化组织公布的《信息处理——数据流程图、程序流程图、系统流程图、程序网络图和系统资源图的文件编制符号及约定》，现已成为中华人民共和国国家标准 GB/T 1526-1989。

GB/T 1526—1989 规定了图表的使用，而且对软件工程标准的制定具有指导作用，可启发人们去制定新的标准。

3. 软件工程标准的层次

根据软件工程标准的制定机构与适用范围，软件工程标准可分为国际标准、国家标准、行业标准、企业规范及项目（课题）规范 5 个等级。

（1）国际标准

国际标准是由国际标准化组织（International Standards Organization，ISO）制定和公布的，供世界各国参考的标准。该组织所公布的标准具有很大权威性。例如 ISO 9000 是质量管理和质量保证系列标准。

（2）国家标准

国家标准由政府或国家级的机构制定或批准，适用于全国范围的标准。主要有以下几类。

- GB：由国务院标准化行政主管部门制定和发布的标准，简称为"国标"。例如，GB/T 9385—2008《计算机软件需求说明书规范》、GB/T 9386—2008《计算机软件测试文件编制规范》、GB/T 11457—2006《信息技术　软件工程术语》等。
- ANSI（American National Standards Institute）：美国国家标准协会。这是美国一些民间标准化组织的领导机构，具有一定的权威性。
- BS（British Standard）：英国国家标准。
- DIN（Deutsches Institut Fur Normung，German Standards Organization）：德国标准协会（德国标准化组织）。
- JIS（Japanese Industrial Standard）：日本工业标准。

（3）行业标准

行业标准是由行业机构、学术团体或国防机构制定的适合某个行业的标准。主要有以下几类。

- IEEE（Institute of Electrical and Electronics Engineers）：美国电气与电子工程师协会。
- GJB：中华人民共和国国家军用标准。
- DOD-STD（Department Of Defense STanDard）：美国国防部标准。
- MIL-S（MILitary-Standard）：美国军用标准。

（4）企业规范

大型企业或公司所制定的适用于本单位的规范。

（5）项目（课题）规范

某一项目组织为该项目制定的专用的软件工程规范。

13.8.2　软件文档

文档是指某种数据介质和其中所记录的数据。软件文档是用来表示对需求、过程或结果进行描述、定义、规定或认证的图示信息，它描述或规定了软件设计和实现的细节。在软件工程中，文档记录了从需求分析到产品设计再到产品实现及测试的过程，甚至到产品交付及交付后的使用情况等各个阶段的相关信息。

软件文档的编制在软件开发工作中占有突出的地位和相当的工作量。具体来讲，文档一方面充当了各个开发阶段之间的桥梁，作为前一阶段的工作成果及结束标志，它使分析有条不紊地过渡到设计，再使设计的成果物化为软件。另一方面，文档在团队的开发中起到了重要的协调作用。随着科学技术的发展，现在几乎所有的软件开发都需要一个团队的力量。团队成员之间的协调与配合不能光靠口头的交流，而是要靠编制规范的文档。它告诉每个成员应该做什么，不应该做什么，应该按着怎样的要求去做，以及要遵守哪些规范。此外，还有一些与用户打交道的文档成为用户使用软件产品时最得力的助手。

合格的软件工程文档应该具备以下几个特性。

1）及时性。在一个阶段的工作完成后，此阶段的相关文档应该及时地完成，而且开发人员应该根据工作的变更及时更改文档，保证文档是最新的。可以说，文档的组织和编写是不断细化、不断修改、不断完善的过程。

2）完整性。应该按有关标准或规范，将软件各个阶段的工作成果写入有关文档，极力防止丢失一些重要的技术细节而造成源代码与文档不一致的情况出现，从而影响文档的使用价值。

3）实用性。文档的描述应该采用文字、图形等多种方式，语言应准确、简洁、清晰、易懂。

4）规范性。文档编写人员应该按有关规定采用统一的书写格式，包括各类图形、符号等的约定。此外，文档还应该具有连续性、一致性和可追溯性。

5）结构化。文档应该具有非常清晰的结构，内容上脉络要清楚，形式上要遵守标准，让人易读、易理解。

6）简洁性。切忌无意义地扩充文档，内容才是第一位的。充实的文档在于用简练的语言，深刻而全面地对问题展开论述，而不在于文档的字数多少。

总体上说，软件工程文档可以分为用户文档、开发文档和管理文档 3 类，见表 13-2。

表 13-2　软件文档的分类

文档类型	文档名称
用户文档	用户手册 操作手册 修改维护建议 用户需求报告
开发文档	软件需求规格说明书 数据要求说明书 概要设计说明书 详细设计说明书 可行性研究报告 项目开发计划
管理文档	项目开发计划 测试计划 测试分析报告 开发进度月报 开发总结报告

下面是对几个重要文档的说明。

1）可行性研究报告：说明该软件开发项目的实现在技术上、经济上和社会因素上的可行性，评述为了合理地达到开发目标可供选择的各种可能实施的方案。

2）项目开发计划：为软件项目实施方案制订的具体计划，应该包括各项工作的负责人员、开发的进度、开发经费的预算、所需的硬件及软件资源等。

3）软件需求规格说明书：也称软件规格说明书，是对所开发软件的功能、性能、用户界面及运行环境等做出的详细说明。

4）概要设计说明书：是概要设计阶段的工作成果，它应说明功能分配、模块划分、程序的总体结构、输入/输出，以及接口设计、运行设计、数据结构设计和出错处理设计等，为详细设计奠定基础。

5）详细设计说明书：重点描述每一模块是怎样实现的，包括实现算法和逻辑流程等。

6）用户手册：详细描述软件的功能、性能和用户界面，使用户了解如何使用该软件。

7）测试计划：为组织测试制订的实施计划，包括测试的内容、进度、条件、人员、测试用例的选取原则、测试结果允许的偏差范围等。

8）测试分析报告：是在测试工作完成以后提交的测试计划执行情况的说明。对测试结果加以分析，并提出测试的结论意见。

13.9 软件过程能力成熟度模型

软件过程能力成熟度模型（Capability Maturity Model，CMM）是用于评估软件能力与成熟度的一套标准，它由美国卡内基梅隆大学软件工程研究所推出，侧重于软件开发过程的管理及工程能力的提高与评估，是国际软件业的质量管理标准。

软件过程能力成熟度模型认为，软件质量难以保证的问题在很大程度上是由管理上的缺陷造成的，而不是由技术方面的问题造成的。因此，软件过程能力成熟度模型从管理学的角度出发，通过控制软件的开发和维护过程来保证软件产品的质量。它的核心是对软件开发和维护的全过程进行监控和研究，使其科学化、标准化，能够合理地实现预定目标。

此外，软件过程能力成熟度模型建立在很多软件开发实践经验的基础上，汲取了成功的实践因素，指明了一个软件开发机构在软件开发方面需要管理哪些方面的工作、这些工作之间的关系，以及各项工作的优先级和先后次序等，进而保证软件产品的质量，使软件开发工作更加高效、科学。

软件过程能力成熟度模型如图 13-10 所示。

图 13-10 软件过程能力成熟度模型

软件过程能力成熟度模型中包含 5 个成熟度等级，它们描述了过程能力，即通过遵循一系列软件过程的标准所能实现预期结果的程度。这 5 个等级分别是初始级、可重复级、已定义级、已管理级和优化级，如图 13-11 所示。这 5 个成熟度等级构成了软件过程能力成熟度模型的顶层结构。

图 13-11　软件过程能力成熟度模型的成熟度等级

初始级的软件过程是无秩序的，它几乎处于无步骤可循的状态。管理是随机的，软件产品的成功往往取决于个人。在可重复级，建立了基本的项目管理过程，对成本、进度和功能特性可进行跟踪，并且在借鉴以往经验的基础上制定了必要的规范。在已定义级，用于管理和工程两个方面的过程均已文档化、标准化，并形成了整个软件组织的标准软件过程，所有项目均使用经过批准、裁减的标准软件过程来开发和维护软件。已管理级的软件过程和产品质量有详细的度量标准，并且得到了定量的认证和控制。优化级的软件过程可以通过量化反馈和先进的新思想、新技术来不断地、持续性地改进。

在软件过程能力成熟度模型中，每个成熟度等级都由若干个关键过程域组成。关键过程域是指相互关联的若干个软件实践活动和相关设施的集合，它指明了改善软件过程能力应该关注的区域，以及为达到某个成熟度等级应该重点解决的问题。达到某个成熟度等级的软件开发过程必须满足相应等级上的全部关键过程域。

对于每个关键过程域，都标识了一系列为完成一组相同目标的活动。这一组目标概括了关键域中所有活动应该达到的总体要求，表明了每个过程域的范围、边界和意图。关键过程域为了达到相应的目标，组织了一些活动的共同特征，用于描述有关职责。

关键实践是指在基础设施或能力中对关键过程域的实施和规范化起重大作用的部分。关键实践以 5 个共同特征加以组织：执行约定、执行能力、执行活动、测量和分析，以及验证实施。对于每一个特征，其中的每一项操作都属于一个关键实践。

1）执行约定：企业为了保证过程建立，并且在建立后继续长期有效而必须采取的行动，一般包括构建组织方针和获得高级管理者的支持。

2）执行能力：描述了组织和实施软件开发过程的先决条件，包括资源获取、人员职责分配等。

3）执行活动：指实施关键过程域时所必需的角色和规程，一般涉及计划制订、跟踪与监督、修正措施等。

4）测量和分析：对过程的执行状况进行测量，并对执行结果进行分析。

5）验证实施：保证软件开发过程按照已建立的标准或计划执行。

CMMI 是一种"集成模型"，是将 CMM 模型（即软件能力成熟度模型（SW-CMM）、系统工程能力成熟度模型（SE-CMM）和集成产品开发能力成熟度模型（IPD-CMM））结合在一起。它是一个参考模型，涵盖了开发产品与服务的活动。由于篇幅有限，这里就不进一步讲述 CMMI 了。

13.10　软件项目管理

本节对项目管理进行概述，并讲述软件项目管理与软件工程的关系。

13.10.1　软件项目管理概述

软件项目管理是为了使软件项目能够按照预定的成本、进度、质量顺利完成，而对人员、产品、过程和项目进行分析和管理的活动。

软件项目管理的根本目的是为了让软件项目尤其是大型项目的整个软件生命周期（从分析、设计、编码到测试、维护全过程）都能在管理者的控制之下，以预定成本按期、按质的完成软件开发并交付用户使用。而研究软件项目管理是为了从已有的成功或失败的案例中总结出能够指导今后软件开发的通用原则和方法，同时避免前人的失误。

软件项目管理包含 5 大过程。

- 启动过程：确定一个项目或某阶段可以开始，并要求着手实行。
- 计划过程：进行（或改进）计划，并且保持（或选择）一份有效的、可控的计划安排，确保实现项目的既定目标。
- 执行过程：协调人力和其他资源，并执行计划。
- 控制过程：通过监督和检测过程确保项目目标的实现，必要时采取一些纠正措施。
- 收尾过程：取得项目或阶段的正式认可，并且有序地结束该项目或阶段。

同时，软件项目管理涉及 9 个知识领域，包括整体管理、范围管理、时间管理、成本管理、质量管理、人力资源管理、沟通管理、风险管理和采购管理。软件项目管理中 9 个知识领域与 5 大过程的关系见表 13-3。

表 13-3　9 个知识领域与 5 大过程的关系

	启动	计 划	执 行	控 制	收 尾
整体管理		制订项目计划	执行项目计划	整体变更控制	
范围管理	启动	活动定义、安排、历时估算、进度安排		进度控制	
时间管理		活动定义、安排、历时估算、进度安排		进度控制	
成本管理		资源计划编制、成本估算和预算		成本控制	
质量管理		质量计划编制	质量保证	质量控制	
人力资源管理		组织计划编制、人员获取	团队开发		
沟通管理		沟通计划编制	信息发布	执行状况报告	管理收尾
风险管理		风险计划编制、风险识别、定性风险分析、定量风险分析、风险应对计划编制		风险监督、控制	
采购管理		采购计划编制、询价计划编制	询价、供货方选择、合同管理		

13.10.2　软件项目管理与软件工程的关系

软件工程与软件项目管理都是围绕软件产品开发的管理。软件工程包括了软件过程、工具和方法 3 个方面，侧重于开发；而软件项目管理侧重于管理，包括风险、配置和变更等管理。软件工程对于任何软件项目具有指导性，而软件项目管理是落实软件工程思想的载体。

习题

1. 判断题

（1）代码行估算法是比较简单的定量估算软件规模的方法。　　　　　　　　（　　）

（2）功能点估算法依据对软件信息域特性和软件复杂性的评估结果，估算软件规模。

　　　　　　　　　　　　　　　　　　　　　　　　　　　　　　　　　　（　　）

（3）常用的制订进度计划的工具主要有 Word 和 Excel 两种。　　　　　　　（　　）

（4）民主制程序员组的一个重要特点是，小组成员完全平等，享有充分民主，通过协商做出技术决策。　　　　　　　　　　　　　　　　　　　　　　　　　　（　　　）

（5）主程序员组的两个关键特性是专业化和层次性。　　　　　　　　　　（　　　）

（6）现代程序员组中，技术组长既负责技术工作，又负责非技术事务。　（　　　）

（7）风险有两个显著特点：一个是不确定性，另一个是损失。　　　　　（　　　）

（8）回避风险指的是风险倘若发生，就接受后果。　　　　　　　　　　（　　　）

（9）软件质量保证的措施主要有，基于非执行的测试（又称复审）、基于执行的测试和程序正确性证明。　　　　　　　　　　　　　　　　　　　　　　　　　（　　　）

（10）总体上说，软件工程文档可以分为用户文档、开发文档和管理文档 3 类。（　　　）

（11）文档是影响软件可维护性的决定因素。　　　　　　　　　　　　（　　　）

（12）适应性维护是在软件使用过程中，用户会对软件提出新的功能和性能要求，为了满足这些新的要求而对软件进行修改，使之在功能和性能上得到完善和增强的活动。

　　　　　　　　　　　　　　　　　　　　　　　　　　　　　　　　　（　　　）

（13）进行软件维护活动时，可直接修改程序，无须修改文档。　　　　（　　　）

（14）软件生命周期最后一个阶段是书写软件文档。　　　　　　　　　（　　　）

（15）CMM 是指导软件开发的一种面向对象的新技术。　　　　　　　（　　　）

2. 选择题

（1）软件工程针对维护工作的主要目标是提高软件的可维护性，降低（　　　）。

A. 维护的效率　　　　　　　　　　　　B. 维护的工作量

C. 文档　　　　　　　　　　　　　　　D. 维护的代价

（2）（　　　）的作用是为有效地、定量地进行管理，把握软件工程过程的实际情况和它所产生的产品质量。

A. 估算　　　　　　　　　　　　　　　B. 度量

C. 风险分析　　　　　　　　　　　　　D. 进度安排

（3）LOC 和 FP 是两种不同的估算技术，但两者有许多共同的特征，只是 LOC 和 FP 技术对于分解所需要的（　　　）不同。

A. 详细程度　　　　　　　　　　　　　B. 分解要求

C. 使用方法　　　　　　　　　　　　　D. 改进过程

（4）项目团队原来有 6 个成员，现在又增加了 6 个成员，这样沟通渠道增加了（　　　）。

A. 4.4 倍　　　　　　　　　　　　　　B. 2 倍

C. 6 倍　　　　　　　　　　　　　　　D. 6 条

（5）下列不是风险管理过程的是（　　　）。

A. 风险规划　　　　　　　　　　　　　B. 风险识别

C. 风险评估　　　　　　　　　　　　　D. 风险收集

（6）按照软件配置管理的原始指导思想，受控制的对象应是（　　　）。

A. 软件过程　　　　　　　　　　　　　B. 软件项目

C. 软件配置项　　　　　　　　　　　　D. 软件元素

（7）下面（　　　）不是人们常用的评价软件质量的 4 个因素之一。

A. 可理解性　　　　　　　　　　　　　B. 可靠性

C. 可维护性　　　　　　　　　　　　　D. 易用性

（8）使用软件时增加新功能就必须进行（　　）维护。

A．预防性 　　　　　　　　　　　B．适应性

C．完善性 　　　　　　　　　　　D．纠错性

（9）软件维护的副作用是指（　　）。

A．运行时误操作 　　　　　　　　B．隐含的错误

C．因修改软件而造成的错误 　　　D．开发时的错误

（10）软件文档是软件工程实施的重要成分，它不仅是软件开发各阶段的重要依据，而且也影响软件的（　　）。

A．可用性 　　　　　　　　　　　B．可维护性

C．可扩展性 　　　　　　　　　　D．可移植性

（11）影响软件可维护性的主要因素不包括（　　）。

A．可修改性 　　　　　　　　　　B．可测试性

C．可用性 　　　　　　　　　　　D．可理解性

（12）CMM 表示（　　）。

A．软件过程成熟度模型 　　　　　B．软件配置管理

C．软件质量认证 　　　　　　　　D．软件重用

3. 简答题

（1）请简述软件项目管理和软件工程的区别和关系。

（2）请简述软件估算的意义。

（3）怎样进行代码行（LOC）估算？怎样进行功能点（FP）估算？

（4）请简述做进度计划的两种方式。

（5）项目开发时常用的小组组织方法有哪些？

（6）请简述主程序员组的优缺点。

（7）民主制程序员组、主程员制各存在什么问题？

（8）如何进行软件项目的风险分析？

（9）请简述软件质量的定义。

（10）针对软件质量保证问题，最有效的办法是什么？

（11）软件配置管理的目的是什么？

（12）请简述软件配置管理的工作内容。

（13）为什么要进行软件维护？软件维护的作用有哪些？

（14）软件维护的副作用表现在哪 4 个方面？

（15）请简述软件文档的意义。

（16）你所在的信息系统开发公司指定你为项目负责人。你的任务是开发一个应用系统，该系统类似于你的小组以前做过的那些系统，不过这一个规模更大而且更复杂一些。需求已经由客户写成了完整的文档。你将选用哪种小组结构？为什么？你准备采用哪（些）种软件过程模型？为什么？

参 考 文 献

[1] 田淑梅，廉龙颖，高辉．软件工程：理论与实践［M］．北京：清华大学出版社，2011.

[2] 陈明．软件工程实用教程［M］．北京：清华大学出版社，2012.

[3] 陶华亭．软件工程实用教程［M］．2版．北京：清华大学出版社，2012.

[4] 李代平，等．软件工程［M］．3版．北京：清华大学出版社，2011.

[5] 贾铁军，甘泉．软件工程与实践［M］．北京：清华大学出版社，2012.

[6] 沈文轩，张春娜，曾子维．软件工程基础与实用教程：基于架构与MVC模式的一体化开发［M］．北京：清华大学出版社，2012.

[7] 赵池龙，程努华．实用软件工程［M］．4版．北京：电子工业出版社，2015.

[8] 韩万江，姜立新，等．软件工程案例教程：软件项目开发实践［M］．2版．北京：机械工业出版社，2011.

[9] 王华，周丽娟．软件工程学习指导与习题分析［M］．北京：清华大学出版社，2012.

[10] 吕云翔，王洋，王昕鹏．软件工程实用教程［M］．北京：机械工业出版社，2010.

[11] 吕云翔，王昕鹏，邱玉龙．软件工程理论与实践［M］．北京：人民邮电出版社，2012.

[12] 吕云翔，刘浩，王昕鹏，等．软件工程课程设计［M］．北京：机械工业出版社，2009.

[13] 张燕，洪蕾，钟睿等．软件工程．理论与实践［M］．北京：机械工业出版社，2012.

[14] 耿建敏，吴文国．软件工程［M］．北京：清华大学出版社，2012.

[15] 陆惠恩，张成姝．实用软件工程［M］．2版．北京：清华大学出版社，2012.

[16] 李军国．软件工程案例教程［M］．北京：清华大学出版社，2013.

[17] 许家珀．软件工程：方法与实践［M］．2版．北京：电子工业出版社，2011.

[18] 钱乐秋，赵文耘，牛军钰．软件工程［M］．北京：清华大学出版社，2007.

[19] 拉吉布·马尔．软件工程导论：第2版［M］．马振晗，胡晓，译．北京：清华大学出版社，2008.

[20] 刘冰．软件工程实践教程［M］．2版．北京：机械工业出版社，2012.

[21] 张海藩．软件工程导论［M］．5版．北京：清华大学出版社，2008.

[22] 张海藩．软件工程导论（第5版）学习辅导［M］．北京：清华大学出版社，2008.

[23] 张海藩，牟永敏．面向对象程序设计实用教程［M］．北京：清华大学出版社，2001.

[24] 张海藩，吕云翔．软件工程［M］．4版．北京：人民邮电出版社，2013.

[25] 张海藩，吕云翔．软件工程（第4版）学习辅导与习题解析．北京：人民邮电出版社，2013.

[26] 郑人杰，马素霞，等．软件工程概论［M］．3版．北京：机械工业出版社，2019.

[27] 窦万峰．软件工程方法与实践［M］．3版．北京：机械工业出版社，2020.

[28] 杜文洁，白萍．软件工程基础与实训教程［M］．北京：电子工业出版社，2013.

[29] 陈松桥，任胜兵，王国军．现代软件工程［M］．北京：清华大学出版社，2004.

[30] 陆惠恩．软件工程［M］．2版．北京：人民邮电出版社，2012.

[31] 郭宁．软件工程实用教程［M］．2版．北京：人民邮电出版社，2011.

[32] 吕云翔，杨颖，朱涛，等．软件测试实用教程［M］．北京：清华大学出版社，2014.

[33] 赖均，陶春梅，刘兆宏，等．软件工程［M］．北京：清华大学出版社，2016.

[34] 阎菲．实用软件工程教程［M］．北京：中国水利水电出版社，2006.

[35] 翟中，吴渝，常庆丽．软件工程［M］．2版．北京：机械工业出版社，2011.

[36] 张晓龙．现代软件工程［M］．北京：清华大学出版社，2011.

[37] 吕云翔．软件工程理论与实践［M］．北京：机械工业出版社，2017.

[38] 吕云翔．软件工程实用教程［M］．北京：清华大学出版社，2015.

[39] 贲可荣，何智勇．软件工程：基于项目的面向对象研究方法［M］．北京：机械工业出版社，2009.

［40］吕云翔，赵天宇，丛硕．UML 与 Rose 建模实用教程［M］．北京：人民邮电出版社，2016.

［41］吕云翔，宋任飞，白甲兴．UI 设计与应用［M］．北京：清华大学出版社，2017.

［42］吕云翔，杨婧玥．UI 设计：Web 网站与 APP 用户界面设计教程［M］．北京：清华大学出版社，2019.

［43］吕云翔．软件测试实用教程［M］．北京：人民邮电出版社，2020.

［44］吕云翔．实用软件工程［M］．2 版．北京：人民邮电出版社，2020.

［45］吕云翔，许鸿智，杨洪洋，等．华为云 DevCloud 敏捷开发项目实战［M］．北京：清华大学出版社，2021.

［46］齐治昌，谭庆平，宁洪．软件工程［M］．4 版．北京：高等教育出版社，2019.

［47］毛新军，王涛，余跃．软件工程实践教程：基于开源和群智的方法［M］．北京：高等教育出版社，2019.

［48］胡思康．软件工程基础［M］．北京：清华大学出版社，2019.

［49］石冬凌，任长宁，贾跃，等．面向对象软件工程［M］．北京：清华大学出版社，2016.

［50］李爱萍，崔冬华，李东生．软件工程［M］．北京：清华大学出版社，2014.

［51］吴艳，曹平．软件工程导论［M］．北京：清华大学出版社，2021.

［52］许福，郝亮，陈飞翔，等．面向开源代码复用的程序比对分析方法［J］．计算机工程，2020（1）：222-223.

［53］张海藩，牟永敏．软件工程导论［M］．6 版．北京：清华大学出版社，2013.

［54］张海藩，牟永敏．软件工程导论（第 6 版）学习辅导［M］．北京：清华大学出版社，2013.

［55］毛新军，董威．软件工程：从理论到实践［M］．北京：高等教育出版社，2022.

［56］彭鑫，游依勇，赵文耘．现代软件工程基础［M］．北京：清华大学出版社，2022.